环境敏感区复杂破碎资源精细化充填开采关键技术

陈秋松　王运敏　陈　新　冯　岩　肖崇春　著

北　京
冶 金 工 业 出 版 社
2023

内 容 提 要

本书针对近国家矿山公园或近城区等环境敏感区矿山复杂破碎资源开采难题，开展了精细化充填采矿技术研究，主要内容包括绪论、复杂破碎资源低扰动精细化开采技术、进路采场充填结构强化技术、水淬铜渣新型充填胶凝材料、农作物稻草秸秆充填材料、膏体充填智能化控制系统、工程案例、环境敏感区资源开采发展趋势。

本书可供从事矿山绿色智能高效开采工作的科研和工程技术人员阅读，也可供高等院校相关专业的师生参考。

图书在版编目(CIP)数据

环境敏感区复杂破碎资源精细化充填开采关键技术/陈秋松等著.—北京：冶金工业出版社，2023.9

ISBN 978-7-5024-9646-3

Ⅰ.①环… Ⅱ.①陈… Ⅲ.①充填法—采煤方法 Ⅳ.①TD823.7

中国国家版本馆 CIP 数据核字(2023)第 193924 号

环境敏感区复杂破碎资源精细化充填开采关键技术

出版发行	冶金工业出版社	**电　　话**	(010)64027926
地　　址	北京市东城区嵩祝院北巷 39 号	**邮　　编**	100009
网　　址	www.mip1953.com	**电子信箱**	service@mip1953.com

责任编辑　杨　敏　美术编辑　彭子赫　版式设计　郑小利

责任校对　梅雨晴　责任印制　窦　唯

北京捷迅佳彩印刷有限公司印刷

2023 年 9 月第 1 版，2023 年 9 月第 1 次印刷

710mm×1000mm　1/16；16 印张；313 千字；245 页

定价 99.00 元

投稿电话　(010)64027932　投稿信箱　tougao@cnmip.com.cn

营销中心电话　(010)64044283

冶金工业出版社天猫旗舰店　yjgycbs.tmall.com

(本书如有印装质量问题，本社营销中心负责退换)

前　言

矿产资源的不断开发是我国国民经济持续快速发展的重要支柱，然而近年来国内矿产资源难采趋势加剧，其中，具有代表性的近城区、景区、地质公园、自然保护区等环境敏感区矿产资源的开采面临着严峻的安全和环保问题。特别是当资源赋存产状复杂和矿体破碎时，开采难度和成本将会成倍增加。因此，针对性研发环境敏感区复杂破碎资源的开采技术成为当前相关领域科研和工程技术人员面临的重要考验和责任，也是践行习近平总书记“绿水青山就是金山银山”生态文明发展理念的具体行动。

针对环境敏感区复杂破碎资源开采，作者围绕“如何攻克环境敏感区大型复杂矿床的安全高效精细化开采难题”“如何突破矿山固废材料的综合利用瓶颈”“如何实现精细化智能控制充填”三个关键科学技术问题开展了科技攻关，形成了环境敏感区复杂破碎资源精细化充填开采成套理论和关键技术，实现了矿山的“安全、环保、经济、高效”开采。在总结这项研究涵盖理论、方法和应用成果的基础上，作者撰写了本书。本书对环境敏感区复杂破碎资源开采从理论研究到工程应用进行了全流程、全链条阐述，期望能够进一步保障矿山开采设计的合理性和科学化，促进传统矿山的绿色化、智能化转型，提高全国类似矿山绿色开发利用技术水平。

本书内容涉及的相关研究得到了“十三五”国家科技支撑计划、国家/省级自然科学基金、校企合作项目资助，得到了飞翼股份有限公司、中钢集团马鞍山矿山研究总院股份有限公司、安徽马钢矿业资源集团有限公司、湖南宝山有色金属矿业有限责任公司和江西铜业集团银山矿业有限责任公司等单位的大力支持，在此一并表示衷心的感谢。

由于作者水平所限，书中不足之处，敬请读者批评指正！

作 者

2023 年 7 月

目　录

1 绪　　论

1.1 概　　述

矿产资源是人类社会发展的重要物质基础，为我国改革开放以来国民经济的持续快速发展做出了巨大贡献。然而，新中国成立以来，为满足国家基础行业和国民经济发展的迫切需求，我国矿产资源利用不得不长期处于“先开发后治理”的粗放式资源开发阶段，在取得矿产资源经济效益、建设经济强国的同时，也存在不同程度的安全隐患和环境破坏风险[1]。随着习近平总书记提出的“绿水青山就是金山银山”发展理念逐渐深入人心，特别是在国家实现全面小康的伟大阶段目标后，人民群众对“物质生活富裕、环境生活优越”的美好生活的向往，加快了我国向资源节约、环境友好型社会转型的进程。政府部门到社会各界极力推动旅游景区、文化公园、矿山地质公园等景观设施的建设工作，划归矿山区域文化公园、建设地质公园等惠民工程逐步落地，目前已有近百家国家矿山公园或矿山区域景区建成或正在筹建，为改善矿山生态环境、提高矿山居民生活幸福感做出了重要贡献。

1.1.1 一般概念

1.1.1.1 环境敏感区

根据《建设项目环境影响评价分类管理名录（2021 年版）》（环境保护部令第 33 号），环境敏感区是指依法设立的各级各类自然、文化保护地，以及对建设项目的某类污染因子或者生态影响因子特别敏感的区域，主要包括：

（1）自然保护区、风景名胜区、世界文化和自然遗产地、饮用水水源保护区；

（2）基本农田保护区、基本草原、森林公园、地质公园、重要湿地、天然林、珍稀濒危野生动植物天然集中分布区、重要水生生物的自然产卵场及索饵场、越冬场和洄游通道、天然渔场、资源性缺水地区、水土流失重点防治区、沙化土地封禁保护区、封闭及半封闭海域、富营养化水域；

（3）以居住、医疗卫生、文化教育、科研、行政办公等为主要功能的区域，文物保护单位，具有特殊历史、文化、科学、民族意义的保护地。

矿区属于我国《建设项目环境影响评价分类管理名录（2021 年版）》中认定

极易对环境产生影响的建设项目区域，是典型的资源丰富但环境敏感型区域。本书所述环境敏感区包括国家矿山公园下覆或周边矿山，以及城市或城边矿山。

1.1.1.2 国家矿山公园下覆或周边矿山

国家矿山公园，是矿山地质环境治理恢复后的矿山或部分矿段，是国家鼓励开发的以展示矿产地质遗迹和矿业生产过程中探、采、选、冶、加工等活动的遗迹、遗址和史迹等矿业遗迹景观为主体，体现矿业发展历史内涵，具备研究价值和教育功能，可供人们游览观赏、科学考察的特定空间地域[2]。国家矿山公园生态环境治理规划是以生态美学思想为指导，以提高矿山生态环境质量为宗旨，针对矿山环境的破坏程度和污染类型等具体情况，因地制宜地提出矿山生态环境恢复与治理的具体方法与措施。国土资源部前后公布了四批国家矿山公园，建成或在建的国家矿山公园数量达到 88 个。多数国家矿山公园所属矿山底部或周边尚有资源在开发，属于典型的环境敏感区。

1.1.1.3 城市/城边矿山

矿产资源是社会生产、生活发展动力主要的能源获取方式，区域的矿产资源优势转化为经济优势，能够优化区域产业结构，为区域快速、良性发展作贡献。随着矿区周边人口、产业、教育、经济的快速发展，因矿建市成为许多资源丰富地区发展的必然，如金川、白银、会泽、大冶等都是得益于矿产资源开发而建成的典型资源型城市[3]。这些城市的主要生产矿山通常位于城区或城边，居住、医疗卫生、文化教育、科研、行政办公等主要功能齐全，属于典型的环境敏感区。

1.1.2 典型环境敏感区复杂破碎资源开采矿山

1.1.2.1 江西铜业集团银山矿业有限责任公司

江西铜业集团银山矿业有限责任公司是江西铜业集团公司旗下主力矿山之一，为露天地下联合开采多金属矿山，主要生产铜精矿、铅锌精矿、硫精矿以及金和银[4]。矿区由北山区段、九龙上天区段、银山区段及九区区段、西山区段、银山西区等多个区段组成。露天开采对象为九区区段铜金矿，设计生产能力 5000t/d；地下开采对象为北山区、九龙上天区、银山区及银山西区的铅锌银矿体，生产能力为 500t/d；同时，九区区段深部铜金硫资源于 2021 年实现 8000t/d 的地下生产能力。

银山矿区紧邻德兴城区，属于典型的城市矿山，因此，对矿区地表环境提出了更高的要求。部分区域（如银山西区）节理裂隙发育、矿岩破碎，属于典型复杂破碎资源。图 1-1 为银山矿区周边卫星图。

1.1.2.2 安徽马钢矿业资源集团有限公司

马钢（集团）控股有限公司姑山矿业公司位于安徽省马鞍山市当涂县太白

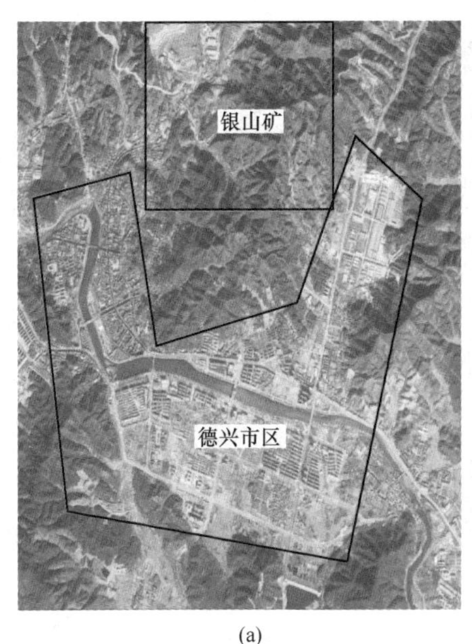

(a)

(b)

图 1-1　银山矿区域分布（a）与井下破碎资源（b）

镇，拥有白象山铁矿、和睦山铁矿、姑山铁矿和钟九铁矿 4 个大型矿山，铁矿资源丰富，是宝武资源集团的重要原料供应基地。姑山矿区地表紧邻当涂县城，区域范围内有大青山景区、李白文化园和正在规划的姑山景区，环境优美、景色秀丽。过往姑山铁矿、和睦山铁矿和白象山铁矿的开采不可避免地对城区、景区环境造成了不同程度的负面影响，姑山铁矿露天开采在地表形成巨大露天采坑，矿区环境保护和修护任务艰巨。姑山矿区地质构造复杂、节理裂隙发育、矿岩软弱破碎，并且矿体产状变化剧烈，矿体倾角、厚度复杂多变，属于典型的环境敏感区复杂难采资源[5]。图 1-2 为姑山矿区周边卫星图。

1.1.2.3　湖南宝山有色金属矿业有限责任公司

湖南宝山有色金属矿业有限责任公司位于湖南省桂阳县城西，距离桂阳县城约 1km，并于 2013 年 9 月建成湖南宝山国家矿山公园[6]。矿山已开采至深部 −230m中段以下，矿山开采作业必须防止地表发生移动与变形，严格控制和管理固废排放，保障城区和矿山公园安全环保。然而，宝山矿业矿体赋存具有分散、不连续、规模小等特点；矿体赋存条件差、上下盘围岩为极不稳固的碳质砂页岩，节理、裂隙发育严重，岩体坚固性系数为 4~6，承压能力较差；矿体走向长约 100m，矿体倾角较缓，矿体产状、厚度变化较大，矿体形态复杂。地下矿井开采极易造成地表沉陷，并排放固废污染源，威胁城区、景区安全和生态环境，属于典型的环境敏感区复杂破碎资源。图 1-3 为宝山矿区周边卫星图。

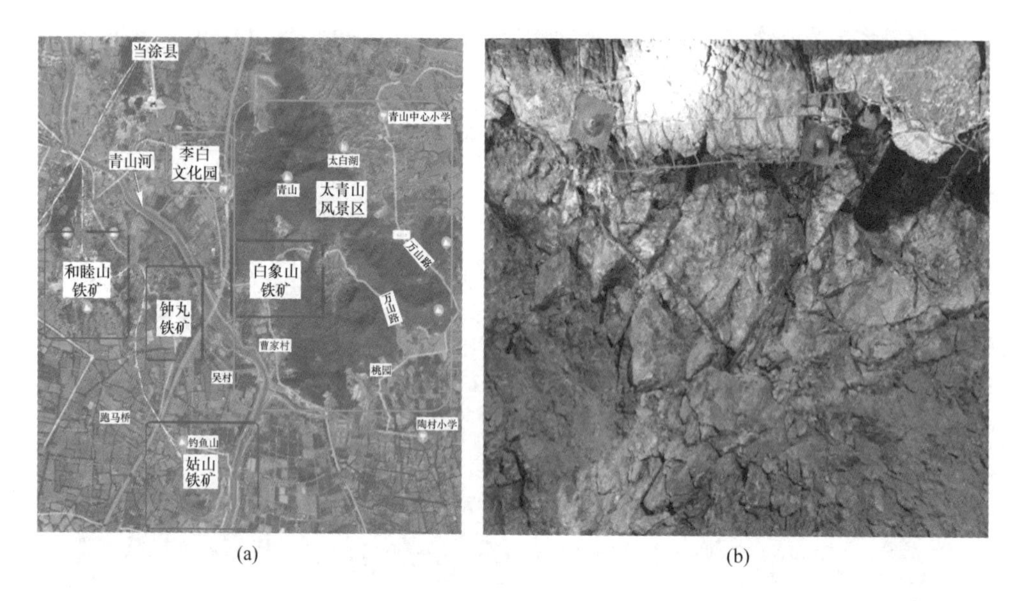

(a)　　(b)

图 1-2　姑山矿区周边分布（a）与井下破碎资源（b）

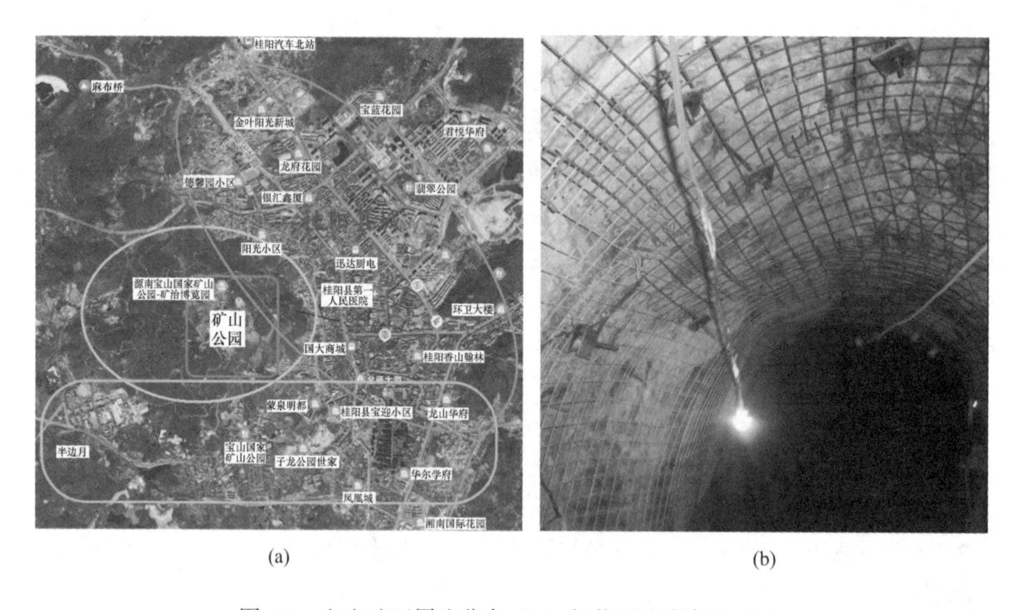

(a)　　(b)

图 1-3　宝山矿区周边分布（a）与井下破碎资源（b）

1.1.3　存在问题

随着环境敏感矿区内景区、地质公园建设成为新时代发展的必然趋势，现有矿区资源开采环境发生变化对采矿业建设绿色矿山、实现近零生态损害开采提出了更高的要求。特别是矿产资源赋存条件复杂的矿床开采，大范围、高强度的矿产资源开发所造成的地表沉陷、裂缝、水土流失、固废排放、工程爆破振动影响等问题严重威胁着环境敏感区域环境系统、民生安全和地表旅游经济的稳定可持续发展。如何实现矿山开采过程中资源开发和环境敏感区安全环保的对立统一，成为部分矿山企业迫切需要解决的难题，具体包括：

(1) 如何攻克环境敏感区大型复杂矿床的安全高效精细化开采难题，最大限度减轻对敏感区地表环境的扰动？

针对我国部分矿山开采中面临的矿体赋存产状多样化、岩性条件脆弱、矿体形态和厚度随产状复杂多变、开采难度大、支护要求高、空区易垮塌等问题，如何实现这类矿床安全高效的规模化开采，是影响矿山企业的经济效益、环境敏感区环境安全和当地社会和谐稳定的关键理论和技术难题。

(2) 如何突破矿山固废材料的综合利用瓶颈，最大限度减少地表固废排放对敏感区地表景观的影响？

采空区充填是控制开采沉降、降低地表影响的关键技术，可以缓解甚至解决地表固废堆排破坏环境敏感区环境的难题，是公认的“以废治害”的有效途径。充填质量的高低很大程度上取决于充填材料的基本特性，随着选矿工艺的发展，尾砂粒度逐渐往超细化发展，严重影响充填性能的提升。因此，如何合理利用矿山固体废弃物资源，研发针对矿山细粒级尾砂利用的高性能绿色充填材料，是保证矿山充填质量，最大限度降低固废排放对地表景区影响的重要课题。

(3) 如何解决监测仪表精度的卡脖子难题，实现精细化智能控制充填，最大限度确保膏体充填质量？

科学合理的充填材料配比方案是确保充填性能达到研究设计要求的基础，有赖于监测仪表的精准计量和中控系统的精准化、智能化控制。以往计量装置相对误差大，控制系统配料误差大、精度低、故障率高、管理难度大，如何实现充填系统的精准智控，是提高矿山智能化水平和充填质量稳定性，提高系统管理能力和效率的重要难题，稳定的充填性能也有利于控制开采沉降，保护环境敏感区。

本书综合理论分析、实验测试、数值模拟、设备研发、软件开发等研究手段，破解了破碎多变复杂矿体安全高效开采关键技术难题，研发了高性能绿色尾砂充填材料，建立了智能化、精准化充填计量和控制技术体系，实现了矿产资源开发与安全环保的对立统一，达成了“既要金山银山，又要绿水青山”的绿色矿山建设目标，并在典型矿山应用实现工程应用。研究成果对环境敏感区复杂破碎矿体充填开采起引领示范作用，有利于推动传统矿山的绿色化、智能化转型，对提高全国类似条件矿山绿色开发利用技术水平具有一定的理论和实践意义。

1.2 国内外研究现状

国内外针对环境敏感区的复杂破碎资源开采研究成果有限，根据 1.1.3 节所述的问题，笔者从复杂资源开采技术、固体废弃物充填处置技术和充填智能化发展三个方面进行国内外研究现状分析。

1.2.1 复杂资源开采技术研究现状

复杂难采矿体是一个较为笼统的概念，是以现有开采技术条件为标准衡量，对采矿技术条件相对复杂、技术水平要求较高、安全风险相对较大的矿体的统称[7]。在借鉴国内外众多研究成果的基础上，结合当前国内开采技术的发展趋势，复杂难采矿体可被细分为几种比较典型的矿体类型：松软破碎型复杂难采矿体、“三下”矿体开采、富含水层或大水层覆盖下复杂难采矿体、残留或二次回采型复杂难采矿体和深部“三高”型复杂难采矿体。据不完全统计，我国属于复杂难采矿床的铁矿资源量和有色金属资源量约亿吨，破解复杂难采矿床开采技术和工艺对于提高矿产资源利用率，缓解矿产资源短缺压力，保障我国矿产资源持续供应具有重大意义。

环境敏感区复杂资源开采需要综合考虑资源开采效益和矿区安全环保的平衡。煤矿“三下”矿体开采是指传统的建筑物下、铁路下、水体下煤矿开采，在实际运用中存在着煤炭采出率低、控制地面沉陷难、搬迁村庄难度大等突出问题。国内外学者、专家和工程技术人员为了减弱开采对地面建筑物、水体、铁路、桥梁、管路、通信光缆等设施的损害，保护农田及生态环境，开发了许多控制覆岩变形和地表沉陷的技术措施，主要有：（1）留设保护煤柱法；（2）采空区充填法；（3）部分开采法。相比之下，金属矿体的赋存条件远远复杂于煤炭沉积型矿床，岩层变形呈各向异性，目前国内外尚未全面地开展该领域的技术研究[8]。因此，借鉴煤矿“三下”开采研究成果，结合金属矿山的具体开采技术条件确保地表建筑物、构筑物的稳定，最大限度地回收地下矿产资源是解决我国金属矿山复杂难采资源开采的有效途径。

破碎矿床是金属矿开采中较为典型的复杂难采矿体，是在经历了剧烈地质构造运动和多次反复地质作用后形成的特殊结构矿体，在矿体和围岩内部形成众多物质分异面和不连续面，如假整合、不整合、褶皱、断层、层理、节理和片理等结构面，弱化了矿体和围岩的稳定性和整体性[9]。在工程上主要表现为矿岩松软破碎，对地应力变化敏感，塑性变形具有明显时间效应，空间可暴露面积小，易发生垮塌和冒落，支护难度大、效果差等特征。在开采此类矿体时，存在的突出问题是：采场顶板冒落、采准工程变形、井下突水和因地表塌陷而引发的安全事故。

综合国内复杂难采矿体开采的技术现状，地压灾害、突水灾害、排水疏干、岩层控制、巷道维护、采矿方法、采空区处理及地表设施和环境保护等均是在复杂难采矿体开采过程中亟待解决的技术难题，总的可以概括为以下几个方面：

（1）开采技术问题。矿床赋存条件复杂，矿体开采受多种因素制约，边界条件多变，可供选择的采矿方法有限，相应的采矿设备发展滞后致使传统采矿方法难以发挥效果。

（2）采场结构参数及开采技术指标问题。矿体开采工程地应力环境恶劣，在采场布置方式、回采顺序优化、采场参数选择等方面较为困难，致使矿体开采效果难以达到设计指标，且容易引发地质灾害，导致安全事故的发生。

（3）资源回收率低的问题。目前对该类矿床的开采尚没有较为成熟、可行的技术和工艺，容易造成大量的矿产资源损失，而且该类矿体一旦进行了开采并造成资源损失后，很难再进行回收，其资源的损失将是永久性的。

（4）地压灾害问题。矿体所处的地应力环境一般比较复杂，采场地压、区域地压、构造应力等变化强烈，经常发生局部或区域性地压灾害，致使岩层控制及采空区管理难度加大。

（5）安全和环保问题。在地下矿体开采过程中产生的地压现象易引起岩层及地表沉陷、顶板下沉、矿柱跨落、采空区塌陷等不利危险情况，严重威胁井上、井下人员安全，以及沉陷区景点、建筑物、铁路等。另外，采矿固废、废水的排放也严重威胁矿区生态环境的可持续性发展。

（6）与现有开采系统兼容的问题。随着矿山开采技术的不断进步和市场经济形势的不断变化，开采初期认为不具备开采技术条件的部分境界外矿体和没有利用价值的矿体具备了开采条件和利用价值，但现有开采系统难以兼顾利用，并可能影响现有采矿作业正常进行。

（7）新材料和新设备的研发和应用问题。针对复杂难采矿体开采而开展的诸如新型充填材料、支护材料、凿岩设备等创新研究尚不充分，不能匹配复杂难采矿体的资源开发。

充填采矿法是面对复杂难采资源时普遍选择的一种采矿方式。充填采矿法具有安全环保特性，利用尾砂、废石等固废对井下采空区进行充填，不仅可以有效地控制采矿活动引起的地压问题，减少岩层冒落、岩壁坍塌等安全事故的出现，而且能够保护矿山环境、保障矿石回收率，开辟了岩层移动及地表沉陷控制的新途径[10]。其特点如下：

（1）充填开采工艺能够有效控制开采后地表沉陷，从而降低开采对地表环境的影响。同时，利用废弃物进行充填，既解决了废弃物的占地、减少对土地的损害，同时也解决了废弃物的污染、减少对环境的损害。

（2）由于开采工艺的改变，可改善井下工作条件，特别对水害、瓦斯突出和冲击地压的防治作用显著。

(3) 可提高资源采出率，增加资源清洁开采，同时减轻开采对地表建筑的破坏影响，缓解开采沉陷引发的社会矛盾。

(4) 采用充填开采可极大限度地减少开采影响周期，缩短对地面环境的影响时间，减少环境破坏的不确定因素。

传统用于复杂破碎资源开采的充填采矿方法主要是采用分层充填法和分段空场嗣后充填法，但这两种采矿方法均存在难以克服的缺陷。分层充填法存在充填接顶质量差、后期矿柱回收困难、回采工艺复杂、生产效率低下等问题；分段空场嗣后充填法则存在回采过程安全性差，容易出现塌方、冒落等灾害，采矿方法不能适应矿体形态的变化，损失和贫化率较高等问题[7]。因此，有必要针对复杂难采资源的开发问题，进一步对充填开采工艺进行创新研究。

1.2.2 固体废弃物充填处置研究现状

1.2.2.1 固废充填材料发展

充填采矿法经历了几十年的发展，充填工艺技术在经历了干式充填、水砂充填、胶结充填、高浓度胶结充填和膏体充填的发展过程后已日臻完善，并得到推广应用，充填材料也随着充填采矿工艺的革新而不断发展[11]。20 世纪 50~60 年代，废石干式充填、水砂充填被应用于地压活动控制和防止地表下沉，属于非胶结充填材料。20 世纪 60~70 年代，尾砂胶结充填技术得到开发和应用，按照建筑混凝土的要求及工艺制备并输送胶结充填料，通过水泥对骨料进行胶结开始得到应用。在此之后，以尾砂、河砂、天然砂、棒磨砂等为充填骨料的细砂胶结充填材料得到矿企和科研院所的青睐，在凡口铅锌矿、玲珑金矿、焦家金矿等金属矿山得到较大推广与应用。矿山充填材料主要由骨料和胶结剂两部分组成，骨料大多就地选取廉价的可用物料，在非煤矿山主要以尾砂为主要充填骨料，一方面可以解决矿山充填材料的来源问题，另一方面解决了矿山工业固废造成环境污染和占用耕地的问题。胶结剂绝大多数矿山选用来源广泛、胶结效果显著的普通硅酸盐水泥，粉煤灰、胶固粉等材料也部分用作充填胶结剂。

1.2.2.2 胶凝材料

传统的矿山胶结充填以水泥为主要胶凝材料，胶结固化效果好，但对于水泥的依赖性很高，水泥成本占充填材料成本的 30%~70%，较高的水泥材料成本成为限制矿山充填发展的重要因素[12]。从矿山充填发展历史来看，除水泥系材料外，矿山充填用胶凝材料主要包括高水材料、碱激发材料、胶固粉和半水磷石膏材料等[13]。

1979 年英国首先研发了高水材料，并成功应用于煤矿井下沿空留巷的充填支护中，我国最早由中国矿业大学于 20 世纪 80 年代末开始研发由 A、B 固体粉料组成的高水材料。高水材料充填具有制浆容易、流动性好、速凝早强、易于接顶等优点，被广泛应用于采空区充填、壁后充填等矿山充填工程中，改善了矿山充填质量和作业环境，降低了充填成本。

碱激发材料是矿山充填胶凝材料研究的热点之一，主要是利用碱性物料对矿渣、钢渣和粉煤灰等工业固体废弃物进行激活，得到具备火山灰活性的胶凝材料。矿渣、钢渣是冶炼工业中常见的固体废弃物，通过细磨和碱激发处理可以激发其胶凝活性，形成具有高强度的碱激发胶凝材料，已经在国内金川矿等矿山成功应用，有效地降低了矿山充填成本。经过氢氧化钠处理的酸性铅锌冶炼渣用于胶结充填材料制备，可在一定范围内部分替代水泥，保障充填材料具有符合要求的抗压强度。

粉煤灰是富含 SiO_2、Al_2O_3 成分的大宗发电副产品，国内外研究人员普遍认为其具有较高的潜在火山灰活性，将粉煤灰用于充填有利于提高长期强度、降低充填成本，但不利于早期强度的形成。另外，铝土矿制造氧化铝过程中产生的赤泥也具有潜在胶凝活性，经激发剂活化的赤泥制备的尾砂胶结充填材料 28 天抗压强度能达到 2MPa 以上。

胶固粉是由工业废渣制成的胶凝材料，适用于尾砂、煤矸石等矿山废物的胶结充填，是一种绿色环保的胶凝材料。胶固粉是以高炉水淬渣等工业废渣为原料，通过添加少量激发材料制成的高性能胶凝材料，有研究指出其对充填材料的胶结固化性能可达到水泥胶结充填材料的两倍以上。

此外，随着磷化工行业加大固废综合利用力度，半水磷石膏成为较新的矿山充填用胶凝材料，具有不脱水、早强、成本低廉的优点，有助于磷石膏“变废为宝”，促进磷化工行业可持续发展。

1.2.2.3 高性能充填外加料

随着采矿业的发展，为进一步降低采矿成本和充分考虑环保问题，除了常规的充填材料如砂石集料、水泥、粉煤灰、炉渣以及水之外，在充填料制备之前或混合之后添加外加剂改变充填材料性能、形成新型充填材料，已经取得了一定的研究成果。例如，速凝剂可以用来缩短凝固时间，缓凝剂可以用来延缓凝固时间，减水剂可以用来改善和易性和提高强度，减阻剂可以用来降低高浓度物料的管道输送阻力等，其目的是为了提高充填料的物理性能和改善经济性，特别是减水技术和水化过程控制技术已在国外矿山生产中应用[14]。此外，纤维材料在矿山充填中的应用也得到一定的关注，诸如聚丙烯纤维、钢纤维等被用于制备尾砂胶结充填材料，研究表明纤维材料有助于提高充填材料的强度和韧性，在一定程度上有助于减少水泥的使用，是一种新型低耗充填材料[15]。部分学者研究利用微生物的矿化沉积机制来对尾砂骨料进行胶结处理，通过微生物的酶化反应生成碳酸钙能够对尾砂形成微弱的胶结强度，但无法达到水泥的胶结性能，可以考虑应用于低强度需求空区充填[16]。国内外部分机构和学者对农林业木屑、秸秆等材料的尾砂充填应用也进行了研究，并取得了一定的研究成果[17]。农林固废属于天然有机材料，具有低碳环保优势，将其用于尾砂充填材料制备符合绿色矿山建设需求。

综上所述，目前国内外采用充填采矿法的矿山，大多采用以水泥为胶结剂的尾砂充填材料。随着水泥价格的不断上涨，充填体强度要求提高，胶结剂成本在充填成本中的占比越来越大，矿山开采中安全和环保要求不断提高，传统充填材料存在如下问题：

（1）水泥用量大，充填成本高；

（2）固废充填利用率有待进一步提高；

（3）胶结充填附带环境污染问题，亟须研发高性能绿色充填材料。

因此，为降低胶结充填成本，满足绿色矿山建设对矿山开采中安全和环保的高要求，亟须研发低成本、高强度的高性能绿色充填材料。

1.2.3　矿山充填智能化发展现状

1.2.3.1　关键环节测量方面

矿山企业的开采经济效益、安全环保，与充填工艺密切相关。充填工艺是一个复杂的系统性工程，涉及充填材料的选择、充填料的配比优化、充填料浆的制备及输送等各个环节，系统运行稳定性决定着充填质量的优劣，而充填工艺参数的可靠性检测与控制是确保充填工艺稳定的前提条件[18]。长期以来，充填过程中的关键参数控制往往需要人工检测或凭经验判断，不仅造成人工劳动强度大、充填参数波动大，而且难以实现实时检测与控制，使得充填技术参数未达到设计要求，无法保证良好的充填质量。

部分科研院所和研究人员对于充填材料测量在理论和实验方面开展了一定的研究，但80%以上的实验研究仅停滞在构造简易元器件和仪器仪表上，研究和应用尚不充分，很难把充填材料计量的实验数据与理论分析结合起来，开发效率更高、运行更加稳定的充填计量系统。因此，为保障充填计量精确性、提高充填系统稳定性、降低工人劳动强度，建设先进的充填计量系统势在必行。主要包括以下几个方面内容：

（1）骨料、胶凝材料和充填水的供给控制。以骨料的供给量为依据，按照充填配比计算胶凝材料和充填水的供给量，并实现三者的联动控制。

（2）搅拌桶料位监测。充填中实时监测搅拌桶的料位，根据搅拌桶料位的变化，调整充填材料的供给量，若采用泵送充填，亦可根据搅拌桶料位调整泵送量。

（3）充填流量监测。充填中实时监测充填流量，当流量过高或过低时，调整充填材料的供给量。

(4) 充填浓度监测。充填中实时监测充填浓度，当浓度过高或过低时，调整充填水的供给量。

1.2.3.2 智能控制系统研发方面

经济全球化和安全环保常态化的发展背景下，矿山企业面临着日趋激烈的市场竞争压力，矿山智能化是企业从传统生产方式向现代化生产方式转变的主要途径。矿山尾砂的充填利用是绿色、智能矿山的重要建设内容，充填系统的智能化建设成为当前矿山确保充填质量、提高矿山充填技术水平的重要工作。在数字化矿山的建设背景下，充分利用人工智能技术，建立了尾砂絮凝沉降、充填体强度、料浆环管压降、充填材料单轴抗压强度和坍落度关系等方面的智能预测模型，利用机器学习辅助充填设计，推动传统充填工艺向智能化、智慧化方向发展[19]。国内矿业相关科研院所对充填系统的智能控制开展了一定的研究，在20世纪末，长沙矿山研究院与白银有色金属工业公司合作，设计选择STD工业控制机控制系统对胶结充填系统进行控制。该系统软硬件结合，具有较强的抗干扰能力，能够通过STD工业控制机按照充填工艺技术要求调试和校核仪表检测数据，进而实现充填系统的自动控制，试验的结果证明微机控制系统控制效果好，各控制参数都能满足工艺要求。中国矿业大学研究人员根据充填控制系统的各个子系统相距较远、不适宜集中控制、控制效率低下的特点，研究组建对等局域网对各子系统进行自动控制，该网络控制系统操作界面直观，操作工序简便，控制效果好。铜绿山矿全尾砂充填系统的自动控制系统分为上下两层，上层是监控计算机，下层是PLC，计算机下达的命令由PLC处理后发出信号驱动执行机构，控制系统采集数据后有系统处理器进行分析和发布，由此实现了充填工艺过程的全自动检测控制。金川集团公司龙首矿东部充填站采用PLC系统利用设备网络控制现场仪表和电器设备，通过局域网实现远程实时控制、维护控制系统。

充填智能化自动控制系统是控制充填原材料上料、计量、搅拌、卸料和泵送等充填膏体制备及输送的整个过程，对充填膏体的质量影响极大，直接关系到井下充填效果，建设一套可靠、精准和安全的充填智能化自动控制系统至关重要[20]。主要包括以下几个方面内容：

(1) 供砂系统的智能监测与控制。砂仓砂位降低会导致砂仓放砂浓度降低，充填智能控制系统利用充填生产数据，测算出砂仓在最佳放砂状态下的最低砂位限值；在砂仓砂位临近此限值时，做出切换砂仓或往砂仓补充供砂的智能决策并自动控制，确保砂仓始终处于良好的供砂状态。同样，当砂仓正在供砂且未进行充填作业时，充填智能控制系统会间断性对砂仓砂位进行监测，在砂仓砂位临近上限值时，做出切换砂仓或停止往砂仓补充供砂的智能决策，避免因人为操作不及时而造成的砂仓溢流跑浑事故。

(2) 立式砂仓造浆与深锥浓密系统的智能控制。对于立式砂仓，通常采用风水联动方式造浆，对砂仓底部沉积尾砂进行物理活化，使放砂浓度满足工艺要求。经过长期的工艺试验、数据统计分析、生产经验记录和人工智能预测，结合砂位高度、下砂浓度、造浆压力、储存时长等多参数进行综合分析，确定造浆时长及造浆压力（各层造浆阀门开度情况）。

（3）精准配灰系统的智能控制。胶凝材料成本占充填总成本的 70%以上，为保证充填强度和降低成本，需要对胶凝材料用量进行精准稳定控制。充填数据集成化管理系统中存储有各矿山不同采空区、不同充填批次对充填体强度要求的数据，建立配比材料知识库，自动对胶凝材料进行配比选择。在保证充填体强度要求的同时，降低胶结料消耗，为矿业企业降低充填成本。控制过程采用数据加权滤波方法处理尾砂干矿量及配灰量，避免短暂的数据波动使给料机处于频繁调节的状态。通过读取最佳灰砂比，PID 闭环调节胶凝材料用量，从而实现精准配料。

（4）搅拌桶液位的智能稳定控制。搅拌桶抽空容易造成井下充填管路堵塞，将搅拌桶液位控制在较高水平可以延长充填料浆的搅拌时间，提升搅拌效果，同时会使料浆出口产生虹吸涡流，对充填料浆进一步混合均匀。在正常充填生产过程中，对充填搅拌桶副桶液位进行实时监测，总结搅拌桶最佳工作状态下的液位范围。利用人工神经网络模型，拟合液位变化与下砂流量、补水流量、出口流量的关系，预测搅拌桶液位变化，超前调节使液位维持在恒定值。

（5）故障自诊断系统。智慧充填系统涉及的监测仪表、各类阀门及相关执行设备相对较多，通过 DP/PA 通信及硬接线传输数据信号。对充填过程中的所有设备状态进行监测，关联相关程序变量建立新的数据库，通过与上位系统软件建立数据链接，实现所有故障点直观、清晰、集中显示。充填过程中异常数据上传到数据平台，依据对故障处理信息的不断积累，建立充填诊断维护专家知识库，具备设备故障判断，报警和自诊断功能。

（6）充填生产智能安全监控。根据充填生产需求，对充填站重点工作区域进行实时视频监控，将现场设备设施及管路实际状况实时反馈到操作大厅视频监控监视器，实现远程监控。当生产过程中某工艺指标偏离正常值时，通过控制程序触发相应报警。

1.3 研究内容技术路线

1.3.1 主要研究内容

环境敏感区复杂资源开采过程中面临着资源开发和环境敏感区安全环保的矛盾，针对这类资源面临的安全开采、环境保护与高效智控问题，作者主要开展了以下 5 个方面的研究工作：

(1) 复杂破碎资源低扰动精细化开采技术研究。鉴于环境敏感区复杂破碎资源开采存在生产效率低、地压控制难度大和安全环保要求高等开采难题，分析充填开采时控顶区和充填区的支护强度及其影响因素，研发破碎矿床安全高效回采技术体系，研究采场布置参数、支护技术和传统充填回采工艺。

(2) 进路采场充填结构强化工艺研究。针对进路采场充填材料易开裂、韧性差、承载弱的缺点，通过模型试验研究柔性纤维网对充填体的强化作用，分析柔性纤维网配网率和配网角度等因素对充填体抗压强度、损伤模式和微观结构的作用机理，根据进路采场结构参数创新采场内柔性纤维网充填工艺，研发柔性纤维网增强尾砂固化充填结构及其充填工艺。

(3) 水淬铜渣新型充填胶凝材料研发。针对充填水泥成本高、冶炼铜渣处理难度大的难题，基于铜渣具备一定火山灰活性的特性，通过研磨和高温活化处理，进一步提高铜渣活性，研究活化后铜渣的物化性能、水化放热规律，以及对全尾砂充填体的胶结固化作用，研发水淬铜渣新型充填胶凝材料。

(4) 细粒级尾砂稻草秸秆充填材料研发。为进一步提高细粒级尾砂充填利用率、降低充填水泥耗量、提高细粒级尾砂充填体性能、降低充填材料成本，将具有一定韧性的稻草秸秆添加到尾砂充填体中，开展农作物稻草秸秆对充填材料流变、力学性能和微观结构的影响机理研究，研发稻草秸秆增强型细粒级尾砂高性能绿色充填材料。

(5) 膏体充填智能化控制系统研究。针对现有充填控制系统配料误差大、精度低、故障率高、管理难度大等问题，结合先进的5G技术、物联网技术、人工智能技术和自动化控制技术等，研发能够自动完成充填配料、充填作业的一键充填系统，以及实时监测充填设备工况和作业动态的充填状态监控系统；统筹生产调度、充填计划、设备管理和运营决策的充填生产管理系统，形成膏体充填智能化控制系统，提高矿山智能化水平和充填质量稳定性，实现无人化充填作业，提高系统管理能力和效率。

1.3.2 拟攻克的关键技术

针对环境敏感区复杂破碎资源开采面临的问题，需攻克以下三个关键技术：

(1) 环境敏感区复杂破碎资源的规模化安全开采技术；

(2) 考虑固废综合利用的高性能绿色充填材料制备技术；

(3) 精准化、智能化的充填计量和控制技术。

1.3.3 研究方案与技术路线

项目研究技术路线如图1-4所示，其中：

(1) 内容一：研究方案与技术路线。采用调查统计分析、理论推导、数值模拟、方案设计相结合的方法，结合矿山工程地质条件、矿体禀赋特征和环境敏感区安全环保要求，推荐针对环境敏感区复杂破碎资源的采矿方案；根据矿体赋存条件和产状特征，在采场结构参数优化的基础上，基于上向水平进路充填法和分段空场嗣后充填法，通过技术攻关研发具有技术、安全、经济优势的预控顶上向进路充填法和脉内外联合采准浅孔留矿嗣后充填法。

（2）内容二：研究方案与技术路线。利用 RHINO 等建模软件，设计 3D 可重复利用的树脂纤维有机充填试验模具，根据文献调研筛选适合的柔性纤维材料，用于制备柔性纤维网增强充填试样；开展充填配比试验，研究不同柔性纤维网配网率和配网角度等因素作用下的充填试样的单轴抗压强度、应力-应变行为、变形特性分析、样品损伤模式等机制；通过理论计算、数值模拟和原理分析的方法分别从柔性纤维网破坏原理、纤维受损破坏计算模型来探究内部纤维对充填体性能的增强作用机理；设计进路采场相似模型试验，根据进路采场结构参数创新采场内柔性纤维网充填工艺，研发柔性纤维网增强尾砂固化充填结构及其充填工艺。

（3）内容三：研究方案与技术路线。采用机械和高温活化提高水淬铜渣的火山灰活性，分析两种活化方法对水淬铜渣物化性质、玻璃相结构以及火山灰活性的影响规律，揭示水淬铜渣的机械和高温活化机制；采用改性水淬铜渣辅助胶凝材料制备复合水泥，通过分析水化放热过程、抗压强度及产物组成，研究基于改性铜渣的复合水泥的水化反应过程及产物特征；采用改性水淬铜渣复合水泥作为全尾砂充填胶凝材料，通过抗压强度、坍落度/扩散度、黏度/屈服应力等分析，探究改性水淬铜渣复合水泥的胶凝特性及其对充填材料的力学与流动特性的影响。

（4）内容四：研究方案与技术路线。以农作物稻草秸秆为充填添加材料，分析稻草秸秆的物化性能，研究不同秸秆添加量和秸秆长度对充填料浆流动性、流变参数的影响；通过抗压、抗拉试验，分析稻草秸秆对充填体的增强、增韧作用；运用扫描电镜、核磁共振等方法，研究稻草秸秆对充填体微观结构、孔隙率等性质的影响；通过力学性能对比和经济性分析，得出最优的稻草秸秆参数配比，研发稻草秸秆绿色充填材料。

（5）内容五：研究方案与技术路线。开展矿山智能充填系统规划，结合先进的 5G 技术、物联网技术、人工智能技术和自动化控制技术设计一键充填、充填状态检测和充填生产管理等智能系统；开展一键充填试验研究，完成一键充填系统自动化架构设计，检验充填过程中物料计量精度以及系统运行效率，并利用人工智能算法进行系统优化；利用工业大数据分析方法智能监控充填过程参数偏差，分析工艺参数异常征兆，形成预警报警预案并提供预测性维护决策方案，建立工艺过程知识库，持续优化充填状态监测系统；通过充填系统的计划管理、生产调度、设备和系统管理、运营成本分析等工作，建立充填生产管理系统，为充填系统高效运营提供数据支持和决策支持，形成膏体充填智能化控制系统。

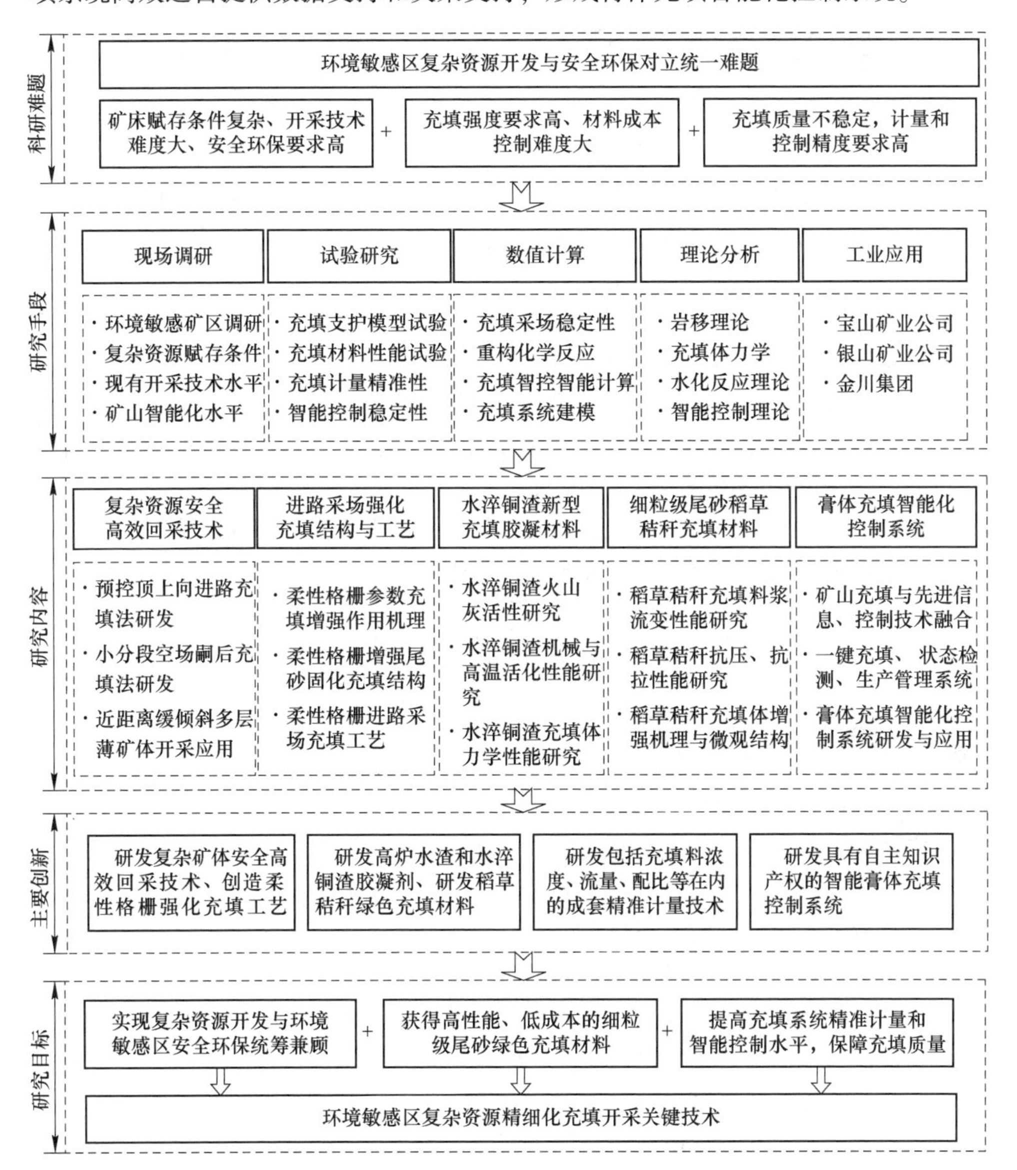

图 1-4 技术路线图

2 复杂破碎资源低扰动精细化开采技术

随着矿产资源开采强度的提高，地下矿产资源急剧减少，尤其是那些开采技术条件较好的易采矿产资源日益枯竭。为满足国民经济可持续发展对矿产资源的需求，资源开采不得不向深（部）、边（缘）、贫、难领域推进，其中，复杂破碎资源的安全、高效开采一直是采矿技术研究和工程应用的重点课题。复杂矿体的特征是形态多变矿体边界不清，要求所采用的采矿方法应具有较好的探采结合功能，而破碎矿体的矿岩稳固性较差，对空区暴露面积与暴露时间要求严苛，大断面掘进容易发生冒顶、片帮事故，开采难度极大，尤其是环境敏感区开采对空区塌陷、地表沉降的控制要求更加严格[7]。因此，本书根据环境敏感区复杂破碎矿体开采的特殊条件，开展低扰动精细化开采技术研究，以期在确保回采作业安全的前提下，最大限度地回收资源和提高矿山企业经济效益。

2.1 背景矿山概况

2.1.1 安徽某铁矿概况

2.1.1.1 矿山简介

安徽某铁矿位于长江中下游成矿带，是该矿区内的一个大型铁矿床，拥有储量丰富的优质磁铁矿资源，总储量约 1.5 亿吨，TFe 平均品位约 39.43%，设计生产能力 200 万吨/a，生产关键工程能力均留有矿山生产规模发展到 250 万吨/a 的余地，主体采矿方法为机械化盘区上向分层连续倾斜进路充填采矿法和机械化盘区点柱式上向分层充填采矿法。由于矿山集富水、多变、破碎等多种复杂条件于一体，原设计采矿方法难以保证资源的安全高效开采，导致矿山在开采初期一直无法达产。基于上述背景，在上向分层进路充填法的基础上成功研发了预控顶上向进路充填法，使得该矿在保证安全开采的前提下顺利达产，并随着 2021 年采掘机械化升级改造完成，当前产能已达 220 万吨/a。

2.1.1.2 开采技术条件

A 矿体赋存特征

矿床成因类型属闪长岩体与周围沉积岩接触带中的高温汽液交代层控矿床（玢岩铁矿）。矿床内共圈定矿体 11 个，其中Ⅰ号矿体为主矿体，地质储量约占矿床总储量的 98.9%，其余小矿体仅占总储量的 1.1%。

主矿体赋存在闪长岩与砂页岩接触带的内带，其形态受矿区背斜构造控制。横向呈平缓拱形，产状与围岩基本一致，两翼倾角 5°~35°，在挠曲部位达 35°~55°，一般为 10°~30°。纵向大致以 4B 线为界，南部向南倾，倾角 15°~35°，一般 25°左右；4B 线以北向北倾，倾角 0°~35°，一般 5°~25°，与背斜倾伏角大致相同。主矿体呈似层状，局部有膨大现象，沿走向最大延长达 1780m，横向最大延伸 1130m，一般 950m。矿体厚度变化较大，一般 5~40m，平均 34.41m，最大 121.72m。主矿体沿走向及倾向均有分枝现象，尤其南部分枝更为明显，一般呈 2~3 层，少数地段矿体连续厚度可达 60~70m，矿体顶底板界线明显。

B 矿石质量特征与指标

矿石中金属矿物主要有磁铁矿、半假象~假象赤铁矿、赤铁矿、黄铁矿，其次为镜铁矿、褐铁矿等。磁铁矿多呈半自形~自形粒状，粒度以细~微粒为主。矿石边界品位：磁铁矿石 TFe≥20%、混合矿石 TFe≥25%。最低工业品位：磁铁矿石 TFe≥30%、混合矿石 TFe≥30%。

C 工程地质条件

该铁矿主矿体裂隙密度为 7 条/m，闭合状态为主，高岭土、金云母、绿泥石构成软弱结构面，影响主矿体稳定性的因素是主矿体中的软弱夹石层，夹石层中闪长岩、金云母角岩、辉绿岩及微晶高岭石岩遇水会软化。顶板围岩中闪长岩占 44%、角页岩 44%，其余为砂页岩和脉岩，底板闪长岩 69%，角岩 31%。闪长岩强度变化大，局部遇水软化，角页岩在靠近矿体部位有泥化作用，局部较软弱。顶底板近矿围岩有厚 10~20m 的不稳定带，需采取支护措施。不稳定带主要分布在 9 线以南及 11~15 线矿体两翼的陡倾处。综上，矿区工程地质条件复杂。

矿石密度：磁铁矿 3.64t/m^3，混合矿 3.58t/m^3，表外矿 3.20t/m^3。

岩石密度：沉积岩 2.73t/m^3，闪长岩 2.54t/m^3，矿岩松散系数 1.5。

矿岩硬度系数：磁铁矿 f=8~12，砂页岩 f=6~8，闪长岩 f=8~10。

岩石平均软化系数 0.6~0.8，顶底板不稳定带 f=2.3~4.3。

D 水文地质条件

区内地表水系发育，沟渠纵横交错，积水面积 20%左右，主要河流由南向北流经矿区。矿床范围内河床下部有 25~35m 厚的第四系地层，其中第四系含水层和隔水层分布于矿区南和西南的冲积平原及某山坡脚，厚度一般为 20~50m。由于地表河流常年流水，经过第四系弱含水层直接补给基岩含水层或在矿区外围绕过亚黏土隔水层经砂砾石含水层间接补给基岩含水层，是矿坑充水的重要补给源。

矿区矿体及顶板为基岩裂隙含水层，按富水性可分为强、中、弱三类，矿体下盘的闪长岩体为隔水底板。矿体上部连续分布的强含水层是矿坑充水的主要含水层。向上承接第四系弱含水层的越流补给，向下补给矿体含水层。矿山生产的中后期，该含水层将基本被疏干，届时矿坑充水主要来自地表水经第四系的渗入和周围含水层经弱透水边界补给。综上，矿区水文地质条件复杂。

2.1.2 江西某铜矿概况

2.1.2.1 矿山简介

江西某铜矿采用露天地下联合开采，主要产品为铜精矿、铅锌精矿、硫精矿以及金和银。矿区由北山区段、九龙上天区段、银山区段及九区区段、西山区段、银山西区区段组成，设计生产能力 8000t/d，已顺利完成试生产。该矿地下开采的主体采矿方法为分段空场嗣后充填法和浅孔留矿法，其中浅孔留矿法在生产实践过程中采场极易冒顶片帮，支护难度大，安全问题突出，且矿石损失率极高。为解决上述难题，以实现软弱顶板条件下矿脉低贫损安全开采为目标，在传统浅孔留矿嗣后充填法的基础上提出了脉内外联合采准的浅孔留矿嗣后充填法，增强了该方法对破碎急倾斜薄矿体的适应性，提高了矿山经济效益和安全生产水平。

2.1.2.2 开采技术条件

A 矿体赋存特征

a 西山铜硫金区段

该区段内圈定有编号矿体 20 条，以铜金硫矿体为主，主要矿体为Ⅴ12-11 和Ⅴ12-12 号矿体。Ⅴ12-11 铜硫金矿体分布在Ⅰ1~Ⅰ3 线，其估算资源储量占西山矿带估算资源储量约 26%。矿体控制延长 340m，控制最大垂深 700m，铜金硫矿体平均厚度 22.84m，最小厚度 1.85m。矿体平均走向 20°，倾向北西，倾角 73°~89°，深部倾角变缓；Ⅴ12-12 铜金硫矿体分布在Ⅰ1~Ⅰ3 线，其估算资源储量占西山矿带估算资源储量约 24%。矿体控制延长 360m，控制最大垂深 750m，铜硫金矿体平均厚度 14.65m，最小厚度 1.95m，最大厚度 83.26m，厚度变化系数 148%，属厚度较不稳定矿体。矿体平均走向 20°，倾向北西，倾角 77°~90°，深部倾角变缓。

b 银山西区铜金矿区段

该区段铜金矿体产于接触带千枚岩内，少量产于爆破角砾岩及蚀变石英闪长岩内。矿体走向北西—北北西，控制延长（2~6 线）200m，宽 400m，矿化面积 0.08km^2。矿脉走向北西西、倾向南南西，倾角 65°~80°，为陡倾斜矿脉。矿脉延长 50~150m，最大延长 210m，倾斜延深 200~500m，最大至 600m，矿脉厚度一般较大，多在 5.00~15.00m 之间，垂深超过 650m。

B 矿石质量特征与指标

该矿床总体为以铜铅锌硫矿产为主的矿床，其主元素矿产均达大型以上资源储量规模；与铅锌共（伴）生的有益组分主要为银，与铜硫共（伴）生的有益组分主要为金，两者之资源储量规模也均达到大型、超大型规模。矿石结构较为复杂，但总体特征以晶粒结构和交代结构为主，矿石构造最为常见的为块状构造。边界品位：Cu≥0.2%（露采）、Cu≥0.3%（坑采）、Pb≥0.5%、Zn≥1%。工业品位：Cu≥0.4%（露采）、Cu≥0.5%（坑采）、Pb≥0.7%、Zn≥1%。

C 工程地质条件

矿区大部分属低山-丘陵浅切割陡坡，矿体分布在非岩溶地区，顶、底板围岩主要为千枚岩，其次为火山碎屑岩、熔岩和次火山岩，结构较紧密，平均抗压强度27.54~71.45MPa，为坚强~半坚强岩石。矿床近地表岩石风化较强，风化带深10~30m，最深50m，风化带内岩石裂隙发育、结构松散，稳定性差。此外，构造带及其附近岩石也较破碎，稳定性较差。总体而言，矿床工程地质条件属中等类型。铜、铅锌矿石体重均为2.88t/m^3、废石体重2.82t/m^3，松散系数均为1.57，铜矿石和铅锌矿石的松散密度均为1.83t/m^3，废石的松散密度为1.8t/m^3。

D 水文地质条件

矿区内无水库、湖泊等较大地表水体，仅有一条自北东向南西流淌的小河，河谷宽50~100m，河床宽2~6m，自矿区北东端之北岭南坡，汇合区内诸沟谷小溪，流经矿区中心，全长约5km，流域面积约7.78km^2，小河最大流量4547.56m^3/h，平均流量160.03m^3/h，10~12月干枯；1979年6月一次连续5h大暴雨后洪峰流量达28800m^3/h。

矿区大致可分为三个含水层（带），第四系松散孔隙含水层、双桥山群浅变质岩和火山岩风化带含水层（带）及构造裂隙含水带。矿区地表水和地下水主要由大气降水补给，由于地形陡峻、第四系地层薄、地表水排泄条件好，不利于雨水的停留和聚积。基岩透水性较弱，地下水接受大气降水补给能力较差，雨后地表径流迅速排出矿区。通过观测统计，−178.25m中段矿坑正常涌水量50m^3/d，最大涌水量230m^3/d；−268.25m中段矿坑正常涌水量600m^3/d，最大涌水量2600m^3/d。综上，矿区水文地质条件属简单型。

2.2 采矿方法选择与优化

2.2.1 安徽某铁矿采矿方法优化选择

2.2.1.1 原设计方案

原初步设计基于原始地勘资料选择了机械化盘区上向分层连续倾斜进路充填采矿法（以下简称“连续倾斜进路充填法”）和机械化盘区点柱式上向分层充填采矿法（以下简称“点柱充填法”）两种采矿方法。

A　连续倾斜进路充填法

a　矿块布置与结构参数

矿体按宽 100m 沿走向布置盘区，盘区中按 100m×100m 的尺寸划分为若干个矿块，矿块高为 60m，每个矿块又分为 4 个采场。每分层回采高 4m，即进路高度 4m，进路宽为 4. 5m，进路断面呈平行四边形向工作面方向倾斜 70°~80°，一般取 75°，以利于尾砂充填体的自立，进路原则上垂直走向布置，进路长一般不超过 50m。在需要脉外采准时分段高度为 20m，每个分段服务 5 个分层。盘区之间不留矿柱，采场之间也不留矿柱。对顶板岩石稳固性差的地段，在上盘留 1m 厚的护顶矿柱，在岩石条件好的地方则可不留。

盘区内矿块数在矿体最宽处可达到 4 个，但为了不互相干扰，因此一个盘区内最多只保持两个矿块同时生产。整个回采工作从下往上进行，不留顶柱和底柱，在采场内平面上的回采顺序是从两端向中间连续一条接一条回采。

b　采准工程

采准工程主要有：脉内采准斜坡道、采场回风井、顺路通风泄水井、振动放矿机硐室、上中段的穿脉巷道、下中段的穿脉巷道。

由于矿体倾角较缓，通过布置脉内斜坡道作为无轨设备的出入通道。脉内采准斜坡道每个盘区布置一条，布置在矿块下盘脉内，位于走向方向的中间部位，坡度为 20%以下。每个矿块（100m×100m）在走向两端各布置两个通向上中段的回风井和顺路泄水井，在采场中央布置顺路进风泄水井和一个溜井。

c　回采工艺

凿岩爆破：采矿凿岩采用芬兰 TORO 公司生产的 AXERA D05-126（H）单臂凿岩台车，钻孔水平布置，孔深 3. 7m，孔径 ϕ43~45mm，每个循环进尺 3. 2m。凿岩完成后即进行装药爆破工作，采用 2 号岩石炸药，非电导爆雷管起爆。

通风与支护：采场爆破后采用局扇辅助通风。采场风流经采场通风泄水井（中央部位）进入采场，冲洗采场后从两端的回风井进入上中段的穿脉巷道。通风后即进行顶板人工撬毛，如顶板岩石较差时，则须进行顶板支护，一般可选用水泥卷锚杆或水泥砂浆锚杆支护。

出矿：在撬毛和进行必要的支护后，即可进行出矿。出矿采用 TORO 公司生产的 TORO 007 型柴油铲运机，生产能力取为 500t/(台·班)，铲运机将矿石铲至采场内的顺路溜井中，溜井下安设振动放矿机，给有轨矿车装矿。

充填：在一条进路回采结束后即可进行充填。先将充填管架设到进路的中部顶板的最高点，充填管可采用锚杆固定，之后用红砖或空心砖加砂浆砌挡墙（也可用木板架设挡墙），留出泄水管。充填管经脉内斜坡道从-390m 中段巷道下到采场。在准备工作做完后即可进行充填，一般是全部采用尾砂充填。充填完成后充填体进行脱水固结，一般在充填一天后即可进行相邻进路的回采。

在盘区内，每一条进路都采完和充填完后才能转到上一分层回采。在开掘新的分层时，从脉内斜坡道开始掘进。

d 主要技术经济指标

矿块生产能力：1000t/d；

矿石损失率：8%，贫化率：5%。

B 点柱充填法

a 矿块布置与结构参数

沿走向划分盘区，盘区宽100m，长等于矿体水平宽度，盘区之间留4m宽的矿柱。盘区中按100m×100m的尺寸划分为若干个矿块（采场），矿块高为60m。每分层回采高3m，作业高度4.5m；第一层回采时采高为4.5m。在需要脉外采准时分段高度为20m，每个分段服务6~7个分层。矿块之间不留条柱，对顶板岩石稳固性差的地段，在上盘留1m厚护顶矿柱。采场中均匀布置点柱，点柱间距15m，点柱尺寸为4.5m×4.5m，点柱不再回收。

盘区内矿块数在矿体最宽处可达到4个（4个100m×100m的采场），但为了使采场之间互不干扰，一个盘区内最多只保持两个采场同时生产。整个回采工作从下往上进行，从-450m采到-390m水平后接着向上回采，不留顶柱和底柱，在采场内平面上的回采顺序是从东向西推进，从中间向南和向北发展。

b 采准工程

采准工作主要有：脉内采准斜坡道、采场回风井、顺路通风泄水井、振动放矿机硐室、上中段的穿脉巷道、下中段的穿脉巷道。

由于矿体倾角较缓，布置脉内斜坡道作为无轨设备的出入通道。脉内采准斜坡道每个盘区布置一条，布置在矿体下盘脉内，位于走向方向的中间部位，坡度不大于20%，根据矿体的下盘倾角调整。

每个矿块（采场）（100m×100m）在走向两端各布置一条通向上中段的回风井和顺路泄水井，在采场中央布置顺路进风泄水井和一个矿石溜井。顺路溜井直径ϕ3m，采用组合钢筒，钢板厚暂按16mm计。

c 回采工艺

凿岩爆破：采矿凿岩采用芬兰TORO公司生产的AXERA D05-126（H）单臂凿岩台车，钻孔水平布置，孔深3.5m，孔径ϕ43~45mm，钻孔网度0.8m×1m，水平落矿。凿岩完成后即进行装药爆破工作，装药采用人工装药（今后可增加剪式升降台车辅助作业），采用2号岩石炸药，非电导爆雷管起爆。

通风与支护：采场爆破后采场有贯穿风流通风，必要时在采场回风井上部设局扇辅助通风。采场风流经采场通风泄水井（中央部位）进入采场，冲洗采场后从两端的回风井进入上中段的穿脉巷道。分层回采高度为3m，爆破后空顶高为4.5m。

通风后即进行顶板人工撬毛。如顶板岩石较差时，则须进行顶板支护，一般可选用水泥卷锚杆或水泥砂浆锚杆，杆体长 2.25m（必要时增长至 3m），采用直径为 18mm 的二级螺纹钢作杆体，要求全长锚固，锚杆网度为 0.8m×0.8m～1m×1m。必要时可采用长锚索支护，长锚索一般采用 1×7 标准型、ϕ15.2mm 的钢绞线，每孔装 2 根，锚索长 15～20m，网度为 2.5m×2.5m 或 4m×4m，锚索孔采用 YGZ-90 中深孔钻机（配 TJ25 钻架）打眼。

出矿：在撬毛和进行必要的支护后，即可进行出矿。出矿采用 TORO 公司生产的 TORO 007 型柴油铲运机，载重力为 10t，配 4.6m^3 的铲斗。铲运机将矿石铲至采场内的顺路溜井中，溜井下安设振动放矿机，给有轨矿车装矿，铲运机生产能力取为 500t/(台·班)。

充填：在一个采场的一端回采结束后即可进行充填。整个采场可分为 8 次充填，每次充填的面积约为 50m×25m，用废石和尾砂包构筑挡砂墙，并架设泄水井，充填管经脉内斜坡道从-390m 中段巷道下到采场。充填时先用尾砂充填 2.7m 高，剩下的 0.3m 采用灰砂比为 1∶8 的胶结料充填浇面，以作回采新分层的底板。

在盘区内，每个采场的同一分层都采完和充填完后才能转到上一分层回采。在开掘新的分层时，从脉内斜坡道开始掘进。

d 主要技术经济指标

矿块生产能力：1000t/d；

矿石损失率：18%；

矿石贫化率：4%。

2.2.1.2 原设计采矿方法存在的问题

A 连续倾斜进路充填法

连续倾斜进路充填法是典型的机械化盘区上向分层连续进路式胶结充填采矿法的变种，进路采用平行四边形断面，充填不添加水泥，全部用尾砂充填（或增加水泥砂浆胶面）。回采是在每一分层以进路的形式凿岩爆破出矿，一条进路采完后即进行充填，在尾砂脱水固结后第二条进路从旁边开始回采。该方法回采进路高度小，顶板易处理，作业安全，且采用尾砂充填作业成本低，能较好地适应矿体形状的变化，矿石损失贫化率低。但该方法采场进路全部采用独头掘进回采，工序相对复杂，劳动生产率相对要低，且由于采用尾砂充填，要求尾砂的粒径较粗，易于脱水，采场充填接顶要求严格。

进路充填采矿法是一种适应性强、回采率高、安全性好的采矿方法，但因属于进路采矿，生产效率较低，且成本较高。虽然国内不少矿山采用进路充填采矿法可以达到较高生产能力，如金川二矿区采用下向进路充填采矿法生产能力达到 450 万吨/a，山东焦家金矿采用上向进路充填法生产能力也达到 200 万吨/a，但同时回采中段、采场数目众多，生产管理要求较高。该铁矿设计生产能力达 200

万吨/a，初期中段数有限，对于水文地质复杂地段、局部破碎地段适宜选用上向进路充填法，但条件相对较好地段应考虑选用其他高效率采矿方法。

B 点柱充填法

点柱充填法是在上向水平分层充填法的基础上，在采场中均匀布置点柱，采场顶板靠点柱支撑，点柱作为永久损失。与连续进路倾斜尾砂充填法相比，点柱充填法的优点是凿岩爆破效率高，采场生产能力较大，也能较好地控制采场顶板和矿体上盘围岩稳定。缺点是采场暴露的面积较大，采场顶板管理要求严格，安全可靠性比采用连续进路倾斜尾砂充填法相对要低。同时，由于矿体厚大，留设盘区矿柱，布置脉内采准工程，已经造成了资源损失，如果在采场内再留设点柱，不仅妨碍无轨设备运行，造成永久损失，而且在采矿过程极易被超剥，失去支撑作用，反而影响回采安全，资源损失将更大。初步设计中给出的损失率为18%，实际损失率值将更大。

矿体的直接顶底板围岩主要为闪长岩、角页岩，其次为砂页岩。矿体顶底板近矿围岩均不同程度地存在一个不稳定带，其厚度一般为10~20m。初步设计中在靠近顶板处预留1m护顶矿壁，但根据国内外矿山经验，1m厚的护顶矿壁根本起不到保护作用，如水口山康家湾铅锌矿矿体顶板是不稳固的灰质泥页岩，采用上向水平分层充填法，即使留设2m护顶矿壁，且采场跨度降至10m，仍然无法有限控制不稳固顶板的冒落，因此，必须采取切实可行的方法解决不稳固顶板的冒落问题。

2.2.1.3 采矿方法优化

由于该铁矿集富水、多变、破碎等多种复杂条件于一体，且设计生产能力高达200万吨/a，原设计采矿方法（连续倾斜进路充填法与点柱充填法）难以保证资源的安全高效开采，导致矿山在开采初期一直无法达产。为了在保证回采安全的前提下尽可能提高采场生产能力，在上向分层进路充填法的基础上成功研发了预控顶上向进路充填法，通过理论研究与现场工业试验，该方法得到了成功应用及推广，帮助矿山顺利达产并沿用至今。

如图2-1所示，预控顶上向进路充填法的实质是将上向水平进路充填法“自下而上单分层回采”变为“自下而上双层合回采”，是将空场法与充填法进行技术性融合，通过预先拉顶加固顶板，下向采矿形成较大空场，然后充填的一种采矿方法。将两个分层作为一个回采单元，首先回采上分层（控顶层），采用措施加固顶板后，再回采下分层（回采层），两分层回采完毕后，进行充填。本采场所有上下两层进路回采充填完毕后，再升层至上两个分层。

2.2.2 江西某铜矿采矿方法优化选择

2.2.2.1 原设计方案（浅孔留矿法）

原初步设计选择了分段空场嗣后充填法和浅孔留矿法2种采矿方法。其中分

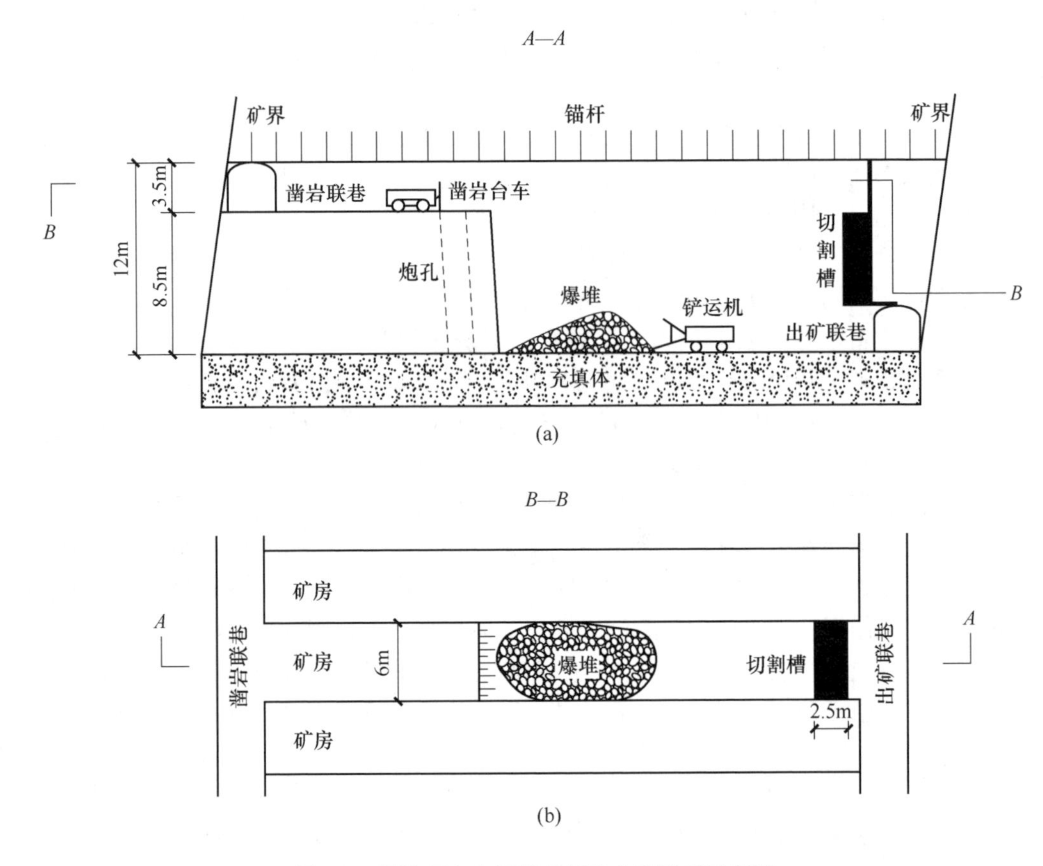

图 2-1 预控顶上向进路充填法方案特征示意图

（a）矿房轴向垂直剖面示意图；（b）矿房平面布置示意图

段空场嗣后充填法开采对象主要为九区、西山铜金硫矿区；浅孔留矿法开采对象为部分西山、银山西区铜金硫矿体。

原初步设计中浅孔留矿法的技术方案如下：

（1）采场布置。采场沿走向布置，适用于厚度≤6m 的矿体。矿块长度为 50～60m，中段高度为 100m，中间增加一个段高 55m 的出矿副中段，采场宽度为矿体厚度。采场留间柱，间柱宽 3～5m，留 3～5m 顶柱，顶柱、间柱可根据具体情况决定回采还是不回采。如不连续的矿体，间柱应尽可能布置在围岩或品位低的地段，这样可以减少矿石损失，尽可能提高资源利用率。矿块内由下而上分层回采，分层高度 1.5～1.7m，在矿房长度方向上，由一侧向另一侧推进式回采，双阶段工作面。

（2）采准切割。采准切割工程有人行通风天井，分层联络道、出矿进路、拉底和溜矿井等。采切比为 462m^3/万吨。

（3）回采工艺。

1）凿岩爆破。采场内凿岩采用YT-27手持式凿岩机，孔径38~42mm，爆孔水平布置，台班效率30m，采用平行爆孔崩矿，孔底距或孔间距0.6~0.8m，抵抗线1~1.2m。选用乳化炸药，采用人工装药，非电系统起爆。当大块率低时，二次爆破在出矿进路中处理，否则应调整爆破参数控制大块率。

2）采场通风。新鲜风流由中段巷道通过管缆进风井、出矿副中段巷道、天井联络道、人行通风天井，进入采场回采工作面，污风经另一侧通风天井、中段巷道，汇入上部通风巷道，进入南风井或北风井排出地表。为加快爆破炮烟排出，采场采用局扇加强通风。

3）出矿。每次落矿只出1/3左右的矿石，以便在矿房内造成1.5~1.7m高的工作空间，直至整个采场回采结束。矿块大量放矿前视具体情况决定是否用中深孔分段爆下间柱，然后大量放矿。采场崩落的矿石采用2m^{3}柴油铲运机出矿，出矿效率160t/(台·班)。

4）采场支护。一般情况下不予支护。由于回采在矿体顶板下面进行，每次爆破后应及时对顶板进行撬毛，把浮石敲掉，对于不稳固地段可采用锚杆支护或锚网支护。

5）充填。回采结束后，一般情况下不充填采空区，如有必要，可在充填前，架设挡墙，封闭采空区，并留出泄水口排出溢流水。

（4）主要技术经济指标。

矿块生产能力：100t/d；

采切比：462m^3/万吨；

矿石贫化率：15%；

矿石损失率：10%。

2.2.2.2 原设计采矿方法存在的问题

根据原始地勘资料，银山矿工程地质条件属中等类型，原设计浅孔留矿法能够很好适应西山区和银山西区两个区段矿体开采技术条件，但随着矿山正式投产，揭露后的矿体赋存条件与地质报告相比发生了较大变化，导致原设计方案存在如下突出问题：

（1）矿体围岩主要为绢云母千枚岩，岩性软弱，千枚岩片理与矿脉走向近似一致但与最大主应力方向斜交，在地应力、千枚岩片理、矿脉走向的共同作用下，极易冒顶和片帮，支护难度大，安全问题突出。

（2）采场内两帮围岩，尤其是顶板围岩片帮冒落不仅造成矿石贫化严重，而且片帮冒落量大时，极易造成回采高度难以达到设计要求，从而大大降低采场回采率。据最近几年采场出矿情况统计，采场平均回收率76%，最低仅为39.9%（九区9-1101采）。尤其值得关注的是2015年，随着开采深度的增加，地压活动日趋频繁，其采场回收率较2012~2014年大大降低，平均仅为66.4%。可以预计，随着开采深度进一步增加，其回收率指标还会进一步恶化。

(3) 存窿矿集中出矿过程中，随着支撑上下盘围岩的矿石放出，上下盘围岩经常大片冒落，堵塞出矿口。处理片落大块的措施包括出矿口大块二次破碎和高压水冲洗，前者削弱了出矿口保护墩稳定性，造成保护墩变形失效，后者进一步削弱了顶板围岩稳定性（因千枚岩遇水泥化），加剧了顶板围岩片帮冒落程度。

2.2.2.3 采矿方法优化

针对上述问题，为了在保证回采安全的前提下尽可能提高采矿方法对破碎矿体的适应性和减小矿石损失率，本书提出了脉内外联合采准浅孔留矿嗣后充填法，在浅孔留矿法的基础上对采准工程、爆破参数及出矿制度进行优化。

A 采准工程优化

a 增设脉外天井

由于浅孔留矿法的采场回采周期长，人行天井暴露时间久，当围岩和矿体破碎时，受局部放矿频繁卸压扰动影响，采场回采至一定高度后人行天井易发生失稳变形或垮塌堵塞，工程维护困难，直接影响回采效率和作业安全，甚至造成采场内上部矿体的大量损失。针对该问题，在矿房（或矿柱）一侧间柱内布置脉内天井，沿矿体贯通整个阶段，在下盘围岩内布置脉外天井，高度为阶段高度一半。矿房（或矿柱）下部矿体回采时，人员、材料及设备通过脉内天井下部通行；上部矿体回采时，脉内天井下部封闭弃用，通过脉外天井和脉内天井上部通行。

b 增设充填回风井

传统浅孔留矿法相邻采场共用脉内人行天井，当一侧采场因矿体稳固性差、暴露时间长等原因发生采场垮落或天井变形、堵塞等，将直接影响相邻采场正常回采，且采场两侧脉内天井兼做进回风天井，风流控制难度大，采场内通风效果差。优化后的采矿方法相邻采场采准工程相对独立，不共用脉内人行天井，在采场一侧增设充填回风井，用于采场充填与回风，新鲜风流通过脉内外天井和采场联络道进入采场清洗作业面，污风通过充填回风井和回风联络道排至上阶段回风系统。

c 出矿进路优化

为提高出矿进路稳定性，进路一般采用拱形断面。但该种断面形式容易造成眉线破坏。脉外出矿巷道和矿体拉底层一般处于同一水平［见图2-2（b）］，保护墩横截面积约为13m²，如果将脉外出矿巷道设计较矿体拉底层低1m的水平［见图2-2（a）］，保护墩的面积将增加至17.5m²，增大约35%，眉线的稳定性将大大提升。根据铲运机爬坡能力，6~8m距离上行1m仍能保证空车爬坡。

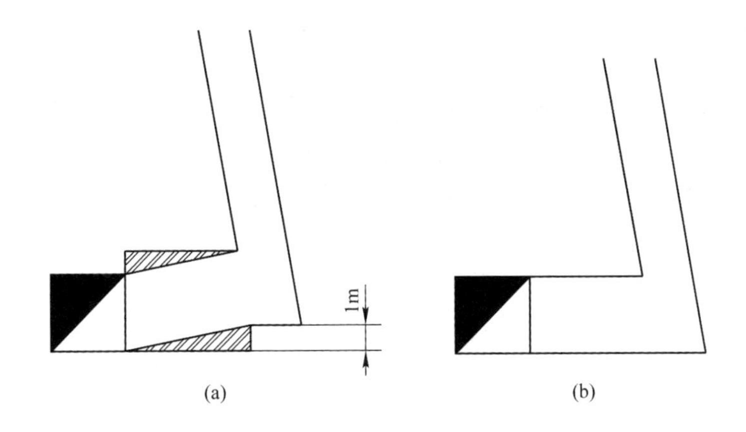

图 2-2 不同出矿进路倾角优化方案
(a) 优化出矿进路布置方式；(b) 传统出矿进路布置方式

B 爆破参数优化

针对矿山原爆破方案及参数存在的问题，为保证上采过程中保留岩体按设计轮廓面成型并尽量减小对围岩破坏，采用预裂爆破技术对原方案进行优化。具体优化方案如下。

a 主爆孔参数优化

(1) 孔径和深度。根据矿山现有凿岩设备，仍选用 YT-45 凿岩机进行钻孔，炮孔直径为 40mm，采用 32mm 药卷装药。由于矿体较薄，结合矿山当前进尺循环与回采强度，钻孔深度仍选择 2.2m。

(2) 最小抵抗线和孔距。最小抵抗线和孔距一般采用下面的经验公式：

$$W = (25 \sim 30)d \tag{2-1}$$

$$a = (1.0 \sim 1.5)W \tag{2-2}$$

式中 W——最小抵抗线；
d——炮孔直径；
a——孔距。

保守计算最小抵抗线 W 为 1.0m；由于矿体厚度较薄，孔距也取 1.0m，实现正方形布孔。

(3) 超深与堵塞。由于采场内是不断爆破进行上采，可以不设置超深；按当前爆破技术，堵塞 0.4m 效果较好，故本设计仍予以采用，装药深度为 1.8m。根据装药深度和药卷直径，计算单孔装药量约为 1.8kg。

b 预裂孔参数优化

(1) 炮径与孔间距。根据矿山现有凿岩设备型号，确定炮孔直径为 40mm。对于边帮质量要求高的工程，选取小的孔间距，$a=(7\sim10)d$；对于一般性工程，可以选择较大的孔间距，$a=(10\sim15)d$。由于矿山片理状千枚岩岩性较脆，要尽量减小爆破作用对两帮的破坏，因此选择：$a=(10\sim15)d=40\sim60\text{cm}$，取 50cm。

（2）线装药密度。影响预裂爆破参数的因素复杂，很难从理论上推导出严格的计算公式，为了获得满意的预裂爆破效果，爆破工作者根据经验，针对几个最主要的影响因素，归纳计算了一些经验计算式，其基本形式为：

$$q_1=K[\sigma_c]^{\alpha}[a]^{\beta}[d]^{\gamma} \tag{2-3}$$

式中 q_1——炮孔的线装药密度，kg/m；

σ_c——岩石抗压强度，MPa；

a——炮孔的间距，m；

d——炮孔的直径，m；

K，α，β，γ——系数。

按上式计算，并结合现阶段常用的预裂爆破线装药密度经验值（见表 2-1），确定适宜银山矿片理状千枚岩岩性的预裂爆破线装药密度约为 0.17kg/m。

表 2-1 预裂爆破线装药密度经验表

炮孔直径/mm	药卷直径/mm	不耦合系数	炮孔间距/m	线装药密度/g · m^{-1}
32	22	1.45	0.40	120
38	22	1.73	0.45	140
45	22	2.05	0.50	160
50	22	2.27	0.55	190
65	22	2.95	0.65	250
75	25	3.40	0.75	450
90	29	3.60	0.90	650
100	32	3.45	1.00	800

（3）超深与堵塞。由于采场内是不断爆破进行上采，可以不设置超深；按当前爆破技术，堵塞 0.4m 效果较好，故本设计仍予以采用，装药深度为 1.8m。

（4）装药量与起爆方式。浅孔与预裂孔的爆破参数优化设计如图 2-3 所示。根据装药深度和预裂爆破线装药密度，计算得预裂孔的单孔装药量约为 0.306kg。预裂孔与主爆区炮孔组成同一网路起爆，预裂爆破优先回采炮孔，采用分段并联法导爆索全孔一次起爆，预裂孔超前第一排主爆孔 75~110ms。

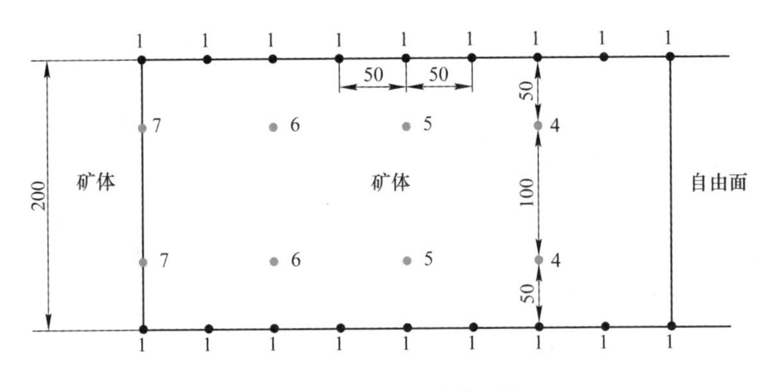

图 2-3 预裂爆破参数设计

2.3 预控顶上向进路充填法

普通进路充填法由于采用巷道方式采矿，安全性好，布置灵活，便于探采结合，但由于回采进路均为独头巷道掘进，生产效率低、成本高、通风困难。为提高进路回采效率，根据安徽某铁矿地下矿山开采实际情况，发明了预控顶上向进路充填法，该方法将进路规格由普通上向进路充填法的 4m×4m 扩大为 4m×7m。

2.3.1 采场布置

预控顶上向进路充填法根据矿体厚度，有两种进路布置方式：当矿体水平厚度超过 20~30m 时，进路可垂直矿体走向布置（见图 2-4）；如果矿体水平厚度小于 20~30m 时，为充分发挥凿岩设备，尤其是凿岩台车的效率，进路一般沿矿体走向布置（见图 2-5）。

2.3.2 预控顶技术

由于预控顶上向进路充填法进路高度达到 7m，其安全性主要取决于高进路顶板的支护质量和支护效果，矿山常用的支护措施是喷锚支护（局部挂网）。由于矿岩稳固性差，回采进路基本上采用全断面、全进路喷锚网支护，锚杆直径 20mm，锚杆长度 1.8~2.4m，锚杆间距 0.8m，如能通过优化研究，在保证回采作业安全的前提下，减少锚杆使用量，则可有效降低支护成本。

2.3.2.1 锚杆支护

A 锚杆类型

当前，国内外最有效、使用最广的锚杆支护方式是全长粘接树脂锚杆。所用的树脂锚固剂具有凝结时间短和锚杆强度高等优点，可以提供即时支护，而全长锚固所产生的锚固力也较高。

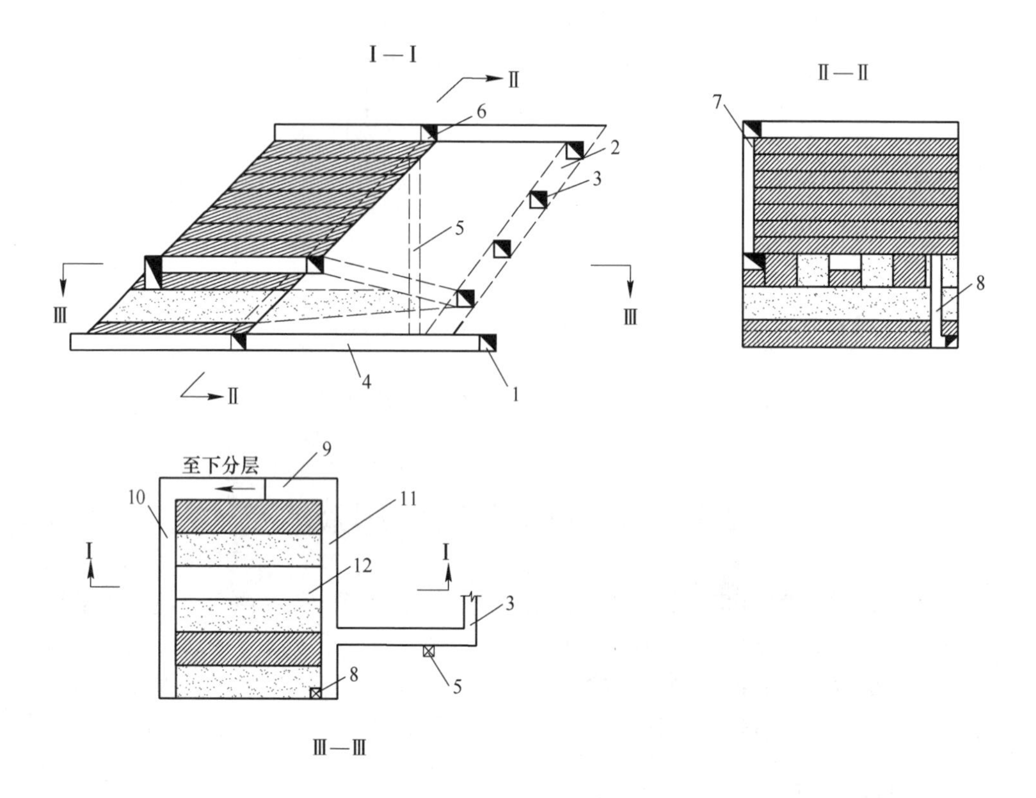

图 2-4 垂直矿体走向布置进路的预控顶上向分层充填法

1—阶段运输平巷；2—斜坡道；3—斜坡道入口；4—穿脉；5—溜矿井；6—充填回风平巷；7—充填回风井；8—泄水井；9—分层联络道；10—双进路高度联络道；11—单进路高度联络道；12—上分层回采进路

B 锚杆直径

螺纹钢锚杆直径 20mm。

C 杆体材料

为了充分发挥锚杆支护效果，有效避免顶板冒落事故的发生，锚杆杆体采用 20MnSi 左旋无纵筋螺纹钢加工。钢牌号为 MG600，端部平切，尾部采用滚丝工艺加工成可上螺母的螺纹段，杆体的表面凸纹应满足搅拌阻力和锚固要求。

D 托板与螺母

托板的作用是传递螺母产生的推力。在选择托板时要满足两个条件，即托板强度和结构要与锚杆杆体强度、结构相匹配。

蝶形托板比平板托板的承载效果好，故采用与锚杆强度相匹配的蝶形托板，并应由不小于 245MPa 的钢材制作，托板支撑抗压试验的强度应大于锚杆的设计锚固力。规格尺寸设计为 150mm×150mm×10mm。

采用安装方便的压片式螺母，即将螺母下端的一段螺纹扯掉，放入一定厚度

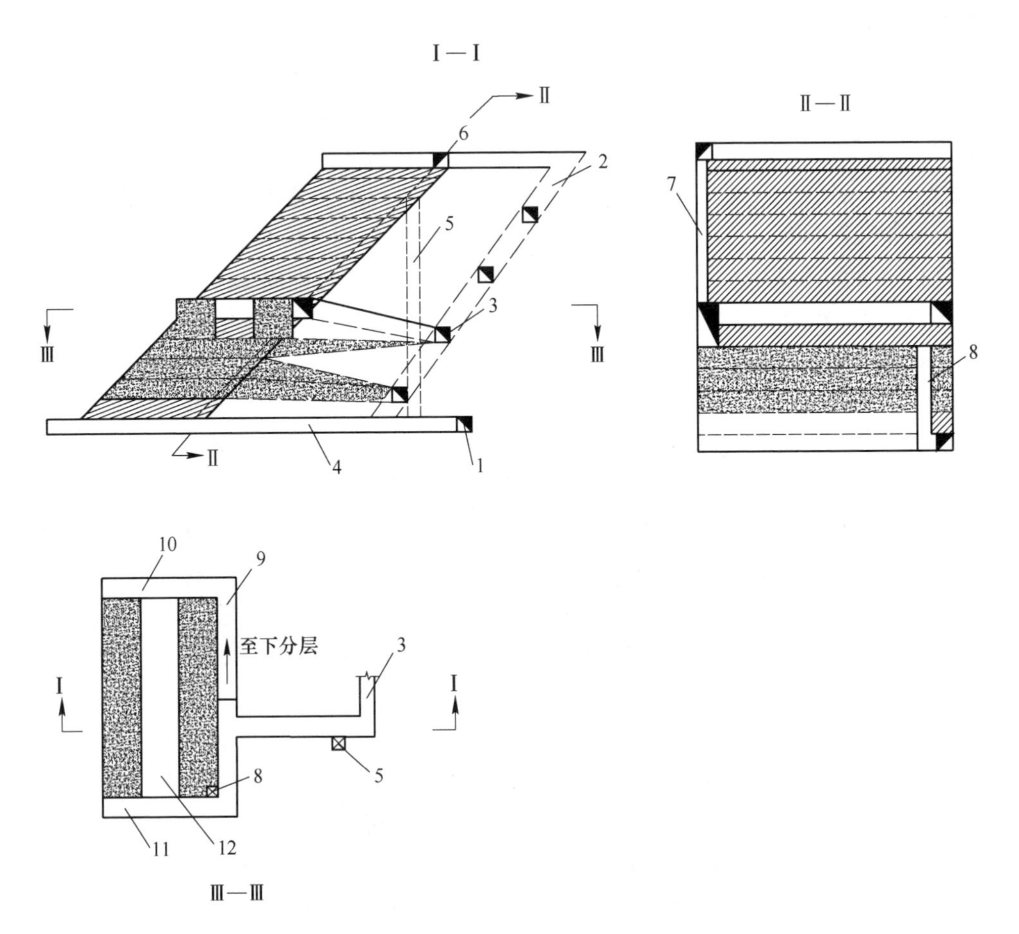

图 2-5 矿体走向布置进路的预控顶上向分层充填法

1—阶段运输平巷；2—斜坡道；3—斜坡道入口；4—穿脉；5—溜矿井；6—充填回风平巷；7—充填回风井；8—泄水井；9—分层沿脉联络道；10—双进路高度穿脉联络道；11—单进路高度穿脉联络道；12—上分层回采进路

的钢片，用压力机将该端螺母压出 3~6 个齿并将钢片锁住。该螺母抗拉强度平均可达 538MPa。

E 锚固剂

锚固剂的作用是将钻孔孔壁与锚杆杆体粘接在一起，使锚杆能够得到锚固力。锚固剂可以划分成树脂类和快硬水泥类两种。

快硬水泥药卷是传统的锚固剂，主要是由硫铝酸盐早强水泥、速凝剂、阻锈剂等按一定比例拌和均匀而成，使用厚质滤纸包装。

树脂锚固剂是一种新型的锚固剂，一般由特种聚合物树脂、高强填料、固化剂、促进剂及各种助剂等构成。在使用之前，通常将树脂系统、固化剂系统分别装在两个容器中。在使用时，按设计比例搅拌均匀，塞嵌或挤压进钻孔内，再插入锚杆杆体即可。

树脂锚固剂生效快、锚固力大、固化时间快、强度高且增长快，近年来广泛应用于锚杆支护系统。树脂锚固剂根据凝固时间可分为超快、快速、中快和慢速4种。其中超快、快速型锚固剂是目前应用较为广泛的快速锚固剂，其最重要的特点是凝胶时间短，强度增长快：锚固剂凝胶时间仅为20~60s，固化后3min时的抗拉强度大于30MPa，1d后即可大于80MPa。锚杆可即时上紧托板，实现快速安装。为强化预控顶效果，选用CK2835型锚固剂，锚固剂直径28mm，长度为350mm。

F 锚杆长度

研究表明，锚杆的极限承载力与锚杆长度并不呈线性关系。在锚杆系统未发生破坏之前，锚杆的极限承载力与锚杆长度呈近似线性关系。但当锚杆的长度大于临界锚杆长度时，在极限承载力范围内，适度增加锚杆长度可以有效提高锚杆的承载力，但显然并不表示锚杆越长锚固效果越好。

巷道顶板锚杆支护参数设计应根据具体的地质力学特征、巷道断面形状及大小巷道的用途和服务年限等因素的不同，以不同的围岩控制理论为依据分别进行。

根据顶板岩层赋存特征，一般可将其分为两大类进行考虑：一是顶板岩层处于较完整的状态；二是顶板岩层处于较破碎的状态。两种条件顶板力学特征不同，锚杆支护参数应分别采用连续梁（或连续板）的减跨理论以及软弱岩体的悬吊理论为依据，并结合巷道的实际有效跨度进行确定。

a 连续梁（板）减跨理论

减跨理论认为，当巷道顶板为层状岩层时（见图2-6），其变形特性近似于梁或板的性质。裂隙体与破碎体组成的两帮易发生片帮、垮帮现象，且顶板岩层的弯曲变形将加剧对两帮顶角的挤压，使其进一步压碎，加剧片帮、垮帮程度，从而削弱两帮对顶板的支撑作用，使巷道有效跨度增大、顶板岩层弯曲变形加剧，最终形成“顶板弯曲变形→两帮挤压破碎→片帮、垮帮→两帮对顶板支撑减弱→顶板弯曲变形加剧→两帮破坏加剧”的恶性循环过程。

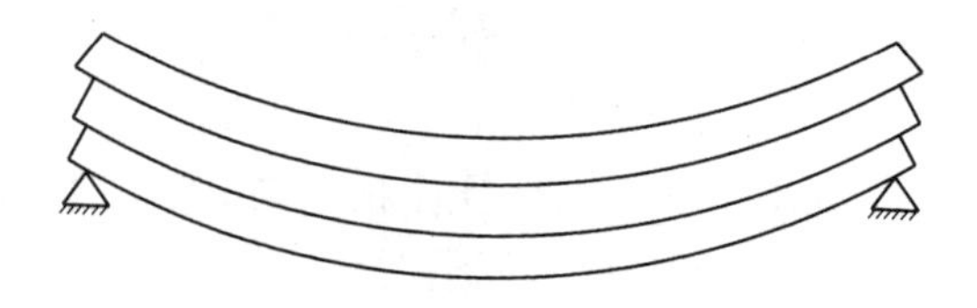

图2-6 层状叠合岩层图

锚杆的作用是通过锚杆的轴向作用力将顶板各分层夹紧，以增强各分层间的摩擦作用，并借助锚杆自身的横向承载能力提高顶板各分层间的抗剪切强度以及层间粘接程度，使各分层在弯矩作用下发生整体弯曲变形，呈现出组合梁的弯曲变形特征，从而提高顶板的抗弯刚度及强度，如图 2-7 所示。

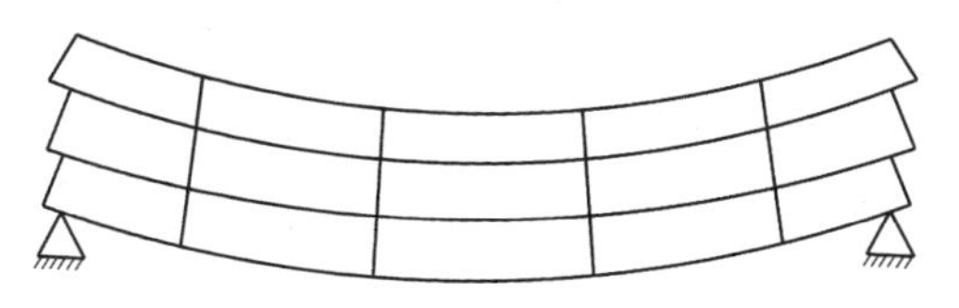

图 2-7 锚杆的组合梁作用图

b 软弱顶板悬吊理论

由普氏平衡拱理论可知，回采空间形成后，由于应力集中，顶板岩体的力系将失去原有平衡，顶板岩层必然出现弯曲、下沉，如果不进行过支护，围岩将发生冒落现象，并形成一个暂时稳定的平衡拱。此时锚杆的作用就是利用其强抗拉能力将松软岩层或危石悬吊于上部稳定岩层之上，达到支护的目的，如图 2-8 所示。破坏线以下的顶板松脱带质量完全由锚杆悬吊在上部稳定的岩体上，为此，可根据悬吊质量确定锚杆的支护参数。

顶板处于较破碎状态时，应结合块体力学及散体力学的理论进行分析，并视冒落体截面的具体几何形状分别选择冒落体呈拱形截面、三角形截面以及关键层整体冒落三种基本形式对巷道顶板悬吊载荷及锚杆长度进行确定。

顶板锚杆的长度可按下式确定：

$$L = L_1 + h + L_2 \tag{2-4}$$

式中 L——锚杆长度，m；

L_1——锚杆外露长度，一般取 0.05~0.1m，此处取 0.1m；

L_2——锚杆锚固长度，取 0.5~0.8m；

h——锚杆有效长度，即围岩松动圈范围，根据矿岩稳固性，取 1.2~1.5m。

将有关参数代入上式，可得白象山铁矿采用的 L=1.8~2.4m 锚杆基本满足要求。

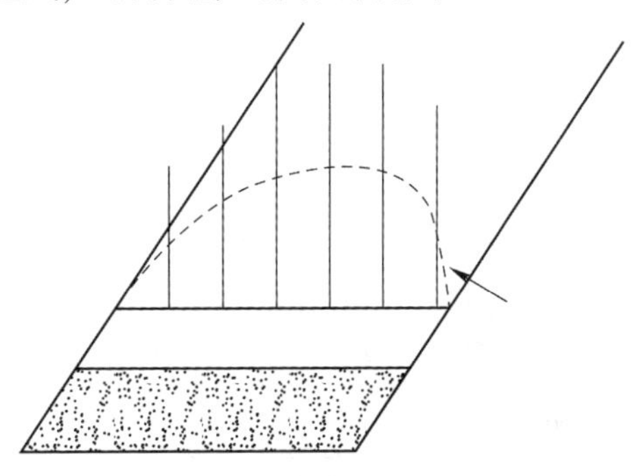

图 2-8 锚杆悬吊作用图

G 锚杆间距

锚杆间排距根据每根锚杆悬吊的岩石质量确定，即锚杆悬吊的岩石质量等于锚杆的锚固力，通常按锚杆的等间等排距排列，根据设计规范，锚杆间距 D：

$$D \leqslant 0.5L = 0.9 \sim 1.2\text{m} \tag{2-5}$$

而按照悬吊理论，锚杆提供的悬吊力应大于松动岩块质量，即

$$Q > KM \tag{2-6}$$

式中 Q——锚杆提供的悬吊力，20mm 锚杆极限锚固力约为 117kN；

K——安全系数，树脂锚杆，$K=1.5$；

M——松动岩块质量，$M=\gamma LD^2=3.61\times(1.2\sim1.5)D^2$；

γ——矿石体重，$\gamma=3.61\text{t/m}^3$。

将各参数代入式（2-5），得 $D\leqslant1.21\sim1.35\text{m}$。

综合上述两种算法，取锚杆间距 $D=1.0\text{m}$。

2.3.2.2 喷浆支护

锚杆支护虽然可以通过悬吊作用防止大块松石冒落，但对受节理、裂隙破坏的细小松石效果不佳，必须辅以喷浆支护，提高整体支护效果。

A 喷浆参数

水泥：砂：碎石=1：1.9：3.5；

水灰比：0.45；

喷射混凝土强度等级为 C20，喷浆厚度 100mm。

B 喷浆设备

DZ-5D 喷浆机，工作压力 0.15～0.4MPa，喷浆能力 $5\text{m}^3/\text{h}$，最大输送距离 200m。

2.3.2.3 挂网

节理、裂隙发育地段，矿岩过于破碎地段，除锚喷支护外，还需悬挂金属网。金属网片采用 ϕ6mm 圆钢焊接成矩形网，规格为 1050mm×2050mm，网格 100mm×100mm，网片搭接长度 100mm。

预控顶上向进路充填法控顶层支护建议见表 2-2。

表 2-2 巷道围岩松动圈分类及锚喷支护建议

围岩类别	围岩稳定性	松动圈范围/cm	锚喷支护类型	锚喷参数计算法	备 注
Ⅰ	稳定	0～40	喷混凝土		围岩整体性好，不易风化可不支护
Ⅱ	较稳定	40～100	锚杆及局部喷射混凝土	锚杆悬吊理论	必要时可用刚性支架
Ⅲ	中等稳定	100～150	锚杆及局部喷射混凝土	锚杆悬吊理论	刚性支架

续表 2-2

围岩类别	围岩稳定性	松动圈范围/cm	锚喷支护类型	锚喷参数计算法	备 注
Ⅳ	不稳定	150~200	锚杆、喷层及局部挂金属网	锚杆组合拱理论	可缩性支架
Ⅴ	极不稳定	200~300	锚杆、喷层及局部挂金属网	锚杆组合拱理论	可缩性支架

2.3.3 采准切割

以安徽某铁矿西-1 区沿走向布置进路为例，说明预控顶上向进路充填法的主要采切工程，如图 2-9 所示。

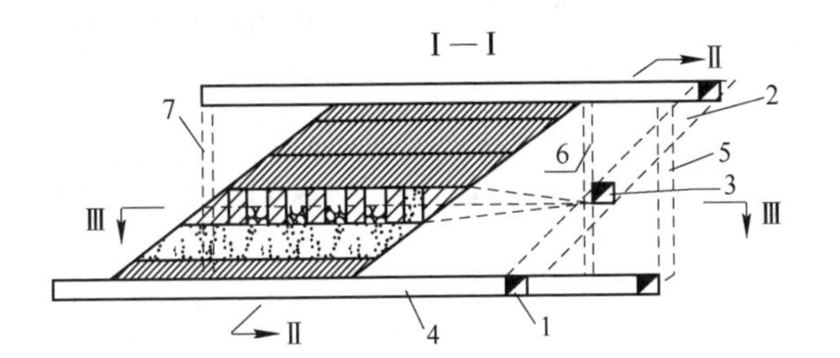

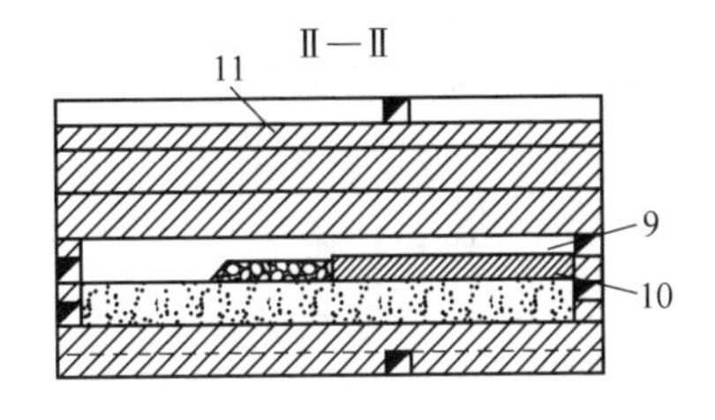

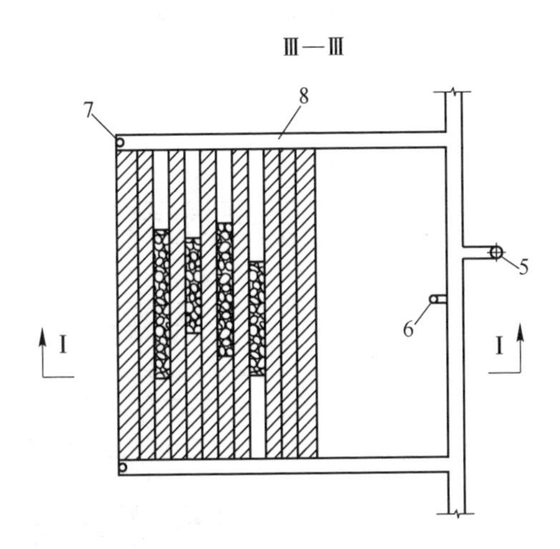

图 2-9 安徽某铁矿西-1 区预控顶上向进路充填法

1—阶段运输平巷；2—斜坡道；3—分段平巷；4—穿脉；5—溜井；6—充填回风井；7—进风泄水井；8—分层联络道；9—控顶层；10—回采层；11—顶柱

（1）分段平巷。沿矿体走向布置，负责上下若干分层的回采，断面尺寸规格 4m×3.8m。

（2）分层联络道。分层联络道布置在盘区两端，作为盘区分界线，一条通达预控顶进路采场的下部分层（回采层），作为下部分层回采的联络道，另一条直达采场的上部分层（控顶层），作为预控顶进路回采的联络道。分层联络道断面规格要求满足铲运机运行安全、方便，断面尺寸规格 4m×3.8m。

（3）进风泄水井。联络道尽头（矿体上盘）布置进风井以改善各采场进路的通风效果，断面规格为 ϕ2.0m，该进风井同时兼做采场泄水井。

（4）充填回风井。充填回风井布置在矿体下盘，断面尺寸规格 ϕ2.0~3.0m。

2.3.4 回采工艺

上分层（控顶层）为巷道采矿；下分层（回采层）回采时，可以在回采层联络道内布置水平炮孔，以控顶层进路为自由面进行采场爆破，或者在控顶层内以回采层联络道为自由面钻凿垂直孔崩矿，本设计采用后一种爆破方案。

2.3.4.1 凿岩爆破

凿岩设备以凿岩台车为主，控顶层采用进口 Bommer 281 液压凿岩台车，钻凿水平炮孔，回采层采用国产气动凿岩台车，钻凿垂直下向炮孔。

A 控顶层

控顶层炮孔布置采用楔形掏槽方式，首先形成爆破自由面，掏槽眼由 4 个炮孔组成，炮孔间距 0.5m；辅助孔 11 个，间距取 0.6~0.9m；周边孔 20 个，间距取 0.7m，周边孔距进路轮廓线取 0.2m。掏槽孔深 3.2m，底孔深 3.2m，其余孔深 3.0m，合计孔深 107.2m，炮孔布置如图 2-10 所示。

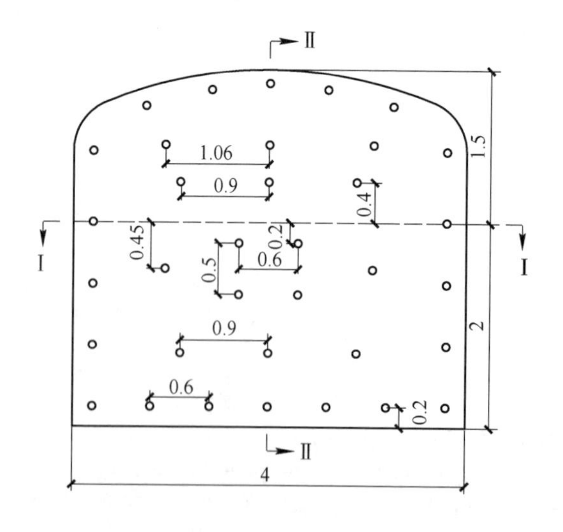

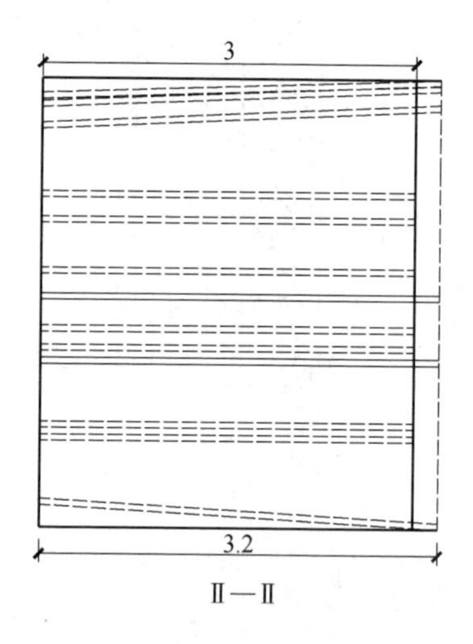

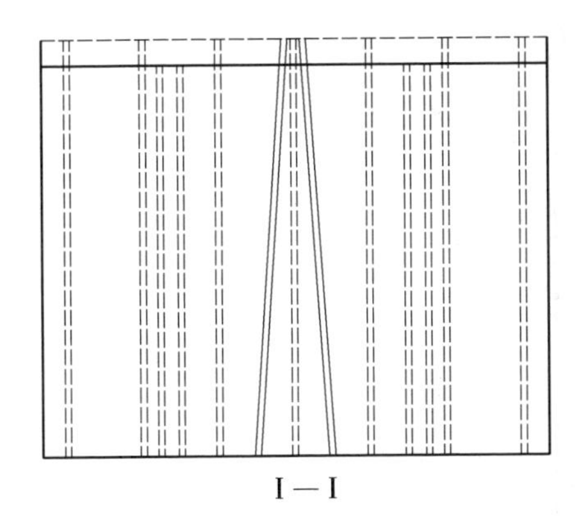

图 2-10 控顶层炮孔布置

采用 ϕ32mm 乳化炸药药卷，长度 200mm，每卷装药 150g，各炮孔装药量见表 2-3。采用非电导爆管、毫秒微差雷管，CHA-300 型起爆器，以掏槽孔、辅助孔、周边孔、底孔为序分段起爆。

表 2-3 预控顶炮孔装药量

项 目	炮孔类型	炮孔个数	总长/m	单孔药卷数	单孔药量/kg	总药量/kg	药卷总数
控顶层	掏槽孔	4	12.8	12	1.8	7.2	48
	辅助孔	11	33	11	1.65	18.15	121
	底孔	7	22.4	12	1.8	12.6	84
	帮孔	8	24	6	0.9	7.2	48
	顶孔	5	15	6	0.9	4.5	30
	小计	35	107.2			49.65	331
回采层	垂直炮孔	4	14.2	16	2.4	9.6	64
	小计	4	14.2			9.6	64

B 回采层

在控顶层进路内钻凿下向垂直炮孔，向回采层联络道方向侧向崩矿。下向垂直炮孔长度 3.5m，炮孔距进路轮廓线取 0.5m，其他炮孔间距 1.3~1.4m，排距 1.0m，如图 2-11 所示。

控顶层每步距（3m）矿量为 128.52t（炮孔利用率取 0.85），单位炸药消耗量为 0.386kg/t，每米炮孔崩矿量为 1.2t/m；回采层每步距（1m）矿量为 42.84t，单位炸药消耗量为 0.22kg/t，每米炮孔崩矿量为 3.02t/m。合计预控顶上向进路充填法单位炸药消耗量为 0.35kg/t，每米炮孔崩矿量为 1.41t/m。

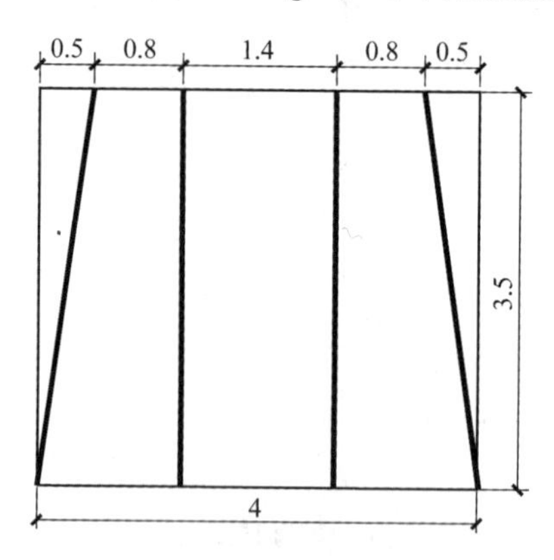

图 2-11 回采层炮孔布置

2.3.4.2 出矿

出矿设备采用国产 2m³ 柴油铲铲运机，铲运机的最大理论出矿能力按下式计算：

$$Q_c = \frac{28800u\gamma k}{mt} \tag{2-7}$$

式中 Q_c——铲运机理论出矿能力，t/(台·班)；

u——铲斗容积，2m³；

γ——矿石体重，3.61t/m³；

k——铲斗装满系数，$k=0.8$；

m——矿石松散系数，$m=1.8$；

t——铲运机铲装、运、卸一斗的循环时间，s。

$$t = t_1 + t_2 + t_3 + t_4 + t_5 \tag{2-8}$$

式中 t_1——装载时间，30s；

t_2——卸载时间，20s；

t_3——掉头时间，40s；

t_4——其他影响时间，s，取 35s；

t_5——空重车运行时间，s，$t_5=2l/v$；

$2l$——装运卸一次作业循环往返运距，至最近溜井平均运距 100m；

v——铲运机的运行速度，7km/h。

将有关参数代入以上两式，得铲运机理论生产能力为：404t/(台·班)。但生产实际中，影响铲运机出矿能力因素很多，主要为：

(1) 装矿点与卸矿点之间的距离，即运距；

(2) 矿堆的形状、块度分布及大块率；

(3) 矿石的体重、松散性、干湿度等；

(4) 运输巷道断面状况、弯道数量和弯道半径；

(5) 井下通风条件、井下照明和司机视距；

(6) 司机的技术熟练程度和操作水平；铲运机行驶坡度和路面状况等。

因此，还应对理论计算值进行修正，考虑工时利用系数（国内情况最低17.5%，最高达95%，平均为46.10%），根据相关资料，取修正系数0.5，由此得铲运机的实际生产能力可达200t/(台·班)。

2.3.4.3 通风

进路采场的回采属于独头作业，通风效果差，需安装局部风机，根据要求风机和启动装置安设在离掘进巷道进口10m以外的进风侧巷道中（见图2-12）。每次爆破结束后，将新鲜风流导入到工作面，进行清洗，通风时间不应少于40min，污风沿进路出采场经充填回风天井排入上阶段回风平巷，通过回风井排至地表。

依据有限贴壁射流有效射程理论（见图2-13），必须确保井筒端口离掘进巷道尽头的距离不能大于有限贴壁射流有效射程，否则会在掘进巷道尽头产生涡流扰动区，污风在巷道循环流动，通风效果极差。

$$L_s = 4\sqrt{S} \tag{2-9}$$

式中 L_s——有限贴壁射流有效射程，m；

S——掘进巷道的净断面积，m^2，取$16m^2$。

代入数据得：$L_s = 16m$。

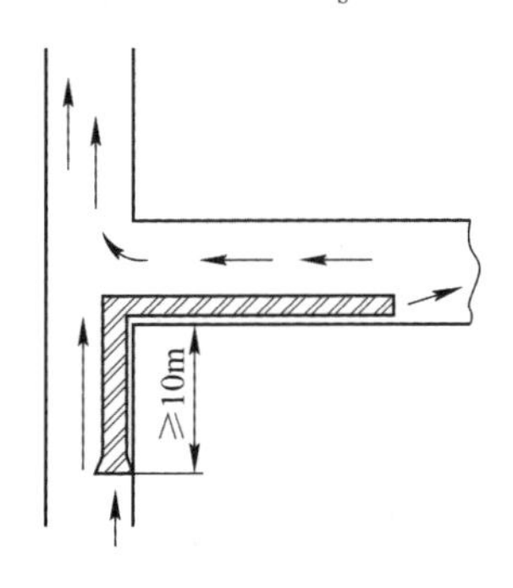

图2-12 局部通风示意图

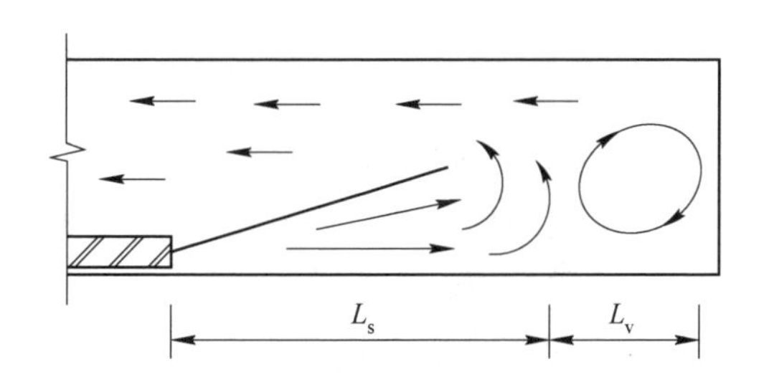

图2-13 有限贴壁射流有效射程和涡流扰动区

2.3.4.4 采场顶板管理

有效的采场顶板管理是保证回采作业安全的关键因素。采场爆破工作结束后，经过足够的通风时间并确保炮烟排除后，安全人员进入采场清理顶帮松石。顶板处理后，仍无法保证安全作业，需按照相应的要求进行支护，如布置锚杆等。二步回采的进路，由于受相邻充填采场充填质量难以保证、充填渗水等影响，矿岩稳固性比第一步回采的进路要差，顶板安全管理任务更加繁重。为保证下分层进路回采安全，预控层（上分层）进路应视矿体稳固情况采取相应的预加固处理措施。

除上述安全技术措施外，在生产过程中，要加强适时安全检查，保证每个工作班组有专职安全人员，在各生产工作面进行不间断安全巡查，发现问题，及时处理。

2.3.4.5 充填

进路回采结束后应尽快充填，尽可能缩短进路暴露时间。

（1）将设备移出采场。

（2）悬挂充填管。采用锚杆钢圈吊挂法，将长度500mm的锚杆一端切割好缝，并备好楔块，另一端与钢圈焊接固定；再将锚杆钢圈锚入预先布设在进路顶板中央位置的锚杆孔内，挂钩间距3~4m（见图2-14）。为了防止淋浆后料浆沉缩造成接顶不充分，采用两道充填管，其中一道用于最后的接顶充填。

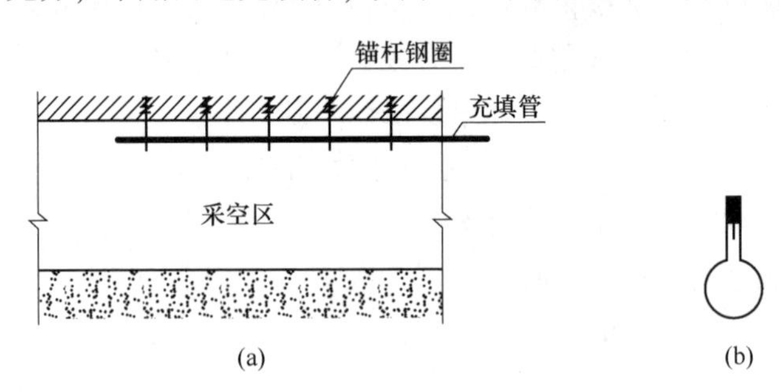

图2-14 锚杆钢圈及吊挂示意图
（a）吊挂图；（b）锚杆钢圈图

（3）布设脱滤水管。沿长度方向在进路底板布设2~3条直径3mm的塑料脱滤水管，在滤水管钻凿ϕ10mm的小孔，孔网规格为100mm×100mm，再用土工布或0.15mm滤布包扎好，以防止漏浆。

为防止充填引流水和洗管水进入进路采场，于充填挡墙外安装放水三通阀排水，以提高充填体硬化速度和强度。

（4）构筑挡墙。在进路入口处构筑挡墙。由于充填体侧压较大，采用砖弧形充填挡墙方式（见图2-15）。砌筑挡墙厚度0.5m，并留设排水管口和充填观察窗。同时，在挡墙两侧与巷道接触用水泥砂浆密闭，以防止跑砂。

（5）接通采场充填管路。从上中段回风充填平巷，通过充填回风天井，往采场接通充填塑料管。

（6）检查地表充填制备站与充填采场之间的通信系统。所有充填准备工作

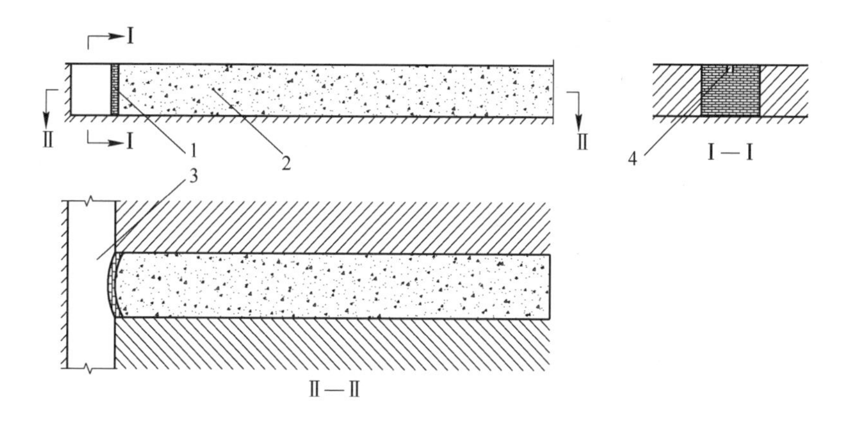

图 2-15 砖弧形充填挡墙

1—挡墙；2—碎石胶结充填体；3—分层道；4—观察窗

完成后，即可按配比进行采场充填。采用从进路端部往进路入口的后退式卸料进行充填。为了提高进路充填接顶质量，预先布置一条充填管进行接顶充填。

2.3.5 主要技术经济指标

预控顶上向分层进路充填采矿法采矿成本和主要技术经济指标见表 2-4 和表 2-5。

表 2-4 预控顶上向分层进路充填采矿法矿石生产成本

序号	成本项目	单位	单位用量	单价/元	单位成本/元 · t^{-1}
一	原、辅助材料				59.67
1	乳化炸药	kg	0.37	12	4.44
2	非电雷管	发	0.32	5.5	1.76
3	导爆管	m	1.85	2	3.70
4	钎杆	kg	0.01	40	0.40
5	钻头	个	0.01	265	2.65
6	轮胎	条	0.0001	5000	0.50
7	坑木	m^3	0.0011	1818	2.00
8	柴油	kg	0.12	8.38	1.01
9	机油	kg	0.05	10	0.50
10	钢丝绳	kg	0.04	9.4	0.38

续表 2-4

序号	成本项目	单位	单位用量	单价/元	单位成本/元·t^{-1}
11	水泥	t	0.03	400	12.00
12	水	t	0.0328	0.8	0.03
13	圆钢	kg	0.07	4.3	0.30
14	泄滤水井材料				1.45
15	电	kW·h	33.64	0.7	23.55
16	其他				5.01
二	工资福利				14.35
合计					74.02

表 2-5 预控顶上向进路充填法主要技术经济指标

序号	指标名称	单位	数值	备 注
1	品位：Fe	%	37.10	平均值
2	矿体水平厚度	m	25	
3	矿体倾角	(°)	20~40	
4	采场构成要素	m	4×7×80	
5	分层高度	m	3.5×2	
6	回收率	%	96	
7	贫化率	%	3	
8	千吨采切比	m/kt	1.6	自然米
9	铲运机生产能力	t/(台·班)	200	
10	单位炸药消耗量	kg/t	0.35	
11	每米炮孔崩矿量	t/m	1.41	
12	采场生产能力	t/d	128.52	控顶层，每天 1 个循环
13	采矿成本	元/t	74.02	

2.3.6 方法评价

预控顶上向进路充填法采用预切顶方式，使进路高度翻倍，减少了不稳固顶板的支护工程量和支护成本（下分层无需支护），改善了下分层回采崩矿条件，减少了充填次数，可显著提高上向进路充填法效率。

由于采用预控顶措施，改善了矿岩稳固条件，为扩大进路规格提供了可能。在应用过程中，和睦山铁矿、白象山铁矿对进路规格进一步优化，使进路规格扩大为 6m×6m，取得了较好的效果。

2.4 脉内外联合采准的留矿嗣后充填法

2.4.1 采场布置

脉内外联合采准的留矿嗣后充填法沿矿体走向布置矿房，矿房之间留设间柱，矿房与间柱交替布置，矿房长度为 40~120m，高度均为阶段高度（40~50m），宽度为矿体厚度，间柱长度为 4~6m，宽度为矿体厚度，高度为阶段高度。

2.4.2 采准切割

如图 2-16 所示，脉内外联合采准的留矿嗣后充填法主要采准工程包括穿脉、脉内天井、脉外天井、采场联络道、脉外天井联络道、出矿进路、充填回风井、回风联络道等。

（1）穿脉。在阶段运输巷道内垂直间柱掘进穿脉到达矿体，穿脉断面规格为 3.1m×3.13m。

（2）脉内天井。在矿房一侧间柱内施工脉内天井，沿采场贯通整个阶段，人员、材料、设备等通过脉内天井进出采场，断面规格 2m×2m。

（3）采场联络道。沿脉内天井每隔 4~5m 向矿房一侧掘进采场联络道，连通矿房与脉内天井，方便人员、材料、设备等通行，断面规格 2m×2m。

（4）脉外天井。在矿体下盘围岩内施工脉外天井，底部通过脉外联络道与沿脉阶段运输巷道连通，上部通过天井联络道与脉内天井连通，脉外天井高度为阶段高度的一半，脉外天井、脉外联络道、天井联络道的断面规格分别为 2m×2m、3.1m×3.13m、2m×2m。

（5）出矿进路。在沿脉阶段运输巷道施工若干条出矿进路到达矿体，出矿进路与沿脉阶段运输巷道斜交 40°~50°，断面规格 2.97m×2.89m。

（6）充填回风井。沿矿房底部施工拉底巷道，在拉底巷道内施工充填回风井至上阶段端部出口进路，用于矿房内通风和充填，断面规格 ϕ1.8m。

（7）回风联络道。沿上阶段矿房端部出矿进路，在充填体内掘进回风联络道与充填回风井贯通，用于矿房内通风和充填，断面规格 2m×2m。

（8）溜井。沿阶段运输巷道每隔 150~200m 布置溜井，溜井与阶段运输巷道通过溜井联络道连通，采场崩落的矿石通过溜井卸至下部有轨运输水平，断面规格 ϕ2.2m。

不同于浅孔留矿法，脉内外联合采准的留矿嗣后充填法每个矿房的采准工程相互独立，相邻矿房不共用脉内天井。将矿房分为上下两部分回采，下部矿体回采时，人员、材料及设备经阶段运输巷道、穿脉、脉内天井（下部）及采场联络道进入采场；上部矿体回采时，经阶段运输巷道、脉外联络道、脉外天井、天井联络道、脉内天井（上部）及采场联络道进入采场，脉内天井（下部）可视矿岩条件进行封闭。

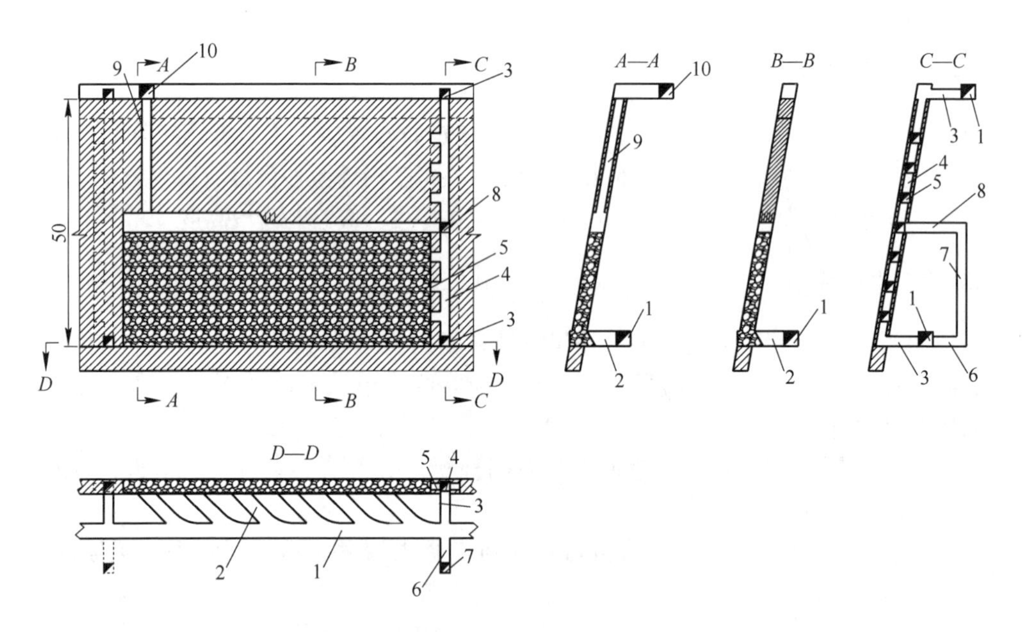

图 2-16 脉内外联合采准浅孔留矿嗣后充填法示意图

1—中段运输巷道；2—出矿进路；3—脉内天井联络道；4—脉内天井；5—采场联络道；6，8—脉外天井联络道；7—脉外天井；9—充填回风井；10—回风联络道

2.4.3 回采工艺

沿竖向将矿房内待采矿体划分为上下两部分，下部矿体回采时，人员、材料及设备等直接通过脉内天井进出采场，上部矿体回采时，脉内天井下部封闭弃用，通过脉外天井和脉内天井进出采场，主要回采工艺包括凿岩爆破、采场通风、出矿、支护、充填等。

2.4.3.1 凿岩爆破

按照 2.2.1 节提出的爆破参数和爆破工艺组织凿岩爆破工作。

2.4.3.2 采场通风

当回采下部矿体时，新鲜风流通过阶段运输巷道、穿脉、脉内天井（下部）、采场联络道进入采场清洗作业面，污风经充填回风井、回风联络道排至上阶段回风系统；当回采上部矿体时，新鲜风流通过阶段运输巷道、脉外联络道、脉外天井、天井联络道、脉内天井（上部）、采场联络道进入采场清洗作业面，污风经充填回风井、回风联络道排至上阶段回风系统。每次爆破结束后，通风时间不应少于40min。

2.4.3.3 出矿

出矿设备采用国产 $1m^3$ 电动铲运机，铲运机的最大理论出矿能力按下式计算：

$$Q_c = \frac{28800u\gamma k}{mt}$$

式中 Q_c——铲运机理论出矿能力，t/(台·班)；

u——铲斗容积，$1m^3$；

γ——矿石体重，$3.61t/m^3$；

k——铲斗装满系数，$k=0.8$；

m——矿石松散系数，$m=1.8$；

t——铲运机铲装、运、卸一斗的循环时间，s。

$$t = t_1 + t_2 + t_3 + t_4 + t_5$$

式中 t_1——装载时间，30s；

t_2——卸载时间，20s；

t_3——掉头时间，40s；

t_4——其他影响时间，s，取35s；

t_5——空重车运行时间，s，$t_5=2l/v$；

$2l$——装运卸一次作业循环往返运距，平均运距100m；

v——铲运机的运行速度，7km/h。

将有关参数代入以上两式，得铲运机理论生产能力为：202t/(台·班)。生产实际中，影响铲运机出矿能力因素很多，还应对理论计算值进行修正，考虑工时利用系数（国内情况最低17.5%，最高达95%，平均为46.10%），根据相关资料，取修正系数0.5，由此得铲运机的实际生产能力为100t/(台·班)。

2.4.3.4 采场支护

有效的采场顶板管理是保证回采作业安全的关键因素。采场爆破并经过有效通风排除炮烟后，安全人员清理顶帮松石。顶板处理后，仍无法保证安全作业，需按照相应的要求进行支护。根据采场地压显现规律，采场工作面的支护关键点为采高10~15m段和25~30m段。

采场支护措施以喷浆+锚杆支护为主，部分特别破碎地段采用喷浆+锚杆+金属网联合支护措施。考虑到千枚岩在较短的时间内即会发生吸水膨胀和强度劣化，要及时封闭围岩，使环境对其产生的损伤降到最低，保持其良好的自稳能力，及时初喷并在支护措施完成后复喷。

2.4.3.5 充填

采场回采结束后，及时进行充填，以控制地压，防止地表出现大变形。

2.4.4 主要技术经济指标

脉内外联合采准浅孔留矿嗣后充填法主要技术经济指标汇见表2-6。

表2-6 脉内外联合采准浅孔留矿嗣后充填法主要技术经济指标

序号	指标名称	单位	数值	备 注
1	入选品位：Pb、Zn	%	3.15	计划值
2	矿体厚度	m	2	平均值
3	矿体倾角	(°)	70~85	属急倾斜
4	采场构成要素	m	70×2×45	长×宽×高
5	分层高度	m	2	浅孔凿岩，孔深2m
6	矿石回收率	%	85.7	
7	贫化率	%	10	
8	千吨采切比	m/kt	26.6/111.1	自然米/标准米
9	铲运机生产能力	t/(台·班)	100	$1m^3$ 电动铲运机
10	单位炸药消耗量	kg/t	0.36	预裂爆破
11	每米炮孔崩矿量	t/m	0.92	预裂爆破
12	采场生产能力	t/d	50~60	
13	采矿成本	元/t	173	

2.4.5 方法评价

本研究基于矿山当前采准工程、回采工程、采掘设备等提出的留矿法采准工程、爆破参数等关键技术及工艺优化方案，充分利用原有工程，对当前生产干扰小，可操作性强，可使软弱岩层条件下采用留矿法生产时，回采作业安全性得到一定程度提高，资源损失率和贫化率得到一定程度的降低。

（1）通过优化采准工程，在当前脉内天井基础上增设了脉外天井，避免了矿房回采后期因开采扰动和暴露时间长等造成脉内天井变形、垮塌。为了避免增设脉外天井造成的采切比和掘进成本增加，将相邻矿房共用脉内天井调整为独立采准工程形式，即脉内天井不共用，在采场一侧增设充填回风井用于采场充填与回风，从而在没有大幅增加采准工程量的基础上解决了脉内天井变形、垮塌造成的矿房上部矿体损失。

（2）通过引进控制爆破技术，采用预裂爆破方式减小爆破对采场及脉内采准工程的扰动，达到低扰动开采的目的，从而降低了采场顶板与脉内天井的失稳风险。

（3）传统浅孔留矿法相邻采场共用脉内天井，该天井兼做进回风井，风流控制困难，采场通风效果差。通过在采场一侧增设充填回风井，使相邻采场具备独立的采准工程，新鲜风流通过脉内外天井和采场联络道进入采场清洗作业面，污风通过另一侧的充填回风井排至上阶段回风系统，从而改善采场通风效果。

2.5 本章小结

本章以安徽某铁矿和江西某铜矿为案例，针对两种不同的破碎矿体开采技术条件，在分析原设计采矿方案的基础上，创新性地提出了有利于提高开采安全性、经济效益的预控顶上向进路充填法和脉内外联合采准浅孔留矿嗣后充填法，并对两种采矿方法的采场布置形式、采切工程、回采工艺及主要技术经济指标进行了阐述。

（1）安徽某铁矿原设计采用的连续倾斜进路充填法和点柱充填法，难以适应富水、多变、破碎的复杂地质条件与生产规模；江西某铜矿原设计采用传统浅孔留矿法开采，但在生产实践过程中采场极易冒顶片帮，支护难度大，安全问题突出，且矿石损失率极高。针对上述两座矿山破碎矿体开采技术条件，通过技术攻关分别研发了预控顶上向进路充填法和脉内外联合采准浅孔留矿嗣后充填法。

（2）预控顶上向进路充填法是将上向水平进路充填法“自下而上单分层回采”变为“自下而上双层合回采”，是将空场法与充填法进行技术性融合，通过预先拉顶加固顶板，下向采矿形成较大空场，最后进行充填。该方法在安徽某铁矿得到了成功应用及推广，矿石回采率从80%提高至90%以上，生产效率提高20%，支护成本降低25%，不仅帮助矿山顺利达产，在保障矿体稳定性、抑制地表沉降的基础上，实现了高效安全、低成本充填开采。

（3）脉内外联合采准浅孔留矿嗣后充填法的相邻采场具备独立的采准工程，在脉外增设脉外天井，在采场一侧增设充填回风井，沿竖向将矿房内待采矿体划分为上下两部分，下部矿体回采时，人员、材料及设备等直接通过脉内天井进出采场，上部矿体回采时，脉内天井下部封闭弃用，通过脉外天井和脉内天井进出采场。通过优化，回采作业安全性得到大幅提高，矿石回收率由72%提高到85.7%，综合成本降低4.6%，实现了安全高效开采。

3 进路采场充填结构强化技术

充填材料的性能直接影响充填体对地下采空区的支撑效果，是控制地下开采对环境敏感区地表沉降的关键。优化充填材料种类及配比参数是改善其性能最常用的方法，包括充填骨料与胶凝材料选择、灰砂比与质量浓度等配比参数优化等。但部分矿山由于尾砂性质特殊或材料来源受限等原因，仅通过优化材料配比参数难以有效地提高充填材料性能。尾砂胶结充填体存在易开裂、韧性差、承载弱等缺点，将柔性纤维网作为结构增强材料可以有效地提高充填体力学特性。本书针对进路采场充填，在分析柔性纤维网增强充填体力学特性及模型的基础上，提出了柔性纤维网强化采场充填体结构与充填工艺，以提高进路充填质量，确保二步骤采场回采的稳定性，并有效地控制环境敏感区地表沉降。

3.1 试验材料与方法

3.1.1 试验材料

3.1.1.1 *全尾砂*

本次试验全尾砂取自国内某铁矿选矿厂，全尾砂真密度为 3.15g/cm^3，渗透系数为 1.34×10^{-5}cm/s，化学成分见表 3-1，粒径分布如图 3-1 所示，矿物成分组成如图 3-2 所示。

表 3-1 尾矿的化学成分 (%)

成分	石英	方解石	黄铁矿	云母	长石	闪石	辉石	硬石膏	滑石
含量	30.98	15.23	16.46	5.14	1.26	1.37	3.12	5.78	3.44

由表 3-1、图 3-1 和图 3-2 可知，全尾砂颗粒相对较粗，有利于充填体强度的发展。石英（SiO_2）含量达 30.98%，属于惰性组分，方解石（$CaCO_3$）占比 15.23%，黄铁矿（FeS_2）占 16.46%，从化学成分看，在合适粒度组成条件下有利于固结体强度发展。

3.1.1.2 *胶凝材料*

本次试验选用 P.O.32.5R 普通硅酸盐水泥作为制备尾砂胶结充填体（CTB）的胶凝材料，其化学组成及物理性质见表 3-2。

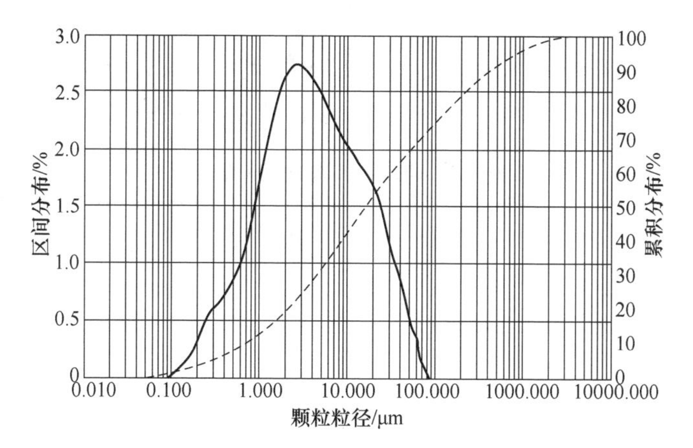

图 3-1 全尾砂粒径分布曲线图

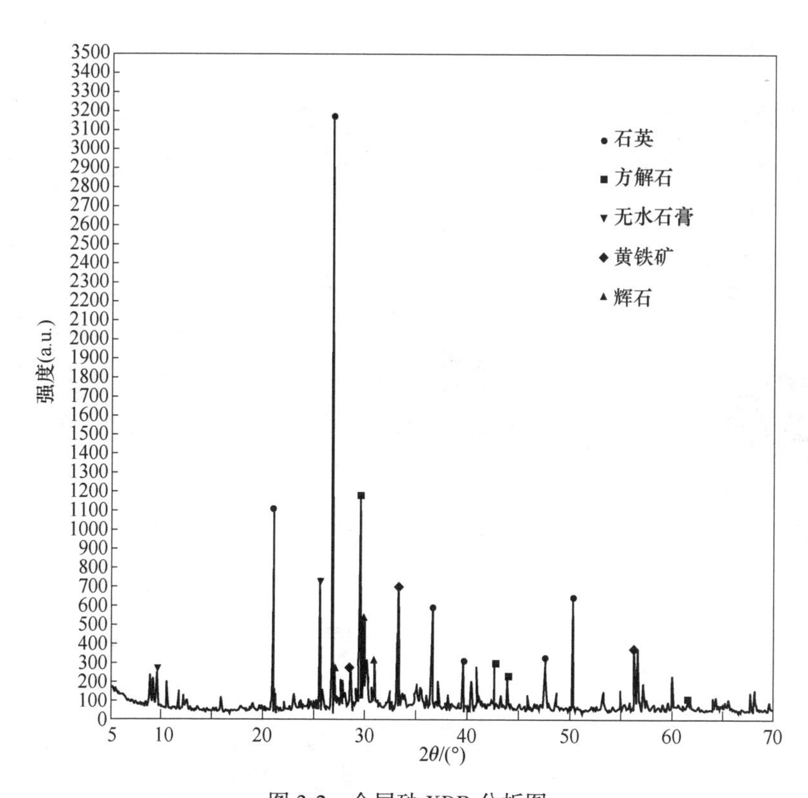

图 3-2 全尾砂 XDR 分析图

表 3-2 普通硅酸盐水泥的物化性质

成分	SiO_2	Fe_2O_3	Al_2O_3	MgO	CaO	SO_2	比表面积/$m^2 \cdot kg^{-1}$
含量/%	21.36	3.21	4.92	3.41	62.33	1.92	0.13

3.1.1.3 柔性纤维

本次试验柔性纤维增强材料选用玻璃纤维网，通过 5%的氢氧化钠溶液浸泡过后的玻璃纤维网抗裂、耐碱和具有高强度，其性能参数见表 3-3。

表 3-3 玻璃纤维网性能参数表

加固类型	单位面积质量/g · m^{-2}	孔径/mm	树脂含量/%	耐碱性/%	极限抗拉强度/kN · m^{-1}
玻璃纤维	120	2.8	14	56	25

3.1.2 样品制备

样品制备主要包括模具制作、样品混合与制备、脱模与养护等工序，具体试验流程如图 3-3 所示。

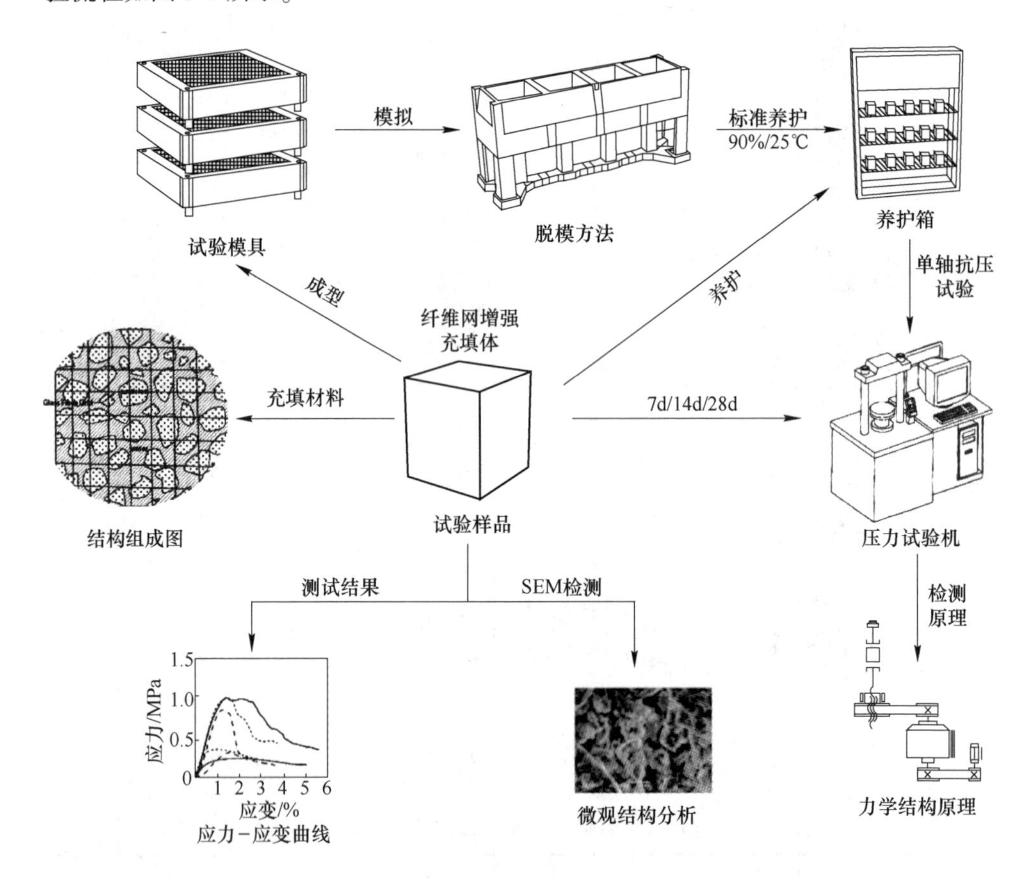

图 3-3 样品试验方案流程图

（1）模具制作。为了将玻璃纤维网放置在充填体样品的拉伸区内，并使玻璃纤维网和CTB充分的混合，降低试验过程对样品的干扰，利用3D打印技术制作样品模具，规格为70.7mm×70.7mm×70.7mm。样品模具由塑料材质（聚碳酸酯）制成，其成型收缩率低，尺寸稳定性好。模具内侧壁涂上油脂，可以更方便后期脱模。

（2）样品混合与制备。按照既定充填配比参数（灰砂比1∶6和1∶14），采用电子秤（精确度为±0.01g）称取尾砂、水泥和水等试验材料，通过搅拌机混合15min后，将混合均匀的料浆灌入模具中。模具底部可活动，便于浇模操作过程中玻璃纤维网和充填料浆充分接触。根据柔性纤维配网率，确定网放置层数。每次制备期间刮平表面，使得模具和充填体充分粘接，减少气泡的影响。浇筑模型完毕后，将模具放置1d左右刮模。

（3）脱模与养护。

待试验样品凝固后进行脱模，测量CTB样品的直径和高度，控制误差在0.1mm范围内，并对上下两端进行抛光，以满足测试面的平整度。将处理后的样品置于恒温恒湿箱中进行养护，养护温度（23±2）℃，相对湿度为90%。

3.1.3 试验方法

（1）X射线衍射仪（XRD）。为了分析尾砂-水泥复合材料的水化反应进程，探究充填体强度发展的微观机理，采用XRD对不同养护龄期的充填体内部矿物成分进行分析，使用Cu-Kα辐射和Ni过滤器。采用PDF-2数据库（美国PDF-2国际衍射数据中心）中的相关参考文献，对各样品测试结果进行分析。

（2）扫描电镜（SEM）。扫描电子显微镜（SEM）样品的固化条件与UCS测试样品一致，固化时间为28d。将CTB样品固化至预定的时间，压碎并取芯，用无水乙醇终止水合。收集样品并干燥以进行表面碳酸化处理，然后将样品放入Zeiss SEM装置中，满足真空要求5min后，观察到了不同纤维含量的样品的微观形貌和结构特征。

使用扫描电子显微镜（JSM-6490LV，日本电子公司）设备模型和参数如下：蔡司EVO 18 SEM，分辨率为3nm，最大加速电压为30kV。SEM图像像素尺寸为1024×768。对样品进行试验。

（3）单轴抗压强度测试。制备的CTB样品分别养护7d、14d和28d后，参照ASTM D4546标准，采用最大压力为500kN的数字显示压力测试系统进行单轴抗压强度（UCS）测试。选用应变控制模式，加载速率为0.5mm/min直至失效，加载数据由数据采集和处理系统通过专门分配的放大器进行控制和记录。每个配比参数的CTB样品测试3次，取平均值作为该样品抗压强度。

3.2 柔性纤维网增强充填体力学特性

柔性纤维网增强水泥尾砂复合材料本身具有较高的承载能力和较好的延展性，与短切纤维、纤维布等相比，其纵向、横向相互交织的纤维束相互黏结，互相约束。可以大大增强基体的韧性和刚度。基体内部水泥、尾砂和纤维的黏结处微观和短切纤维类似，但在承载外力时，柔性纤维网其应力集中到纵横向纤维黏结处，和基体形成更好的承载模型。

但是依照现有资料和研究现状，通过实验室试验可知，柔性纤维网增强尾砂水泥基体的增强效果很大程度上与柔性纤维网的配网率、配网角度等参数有关。复合材料试件在单轴压缩的过程中，基体向外发生塑性形变，同时形成由配网角度不同而形成的裂缝角度的发育不同。试件的开裂会引起柔性纤维网应力的重新分布，其应力数值的变化在试件的应力全曲线过程中各不相同。柔性纤维网在尾砂水泥复合材料中起着类似于钢筋固化支撑水泥的作用。在试件的压缩阶段，柔性纤维网会起着抗拉的作用，防止纤维和复合材料的相互分离而导致的试件受损严重，从而试件自承能力降低。在试件基体开裂期间，应力沿着裂隙上的纤维而发生变化，柔性纤维网可能会和复合基体材料发生相对滑移，但试件的自承能力会在线弹性阶段逐步增大。试件破坏时，试件裂缝进一步发育，复合材料基体支撑力溃败，裂缝截面的纤维网起着支撑试件的能力。但由于柔性纤维网承受的截面拉力超过了纵横向黏结处极限抗拉能力，柔性纤维网便会从复合材料基体内部分离，造成滑移破坏。

由于柔性纤维网本身和尾砂-水泥基体的材料特性存在巨大的差异性，二者之间的相互黏结性能所受因素原理复杂，存在柔性纤维网增强尾砂固化充填的力学特性的可能性，所以了解和研究柔性纤维网增强尾砂基体力学性能具有重要的指导意义。

通过探究柔性纤维网对 CTB 试样的单轴抗压强度、应力-应变行为、变形特性分析及样品损伤模式等机制研究柔性纤维网对尾砂水泥复合材料的增强效果，探究了柔性纤维网增强试样破坏的作用原理。同时，对整体过程中的柔性纤维网增强水泥尾砂基体力学特性做出进一步分析和评价，以此对相关内容进行总结，并提供后续数值分析的对比数据，以及对后续的模拟实验对比提供数据和理论参考。

3.2.1 试验方案

本次配比试验，首先称重一定质量的尾砂和水泥原材料，提前进行方案的设计。根据测试编号、灰砂比、测试时间和柔性纤维网的配网率的方案表，进行浇筑模型。模型浇筑完成后，等待凝固脱模放入恒温箱内。

由于3D模型的数量有限，需要多次重复试验，进行测量取两次测量数据平均值。本次实验灰砂比设计为1∶6和1∶14，柔性纤维网的计划分层为1~3层，角度分为0°、30°、60°和90°几类，根据控制变量的方法，分别作7d、14d、28d的基体试样。具体的试验计划见表3-4。

表3-4　试验方案

类　型	种　类	主要类别			
柔性纤维网	层数	0	1	2	3
	角度	0°	30°	60°	90°
基体	时间		7d	14d	28d
	灰砂比		1∶6		1∶14

经过单轴压缩强度测试，其强度测试数据见表3-5，表中显示了在7d、14d和28d的固化时间下，不同灰砂比和不同层数玻璃纤维网增强的CTB试样和非增强CTB试样的强度。

表3-5　玻璃纤维网增强CTB样品的抗压强度结果

测试编号	强度/MPa	测试编号	强度/MPa	测试编号	强度/MPa
灰砂比为1∶6					
A-7d-1	3.460	B-7d-1	3.642	C-7d-1	4.153
A-7d-2	3.369	B-7d-2	3.600	C-7d-2	4.013
平均	3.415	平均	3.621	平均	4.083
D-7d-1	4.467	E-7d-1	4.856		
D-7d-2	4.526	E-7d-2	5.087		
平均	4.497	平均	4.972		
A-14d-1	4.157	B-14d-1	4.406	C-14d-1	4.856
A-14d-2	4.215	B-14d-2	4.429	C-14d-2	4.915
平均	4.186	平均	4.418	平均	4.886
D-14d-1	5.260	E-14d-1	6.021		
D-14d-2	5.386	E-14d-2	5.926		

续表 3-5

测试编号	强度/MPa	测试编号	强度/MPa	测试编号	强度/MPa
平均	5. 323	平均	5. 974		
A-28d-1	6. 786	B-28d-1	7. 124	C-28d-1	7. 752
A-28d-2	6. 694	B-28d-2	7. 284	C-28d-2	7. 672
平均	6. 740	平均	7. 204	平均	7. 712
D-28d-1	8. 514	E-28d-1	9. 216		
D-28d-2	8. 717	E-28d-2	9. 121		
平均	8. 616	平均	9. 169		
灰砂比为 1 : 14					
A-7d-1	1. 233	B-7d-1	1. 359	C-7d-1	2. 200
A-7d-2	1. 658	B-7d-2	1. 769	C-7d-2	2. 189
平均	1. 446	平均	1. 514	平均	2. 195
D-7d-1	2. 671	E-7d-1	3. 016		
D-7d-2	2. 714	E-7d-2	3. 201		
平均	2. 693	平均	3. 109		
A-14d-1	3. 027	B-14d-1	3. 251	C-14d-1	3. 694
A-14d-2	2. 867	B-14d-2	3. 268	C-14d-2	3. 701
平均	2. 947	平均	3. 260	平均	3. 698
D-14d-1	3. 923	E-14d-1	4. 298		
D-14d-2	3. 953	E-14d-2	4. 367		
平均	3. 938	平均	4. 333		
A-28d-1	5. 340	B-28d-1	5. 520	C-28d-1	5. 801
A-28d-2	5. 307	B-28d-2	5. 558	C-28d-2	5. 812
平均	5. 324	平均	5. 539	平均	5. 807
D-28d-1	6. 021	E-28d-1	6. 346		
D-28d-2	6. 254	E-28d-2	6. 314		
平均	6. 138	平均	6. 330		

3. 2. 2 柔性纤维网对充填体抗压强度的影响

不同灰砂比条件下，柔性纤维网配网率对 CTB 样品单轴抗压强度的影响结

果如图 3-4 所示。可知，在灰砂比及其他条件相同的情况下，增加柔性纤维网配

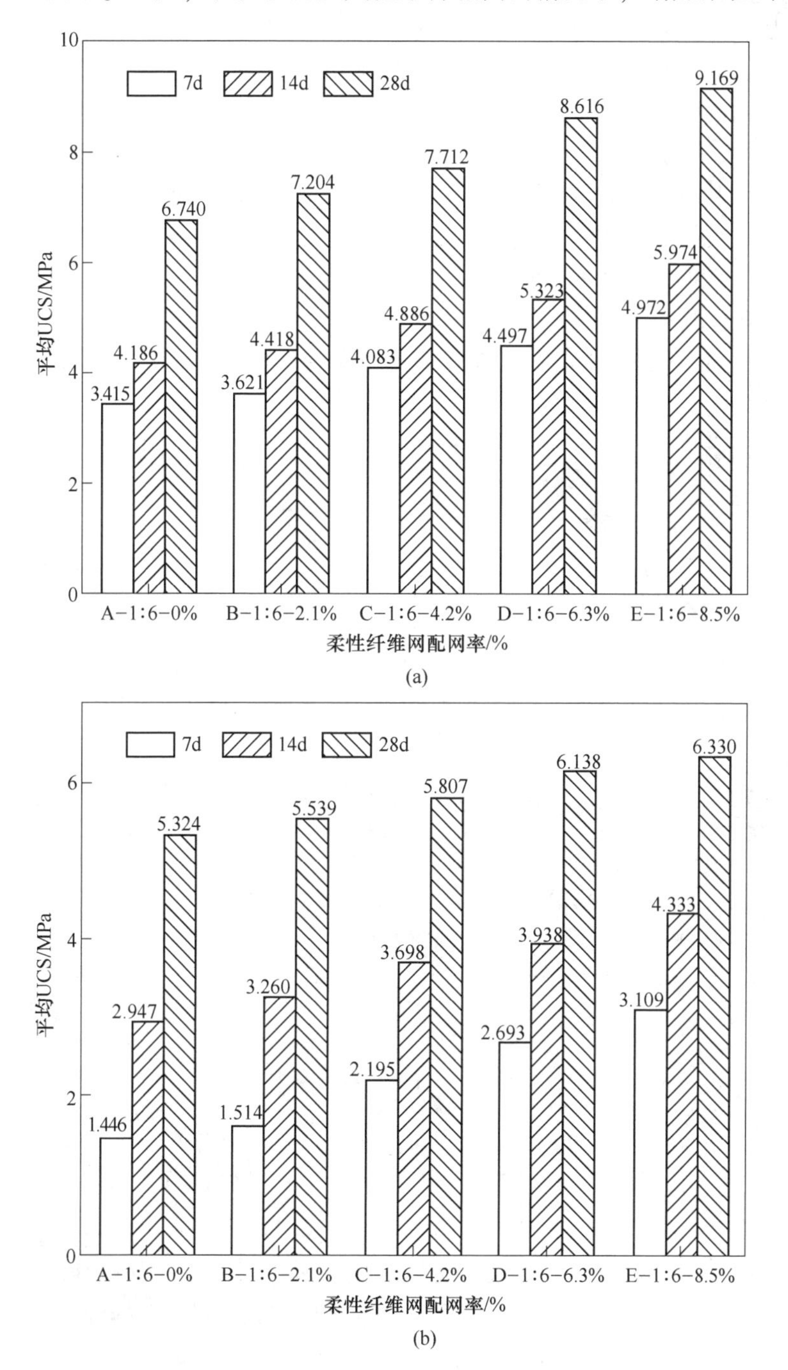

图 3-4 柔性纤维网配网率比对 CTB 试样单轴抗压强度的影响

（a）灰砂比 1∶6；（b）灰砂比 1∶14

网率对 CTB 样品强度有不同程度提高。例如：当灰砂比为 1∶6 时，柔性纤维网配网率为 0、2. 1%、4. 2%、6. 3%、8. 5%对应的样品 7d 强度分别为 3. 415MPa、3. 621MPa、4. 083MPa、4. 497MPa、4. 972MPa，强度增长率分别为 6. 04%，19. 57%，31. 69%和 45. 60%。但随着养护时间的增加，柔性纤维网对提高 CTB 样品强度的作用效果有所降低。例如：当灰砂比为 1∶6，不同配网率的柔性纤维网 CTB 样品较非增强样品的 14d 强度增长率分别为 5. 53%、16. 71%、27. 17%和 42. 70%，28d 强度增长率分别为 6. 88%、14. 42%、27. 82%和 36. 03%。值得说明的是，配网率为 4. 2%和 6. 3%的两组样品 28d 强度增长率高于 14d 强度增长率，这可能是由于试验误差造成的。

如图 3-5 所示，UCS 值与柔性纤维网配网率呈线性函数关系。除少数值误差

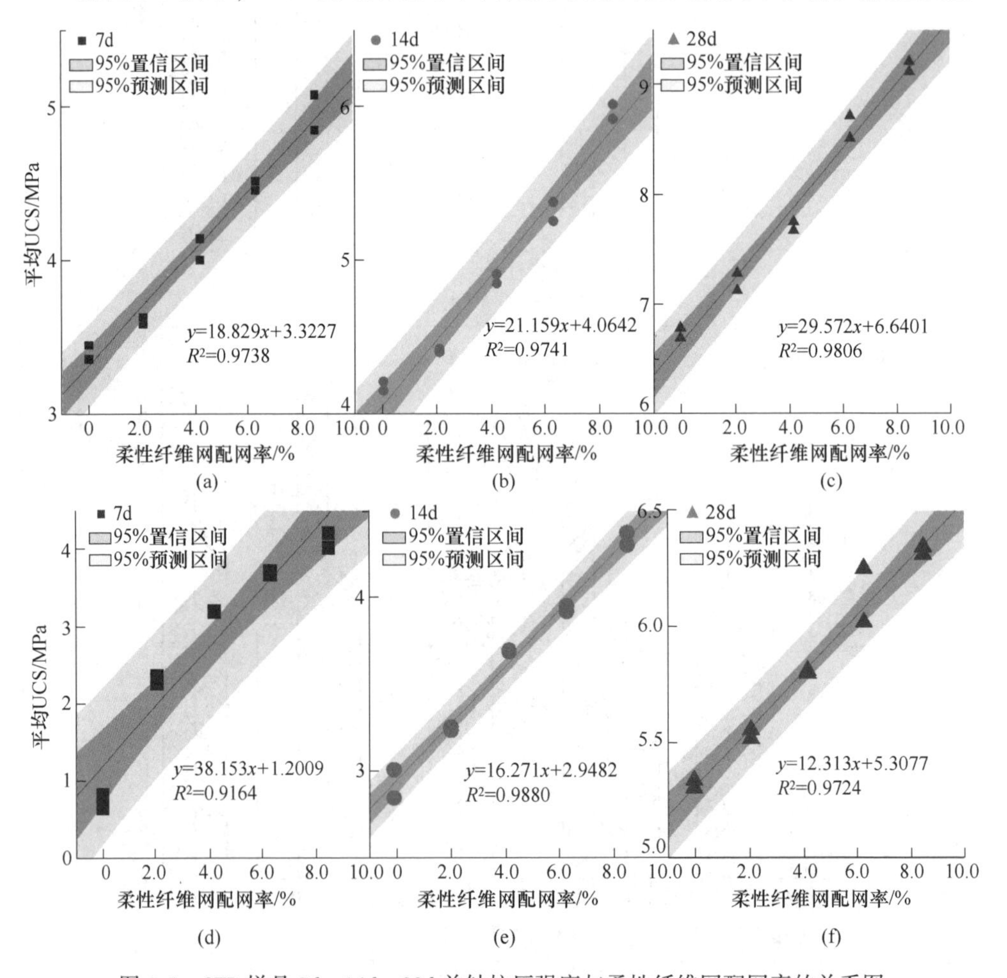

图 3-5 CTB 样品 7d、14d、28d 单轴抗压强度与柔性纤维网配网率的关系图

(a) 灰砂比 1∶6 的 7d 强度；(b) 灰砂比 1∶6 的 14d 强度；(c) 灰砂比 1∶6 的 28d 强度；(d) 灰砂比 1∶14 的 7d 强度；(e) 灰砂比 1∶14 的 14d 强度；(f) 灰砂比 1∶14 的 28d 强度

较大，基本所有 UCS 值都落在 95%置信区间和预测区间内。图 3-5 中“y”表示 UCS 值，“x”表示柔性纤维网配网率。

CTB 样品单轴抗压峰值强度、应变与柔性纤维网配网率之间的关系曲线如图 3-6 所示，该曲线反映了 CTB 试样在极限强度下的变形特性。从图 3-6 中可以看出，CTB 的峰值强度随着柔性纤维网配网率的增加而趋于平缓，而峰值应变明显增加。同时，柔性格栅配网率对峰值强度、应变的影响与养护时间密切相关，除灰砂比 1∶6 的 CTB 样品 28d 峰值强度外，其他样品峰值强度、应变均与柔性格栅配网率呈近似线性关系。同时，柔性纤维网的添加有利于提高 CTB 样品横向抗拉强度，防止其在压缩过程中的劈裂损伤，使试品在破坏后依旧具有较高的剩余强度和自承能力。

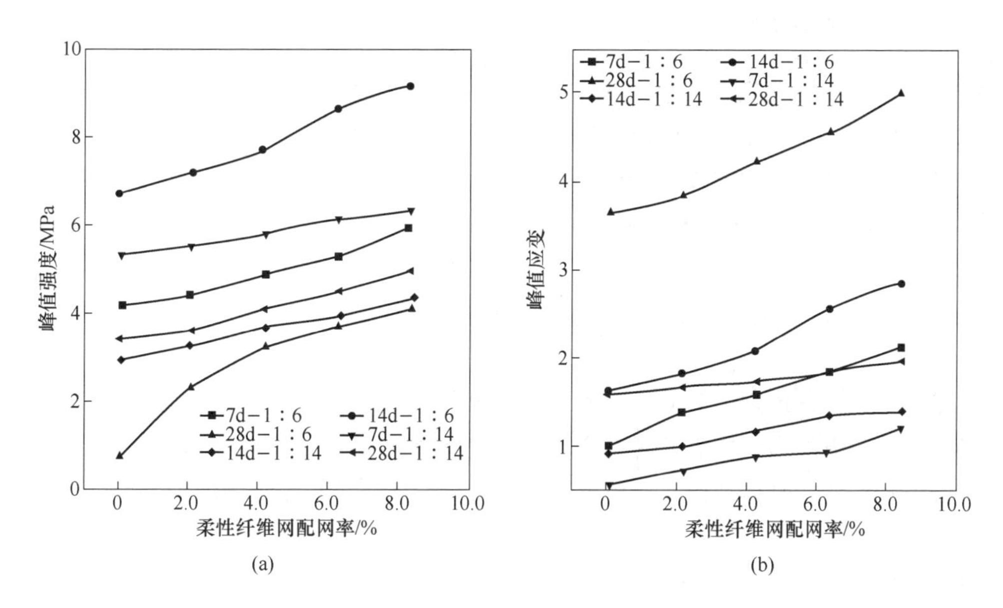

图 3-6 峰值强度、应变和柔性纤维网配网率之间的关系曲线图

（a）峰值强度的演变；（b）峰值应变的演变

综上分析，添加柔性纤维网能够有效提高 CTB 单轴抗压强度，并且峰值强度、应变随柔性纤维网配网率增加呈近似线性增长趋势，除配网率外，柔性纤维网对 CTB 强度的增强效果受灰砂比和养护时间的影响。

3.2.3 柔性纤维网配网率

柔性纤维网增强尾砂基体复合材料一般使用配网率的概念来确定内部纤维的含量级别。当配网率较低时，柔性纤维网自承力不满足于复合基体出现裂隙所出现的极限应力时，复合材料的裂隙发育时间将极大缩短，当基体材料达到极限强度时，柔性纤维网由于本身承载力不足，将会迅速断裂。当配网率高于临界配网率时，根据相关试验可知，试验将会出现四个受拉阶段。因此，柔性纤维网的配网率决定了柔性纤维网增强基体材料的增强效果。不合理的柔性纤维网配网率可能会影响增强体的刚性，进而使得最优的柔性纤维网增强效果不能有效发挥。研究发现，临界配网率计算公式如下[22]：

$$\sigma_{fu} V_{f(crit)} = E_m \varepsilon_{m1} V_m + E_f \varepsilon_{m1} V_{f(crit)} \tag{3-1}$$

根据柔性纤维网增强方向的网截面面积 A_f 与整个试样截面面积 A 比值为配网率 V_f。因此，配置一层柔性纤维网配网率为 $V_{f1}=2.0\%$，以此类推，配置两层、三层、四层网的试件配网率分别为4.0%、6.0%、8.0%。

3.2.4 充填体损伤模式

在UCS试验过程中发现，未增强CTB试样和纤维网增强CTB样品表现出不同破坏模式，其主要影响因素包括本身柔性纤维网的层数、柔性纤维网的角度、养护时间和基体的刚度等。

3.2.4.1 柔性纤维网层数

柔性纤维网的层数是造成基体损伤破坏模式不同最重要的因素之一，图3-7所示是1∶6灰砂比下14d试样的单轴压缩破坏图，图3-7（a）~（d）分别表示柔性纤维网的层数为1、2、3、4层。由图3-7可知，基体受损破坏时，其断面基本沿着其柔性纤维网横截面，柔性纤维网断面上下分布着众多角度各异的裂缝。随着单轴应力的增大，表面附着充填块体发生脱落。由于柔性纤维网起着维护基体强度的作用，基体依旧具有可形变的能力，柔性纤维网层数的增加，基体表面受损更加严重，其自承力也更强。临近极限应力时，基体复合材料将破碎成由柔性纤维网粘接的块体。

3.2.4.2 柔性纤维网角度

由于横向柔性纤维网在单轴压缩状态下，具有增强基体自承力的作用。考虑到实验室操作过程中可能导致柔性纤维网增强基体中黏结处滑移，形成不同角度的柔性纤维网和基体的复合材料。因此，添加了4个角度（0°、30°、60°、90°）的柔性纤维网增强试验。具体如图3-8所示。由图3-8（a）~（d）可知，在单轴压缩破坏条件下，基体裂隙沿着柔性纤维网断面发育，应力重分布导致基体复合材料发生受损破坏。在压缩条件下，不仅会产生沿着纤维断面的裂隙发育，部分微小裂隙的发育，还会产生基体表面表皮的脱落。同时，还可能产生沿着主断面一定角度发生次断面破坏的裂缝发育。由图3-9可知，柔性纤维网竖直方向增强基体的试验中，裂缝会沿着柔性纤维网断面竖向劈裂，表面微小裂隙的发育也会引起基体表面表皮的脱落，此时基体的自承能力亦会降低。

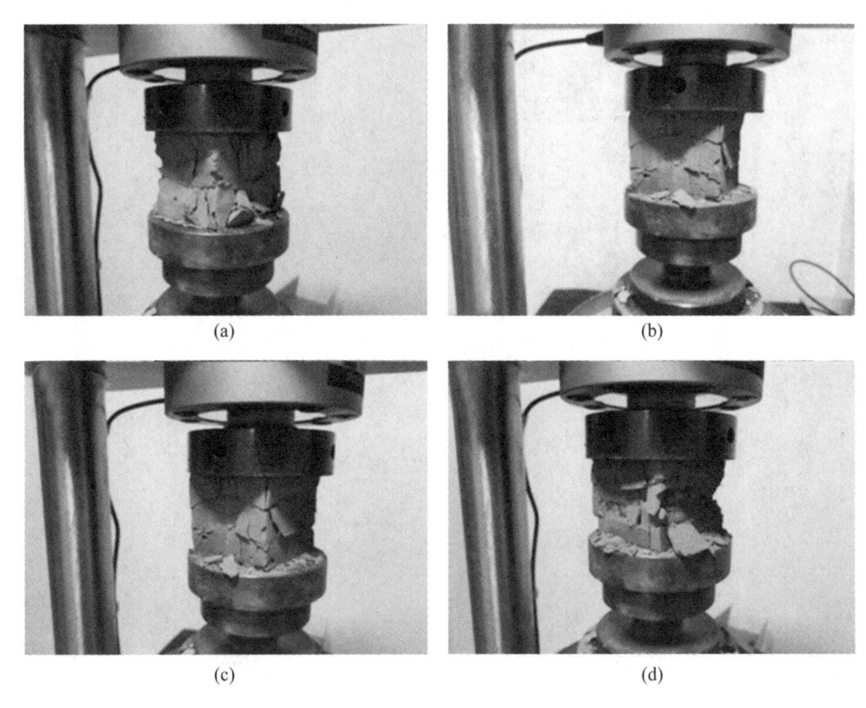
(a) (b) (c) (d)

图 3-7 柔性纤维网层对基体损伤的影响

(a) (b) (c) (d)

图 3-8 柔性纤维网不同角度对基体的影响

(a) (b) (c) (d)

图 3-9 柔性纤维网竖直方向对基体的影响（柔性纤维网 90°）

3.2.4.3 养护时间

养护时间会影响基体内部的水化反应程度，在柔性纤维网增强基体材料 7d、14d、28d 的养护过程中，基体内部固化程度越来越好，其刚度不断增加，自承能力不断增强，但是延展性和塑性变形会有所降低。

水化反应程度直接影响了基体和柔性纤维网的黏结程度。从 7d 到 28d 的过程中，基体材料的固化程度越高，柔性纤维网和基体黏结越紧密，柔性纤维网增强基体材料强度的能力也更加明显。部分试验结果如图 3-10 所示。

(a) (b)

图 3-10 7d、14d 养护时间对样品损伤的影响

（a）7d；（b）14d

3.2.4.4 CTB 刚度

刚度，一般是指代材料和结构体弹性变形难易程度的一项指标，是材料和结构体抵抗弹性变形的特征。本次试验材料的刚度主要来源于材料的水灰比和材料水化反应程度。通过对同一时期 7d 水灰比为 1∶6 和 1∶14 的材料对比发现。水灰比越大，其刚度越大，极限破坏如图 3-11 所示。7d 的 1∶14 的空白基体，在单轴压缩下，其变形能力更具有延性，其材料更易发生塑性变形，同时由于水化程度低，其变形过程中抗压强度亦不断上升，由于本身自承力已失效，后续变形应变无法统计。7d 的 1∶6 的空白基体，在单轴压缩下，其变形更具有脆性，材料更易发生不能复原的脆性变形。基体表面的微小裂缝的发育导致块体崩落，发生脆性破坏。

图 3-11 不同刚度对基体破坏的影响

(a)，(b) 7d，水灰比 1∶6；(c)，(d) 7d，水灰比 1∶14

3.2.4.5 柔性纤维网损伤

在柔性纤维网增强基体复合材料的极限应力破坏下，基体的受损也会带来柔性纤维网结构上的受损，由于在单轴压缩条件下，柔性纤维网在断面上起着极限抗拉的作用（见图 3-12）。当裂缝发育导致基体本身块体脱落时，柔性纤维网和基体的互相黏结使应力重分布作用在柔性纤维网结构各黏结点。基体的进一步破损逐渐导致柔性纤维网断面上的拉力超过其极限抗拉强度，从而黏结点处柔性纤维网横向、纵向纤维发生拔出拉裂破坏。与此同时，由于柔性纤维网受力结构复杂，在极限抗拉强度下，其纵向、横向纤维具有不同的抗拉强度极限。因此，部分柔性纤维网在纤维细小处更容易发生拉裂，从而导致基体失稳。

(a)

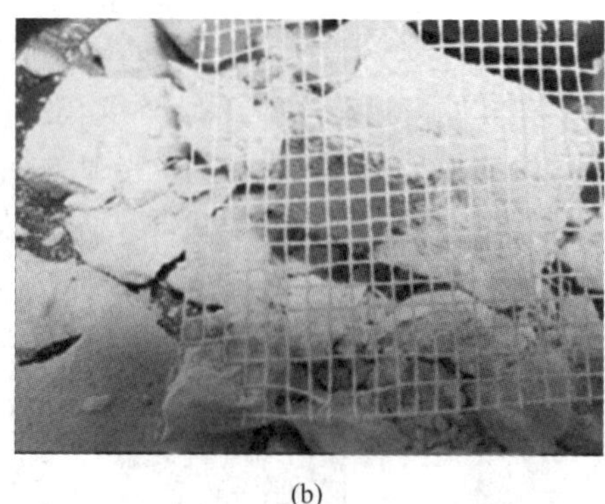

(b)

图 3-12　柔性纤维网结构受损示意图

（a）拉伸破坏后的柔性纤维；（b）尚未破坏的柔性纤维

3.3　柔性纤维网增强充填体力学特性

3.3.1　基于室内试验的力学特性

3.3.1.1　应力-应变曲线

柔性纤维网强化水泥尾砂复合材料和空白基体材料相比，由于纤维网的添加，导致柔性纤维网第一阶段的闭合应力较大，可能是由于操作试验不规范导致的基体内部空隙和裂隙较多。但是，在弹性阶段和裂隙发育阶段，柔性纤维网强化水泥尾砂复合材料的持续时间大幅度增加。在峰值强度前，应力极限明显增强，裂隙发育带来的柔性纤维网增强强度得到更好的体现。同时，各阶段柔性纤维网增强材料的应力-应变曲线更加优异。

以灰砂比为 1∶6 的柔性纤维网增强 CTB 样品为例，其应力-应变测试曲线如图 3-13 所示，图中 a～e 分别表示不同柔性纤维网配网率的 CTB 样品。分析图 3-13 中曲线，可以得出如下结论：

（1）随着养护时间的增长，基体材料水化反应更加完全，使得单轴极限峰值应力增大，但是对应的峰值应变量却呈不同数值。这说明水化反应使得试样材料的塑性和脆性增加，降低了延展性。

（2）在养护时间为 7d 时，试样材料强度较低，柔性纤维网的添加使充填体

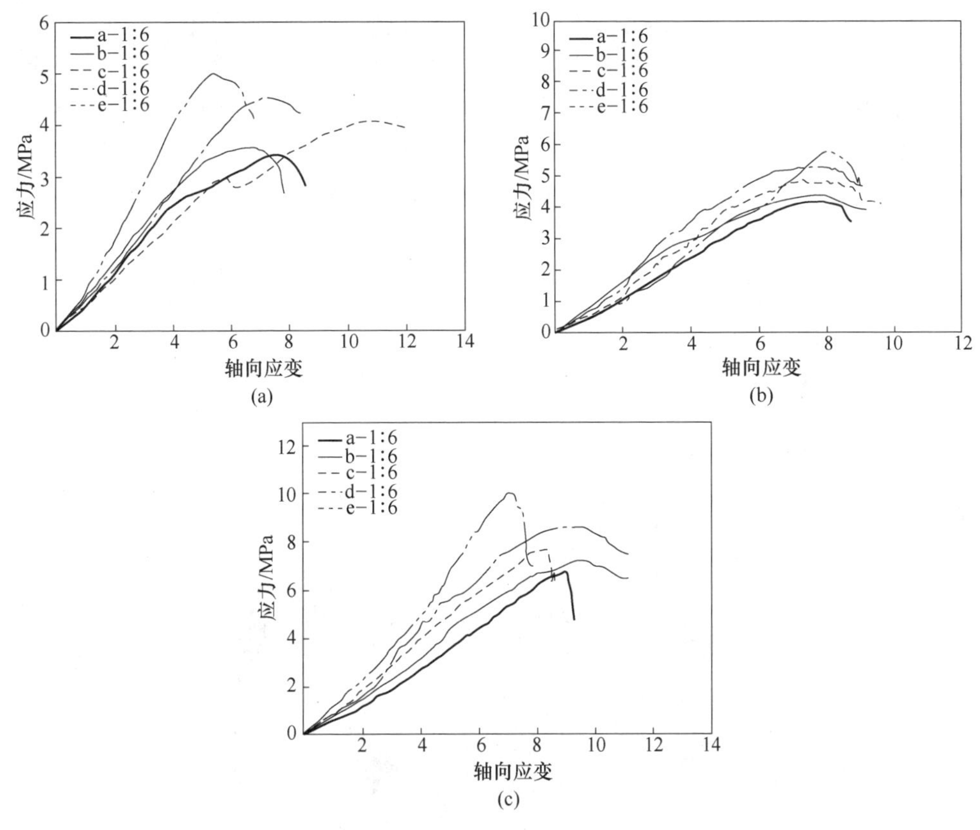

图 3-13 灰砂比 1∶6 试样应力-应变曲线

(a) 7d; (b) 14d; (c) 28d

的变形从脆性逐步向塑性转化，体现在达到峰值强度后，抗压强度亦在不断增加。

(3) 试样刚度随养护时间的增加而增大，临近峰值强度时，试样会在极短时间受损破坏。剩余强度值小，与典型应力-应变全曲线类似，脆性明显。

3.3.1.2 弹性模量

弹性模量是体现充填体变形特征的主要力学参数。初始弹性模量对应于岩石中微裂隙和孔隙率，切线弹性模量对应于试样的高刚度，割线弹性模量对应于试样的总体变形特征。

图 3-14 为 CTB 试样峰值强度、峰值应变与三种弹性模量的关系。如图 3-14 所示，柔性纤维网增强尾砂水泥基体材料的初始弹性模量最小，割线弹性模量次之，切线弹性模量最大。其中，柔性纤维网增强尾砂水泥基体的初始弹性模量变化小。不同灰砂比，纤维网含量的初始弹性模量值均在 0.3~0.5。表明 3D 打印模具能够严格控制试样的孔隙率和成品效果，保证柔性纤维网增强基体试样的结

构连续和均匀性。同时，柔性纤维网基体试样的割线弹性模量和切线弹性模量动态演变趋势类似。对于纤维格栅增强基体试样，体现其试样弹性变形性能增强，塑性变形能力降低，提升了柔性纤维网增强基体试样充填体的韧性，但是其表现出的弹性模量变化规律并不均匀分布，养护龄期的延长提高了柔性纤维网增强基体试样的抗压强度，却降低了弹性模量。即充填体刚度降低，韧性增加，验证了破坏模式的特征。

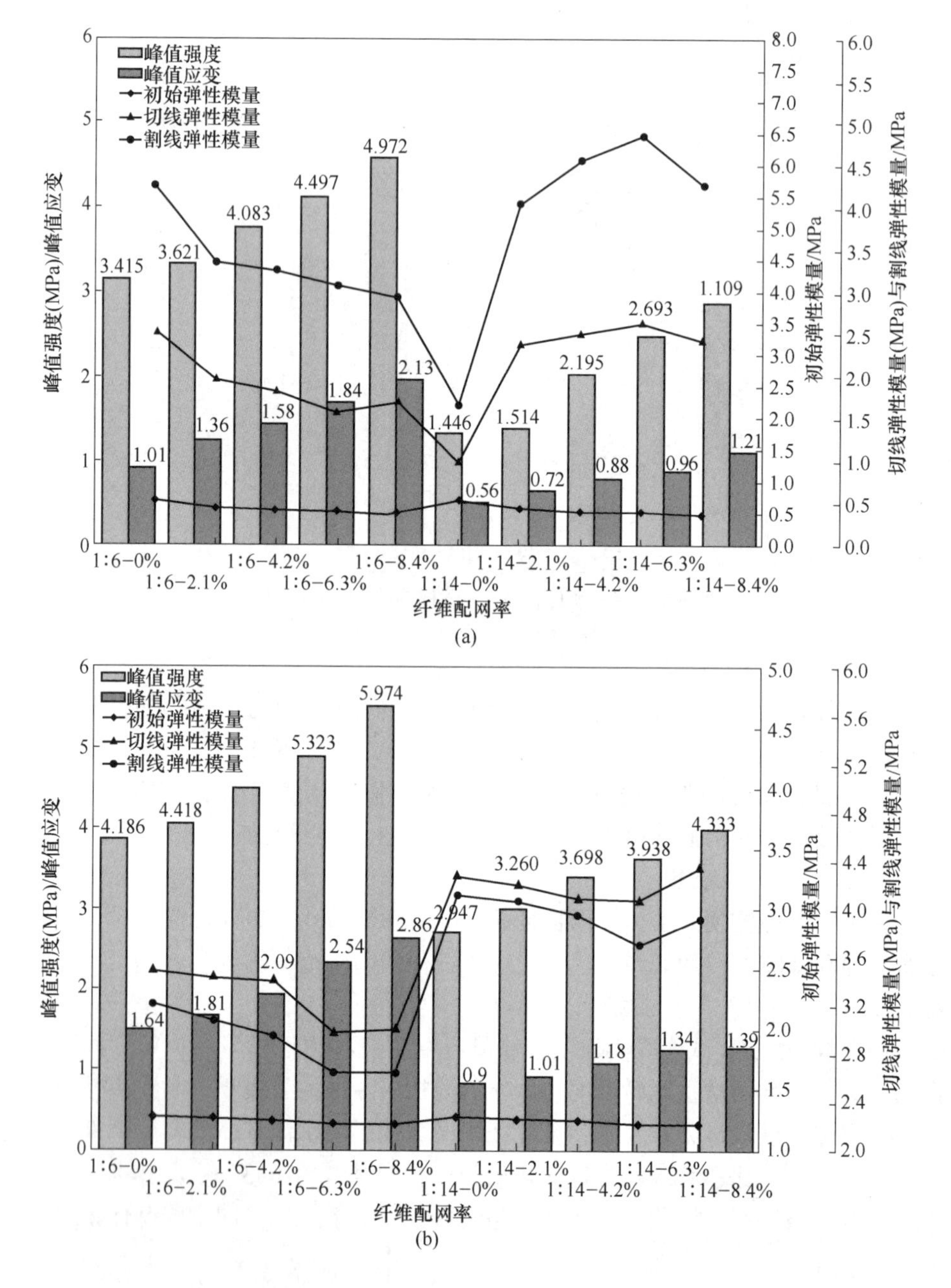

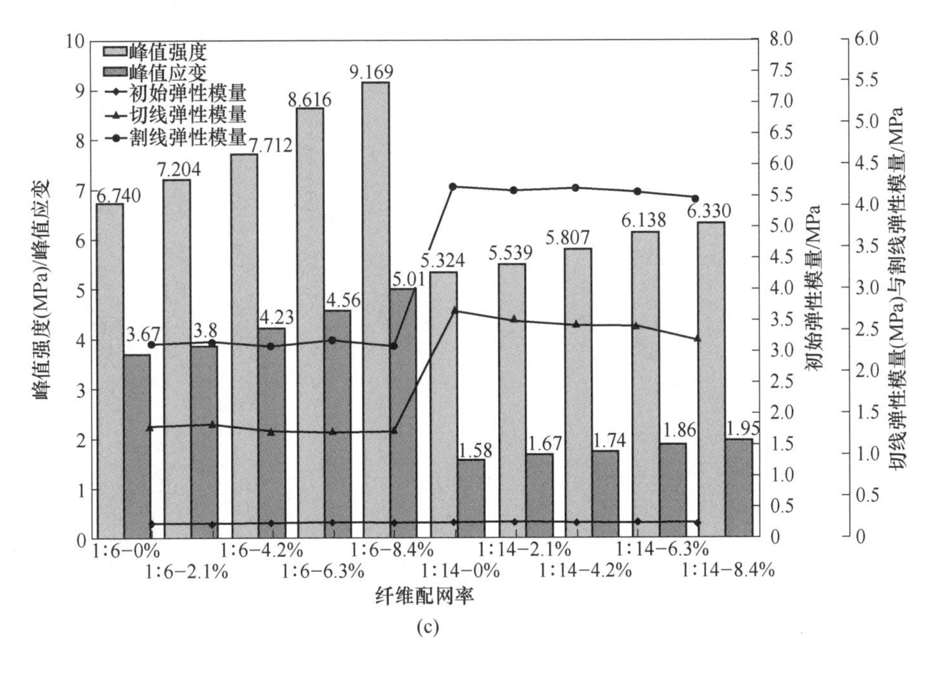

图 3-14 CTB 试样峰值强度与弹性模量的关系

(a) 7d; (b) 14d; (c) 28d

3.3.1.3 弹性模量与峰值强度的关系

如图 3-15 中 (a) 和 (b) 所示，峰值强度和峰值应变的分布位置基本重合，表现了柔性纤维网增强基体试样的峰值强度和应变呈比例的对应关系。同时，高切线弹性模量对应于高峰值强度和峰值应变，而割线弹性模量和初始弹性模量的增大，峰值强度、峰值应变的值相应地降低。所以，切线弹性模量可以很好地反映 CTB 样品性能。通过回归统计分析了具有不同固化时间的 CTB 样品的峰值强度和弹性模量 [见图 3-15 (c)]，结果表明弹性模量和峰值强度呈线性关系，回归方程为$y=a+bx$，相关系数为 0.923，复数相关系数为 0.851。

3.3.2 基于数值模拟的力学特性

3.3.2.1 模拟软件

在岩石力学中，有限差分法、有限元法、块体离散元法和边界元法等是应用比较广泛的数值方法。这些方法虽然在理论上已近于完整，但是对于某些特定的环境和问题如分析岩石压缩变形和破坏等却有一定的局限性。近几年颗粒离散元在工程上的大力推广和应用，在众多领域内已经取得了不菲的成就和可靠的效果。颗粒流由于本身模型的优势，对于解释复杂环境下微观和细微损伤和破坏机理更加的准确和精准。同时在揭示典型的力学现象的时候也比较可靠。本节利用

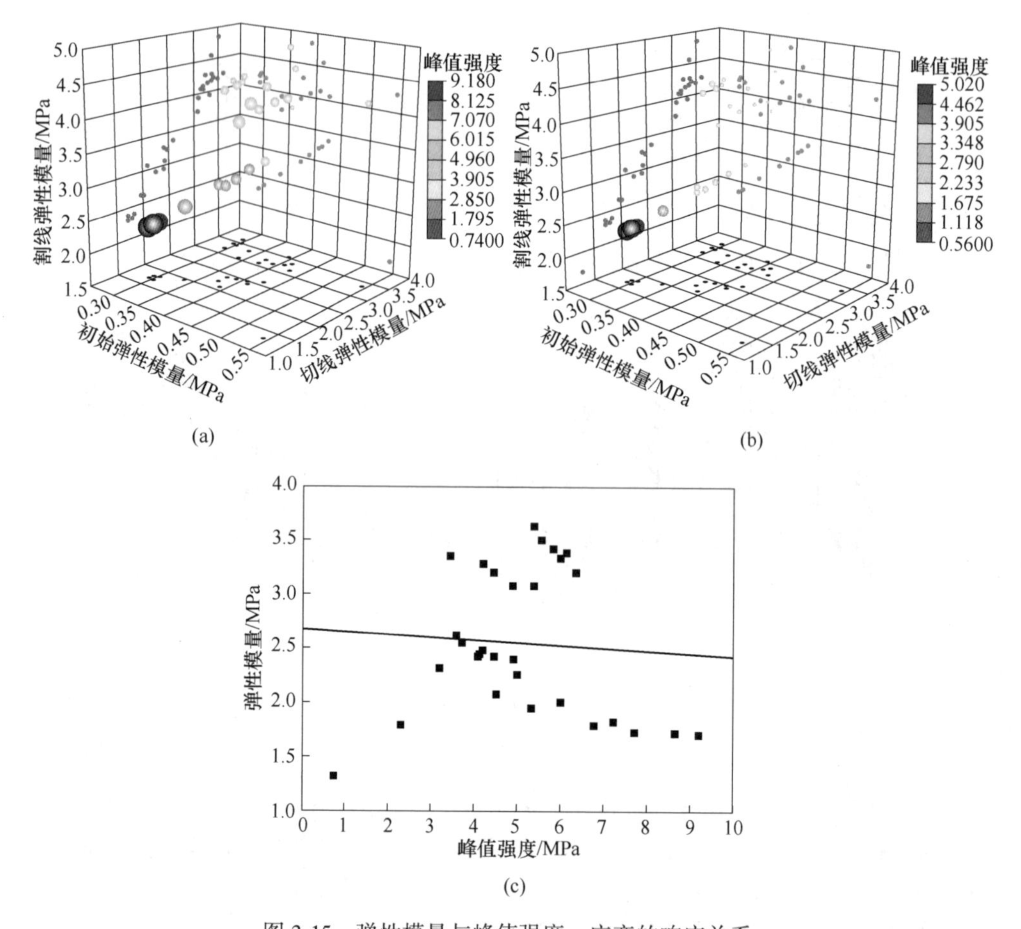

图 3-15 弹性模量与峰值强度、应变的响应关系

（a）峰值强度与弹性模量的关系；（b）峰值应变与弹性模量的关系；（c）线性拟合结果

颗粒离散元模拟软件 PFC3D（particle flow code in three dimension）来探究单轴压缩基体的数值模拟。

PFC3D 颗粒离散元软件是 Itasca 公司出品的用以模拟和综合分析岩土材料以及颗粒系统细观力学的分析软件。PFC 程序软件引入中国市场后，在诸多的领域方向取了大量的认可和发展。该软件一直以来以用户体验为核心，产品不断地更新换代，其人机交互功能逐渐强大，可视性和操作难度使入门和学习更加简单，带给使用者更大的便捷。PFC3D 以非连续的方法，分析各颗粒单元结构的力和位移的关系，从而模拟大量颗粒组成的材料结构，以达到解决实际问题的目的。

3.3.2.2 模型构建

在模拟研究中，要想得到一个良好的模拟效果和正确的模拟结论，对于细观参数的选取非常重要。因此，在正式模拟前对于柔性纤维网增强尾砂基体复合材料各细观参数进行大致确定，并在实验过程中进行调制。本书模拟的复合材料试样由各粒度尾砂、水泥和柔性纤维网组成。

本书根据相关研究开展柔性纤维网增强尾砂水泥复合材料相关模拟工作，在PFC3D中，模拟模型中一般含有多个不同级别的颗粒单元组，各单元之间根据接触模型而产生相互运动，单元墙在加载过程中可以按照一定方向和速度来进行位移。该软件可以使用GENERATE命令进行颗粒单元的生成，在对颗粒级配要求较低时，GENERATE命令较为合适方便。由于本次试验是以生成70.7mm×70.7mm×70.7mm的标准化正方体充填体模型，通过CAD建立柔性纤维网模型，导入PFC程序中生成试样材料。

PFC3D颗粒模型的构建过程包含以下三个步骤：

（1）颗粒的初始密化。程序软件按照试样尺寸生成边界单元墙，颗粒的生成将会在限定的单元墙内部出现，其半径由颗粒最小半径和颗粒粒径比两个参数随机分配给各颗粒单元。孔隙率的设定，会使程序软件按既定设定进行，以保证各颗粒单元之间合理的间隙和密集度。随着颗粒的不断增多，试样内部颗粒单元达到预定尺寸。后续调整各颗粒单元的半径，得到一定的颗粒间“重叠量”，此种情况也是由于颗粒间相互作用导致的，以获得一定的应力值。

（2）清除悬浮颗粒。由于程序中颗粒是根据半径区域来设定颗粒半径值的，具有随机性。所以各接触之间具有不确定性，因此，为了使得试样内部更加黏结和紧密，需要删除这些没有接触的颗粒，直到所有阈值内的颗粒单元都有一定的接触点数即可。

（3）生成模型（见图3-16），设定接触模型、摩擦系数。

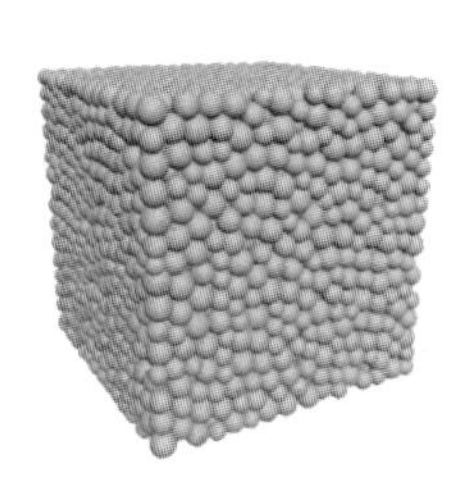

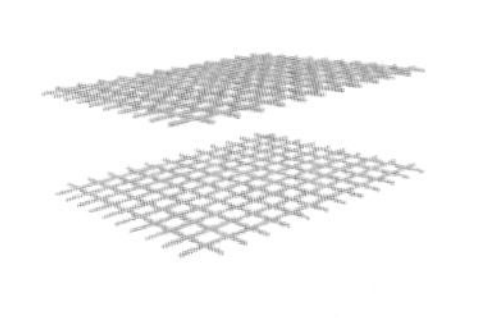
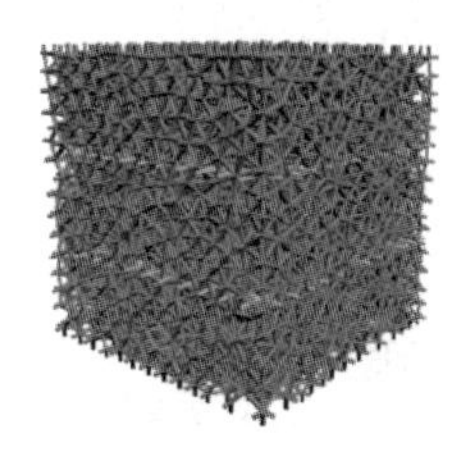

图3-16　三维模型图

3.3.2.3　模拟方案

在PFC中，不同的细观参数的设定和调整，其结果对宏观参数的影响作用是不同的，且具有一定的规律性。因此，试验模拟中一般依据控制变量的思路，分别调整各细观参数值，以达到合理的试验结果。表3-6是本次细观参数的初始设定，模拟计算过程如图3-17所示，通过多次参数调整得到与试验结果相吻合的参数设定值（见表3-7），并以此为基础模拟分析柔性纤维网增强CTB复合材料的单轴压缩破坏过程。

表 3-6 本次模拟的主要细观参数

参数	预设值	说　明
E^*	3. 2GPa	有效模量
k^*	1	法向剪切刚度比
$\bar{E}^*$	2. 4GPa	黏结有效模量
$\bar{k}^*$	1	黏结法向剪切刚度比
$\bar{\sigma}_c$	8. 5	拉伸强度
$\bar{c}$	7. 4	内聚力
$\bar{\phi}$	20	摩擦角
β_n	0. 5	正常临界阻尼比
μ	0. 577	摩擦系数

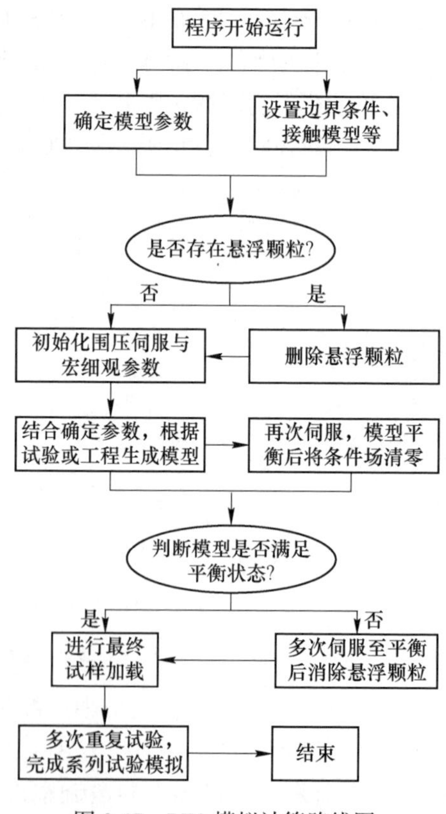

图 3-17 PFC 模拟计算路线图

表 3-7 部分模型的结果对照表

组　别	试验数据	模拟强度	相对误差/%
横-单	3.415	3.654	7.01
横-双	3.621	3.941	8.84
横-三	4.083	3.745	5.83

3.3.2.4 结果分析

A 抗压强度和应变

柔性纤维网增强 CTB 样品单轴压缩模拟结果和试验结果对比如图 3-18 所示，图中组别 a~g 分别表示横向一层网、横向二层网、横向三层网、30°网、60°网、90°网和对照组。

从图 3-18（a）中可以得出，此次试验中，PFC 模拟数值和实际值基本吻合。其平均误差均较小，同时两种数值在趋势上呈现出类似的演变方向，表明此次模拟试验和室内试验结果较为吻合。和理论分析相比，随着柔性纤维网角度的增大，试验值和模拟值都出现不同程度的下降，同时当柔性纤维网方向为竖直时，整体的强度值最小，均符合预期。图 3-18（b）是单轴压缩峰值强度对应下的峰值应变值，可以发现两者值均差较小，可能是因为室内试验中试样刚度较大，导致破损较快；而模拟试验中由于没有初始压密时期，因此线弹性后试样破坏，导致两者实验数据较为吻合。总的来说，两者的变化趋势较为一致，其相差均值较小，均表现为和峰值应变类似的曲线。结合峰值强度和峰值应变可以得出，从数值结果和曲线趋势情况来看本次 PFC 模拟试验基本吻合试验结果，其细观参数基本能体现试样的基本特性。

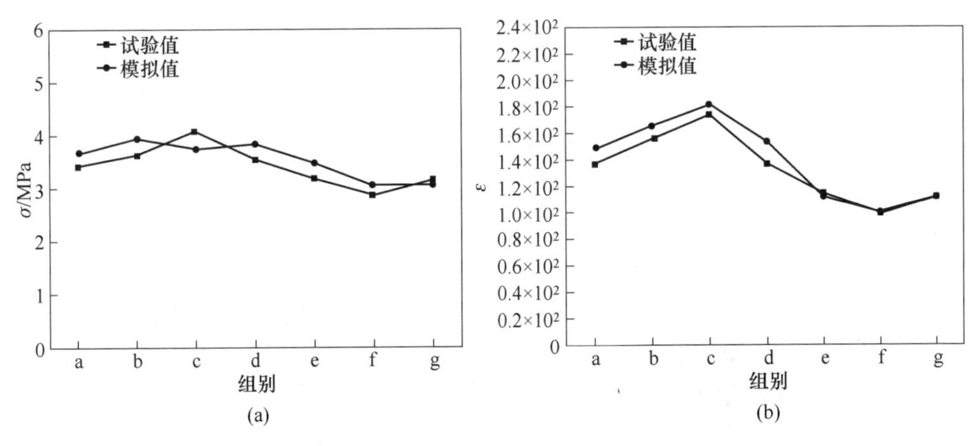

图 3-18 单轴压缩下试样应力应变参数的影响

（a）峰值强度；（b）峰值应变

B 应力-应变曲线

对于不同细观结构的柔性纤维网增强基体试件来看，其在单轴受压外力作用下产生的破坏响应有着不同的表现特征，图 3-19 为不同细观结构下柔性纤维网增强基体模拟试验的裂纹发育和应力随应变的关系图。

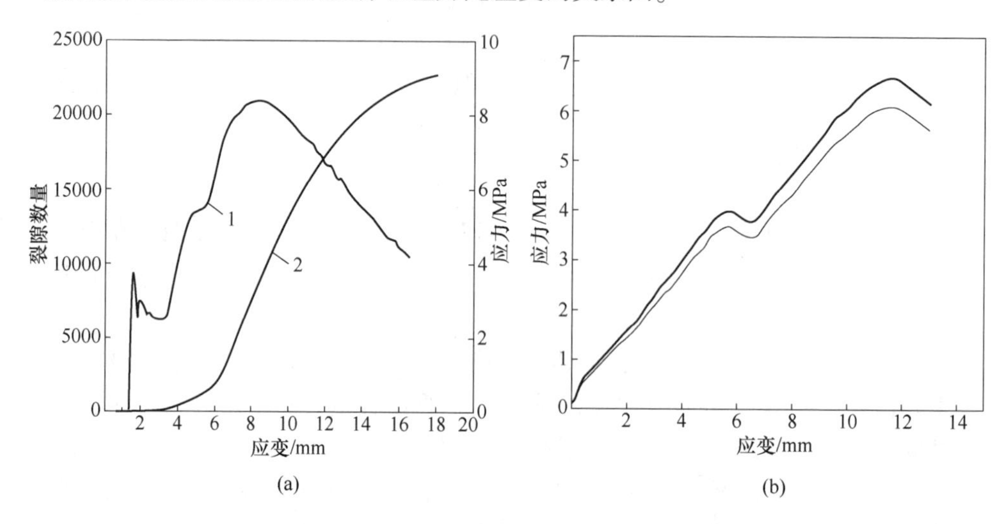

图 3-19 裂隙发育及应力-应变关系模拟结果

（a）裂隙发育和应力-应变曲线；（b）对比图

如图 3-19 中（a）所示，图中曲线 1 代表着模拟试验中试样的应力-应变曲线，曲线 2 代表着随应变的增大，试样在单轴压缩状态下的微裂隙发育数量。通过对室内试验对比，当试样的轴向应变增大时，试样表面开始出现大规模的微裂隙，和 PFC 模拟数据对比，随着应变的增大，微裂隙在弹性阶段开始急剧增多，当试样强度达到峰值强度后，其微裂隙发育开始降低。图 3-19（b）为两组模拟试验的应力-应变曲线，和前文的应力-应变曲线对比，其基本符合柔性纤维网增强基体材料的力学特性。在应力-应变关系中，PFC 模拟值和室内数据都呈现出应力和应变的比例关系。在峰值强度后，模拟组试样受损后，随着应变的增大，应力值减小，当计算到 70%时，程序结束。

C 基体位移场

通过模拟可以获取各组样品位移场分布情况，图 3-20 为各组样品（空白组、横向单层、横向双层、横向三层、30°网、60°网和 90°网）基体在轴向峰值应变极限上对应的位移场分布图，为减少误差，每一组由两组同类别组成。

试样在单轴压缩的过程里，模拟试验颗粒单元会发生由于相互作用导致的位移、速度和错位。PFC 中位移场图可以直观地从微观角度反应颗粒的破坏特征和变化情况，通过分析图中各组样品的位移场分布，可以得出如下结论：

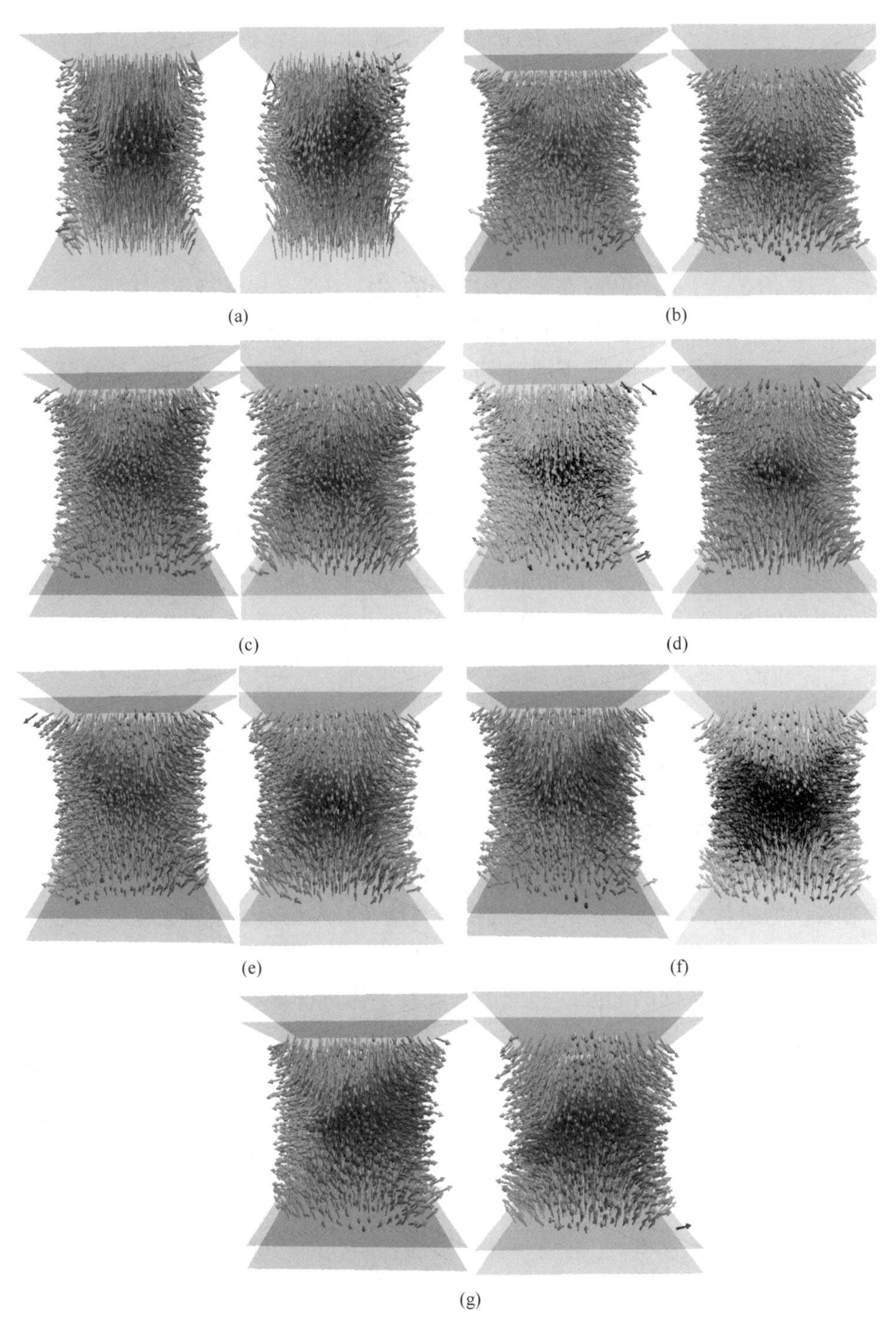

图 3-20 单轴压缩条件下复合材料位移场

(a) 空白组；(b) 横向单层；(c) 横向双层；(d) 横向三层；(e) 30°网；(f) 60°网；(g) 90°网

（1）单轴压缩条件下，各柔性纤维网增强基体其位移场大致为，在靠近加载板的区域各颗粒的位移场较大，越往基体试样中心靠近，其位移场越小。其最大的位移场分布在正方体试样的各顶点处。

（2）试样模型上下部分产生较大的位移，整体呈现压缩的状态，由于中间部位主应力大于无围压面的主应力，因此使得颗粒在 xy 平面上向四周扩张，同时其位移亦较小。

（3）由于上下部分颗粒在 z 轴方向上的主应力下，相互挤压向中间 xy 平面扩张，导致中心部位越靠近其中心点位移越小，接近于零。

（4）在柔性纤维网不同配网角度时，在 z 轴最大主应力下，靠近柔性纤维网附近的颗粒沿着柔性纤维网平面扩张，在位移场中可以看出呈一定倾角的颗粒位移。

（5）由图 3-20 可知，当柔性纤维网横向增强三层时，其表面的颗粒位移较为明显，表面的颗粒位移量最大。结合第 3 章的样品损坏模式，其室内试验表明横向增强较多时，在刚度一定的条件下，试样屈服破坏时，表面的裂隙发育致使试样表层更容易脱落。符合实验破坏模式。

D 接触力链

图 3-21 为各柔性纤维网增强基体（空白组、横向单层、横向双层、横向三层、30°网和 60°网）在轴向峰值应变极限后破坏时对应的接触力链图，按同位移场相同的两组试验进行。

如图 3-21 所示，各柔性纤维网增强基体复合材料在峰值极限破坏后的接触力链大致呈现一致，其配网率和配网角度对试样破坏下接触力链的影响较小。由于颗粒间的接触力链越多，颗粒间的接触力越大，因此试样保持也就越稳定。根据模拟结果可知，具体接触力链结论如下：

（1）柔性纤维网的配网率和配网角度在基体试样破坏时，对基体接触力链的影响较小，这是因为柔性纤维网和基体复合材料在模拟过程中是两个不同的单元结构，因此有较低的影响。

（2）图中颜色越深，线条越粗说明其接触力越大，从图中的接触力链可以看出，基体材料表面的接触力较小，颗粒滑移位移更加明显。越接近试样的中心，其接触力越大，位移相对越小。

（3）由于压缩过程中，正方体试样表面各端点位移量越大，接触力就越小，因此图中呈现的试样接触力链呈圆柱体形。

E 柔性纤维网位移云图

柔性纤维网增强基体单轴压缩试验中，其模拟数值的体现对于揭示柔性纤维

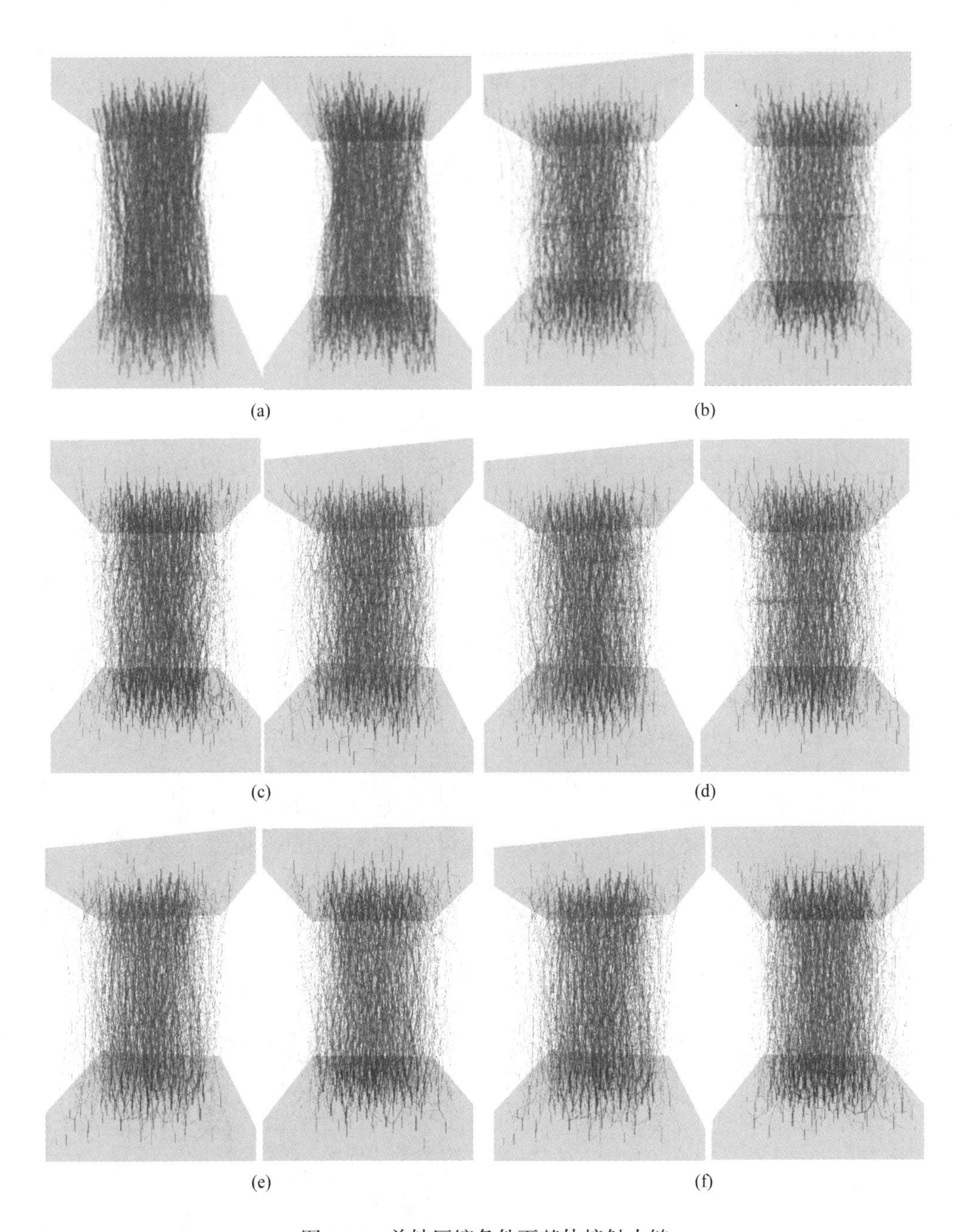

图 3-21 单轴压缩条件下基体接触力链

（a）空白组，（b）横向单层；（c）横向双层；（d）横向三层；（e）30°网；（f）60°网

网增强基体材料的力学特性有着重要的意义。如图 3-22 所示，各柔性纤维网增强基体（横向单层、横向双层、30°网、横向三层、60°网和 90°网）在峰值强度

后柔性纤维网位移云图的变化，结合样品损伤机制得出以下结论：

（1）在单轴压缩条件下，柔性纤维网材料在基体中各单元基本均承受力的作用，在试样外缘的颗粒单元位移较大，因此，越靠近网外围，受力越大，变形也越大。

（2）在横向增强柔性纤维网数值模拟中，应力场越小越靠近网中心，呈放射状；而一定角度下增强柔性纤维网，应力场越小越远离其接触边缘，呈线性状。

（3）在竖向增强柔性纤维网中，相比于其他情况，柔性纤维网整体的应力场较小，受力变形也较小。

（4）从样品损伤机制中分析，由于在横截面上柔性纤维网处于受拉的状态，因此柔性纤维网容易发生拉裂破坏，由图 3-22 可知，部分应力集中在柔性纤维网各纤维断面，容易造成纤维断面上的拉裂破坏。

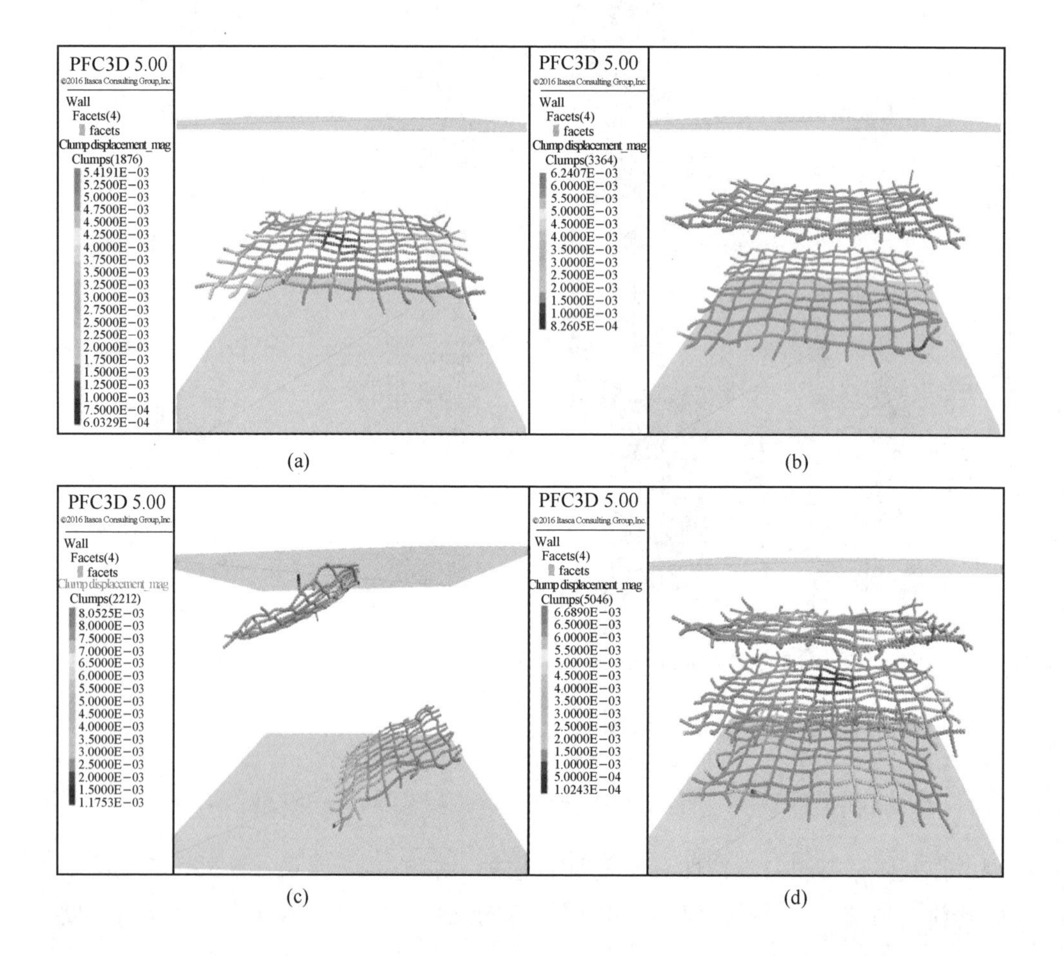

(a) (b)

(c) (d)

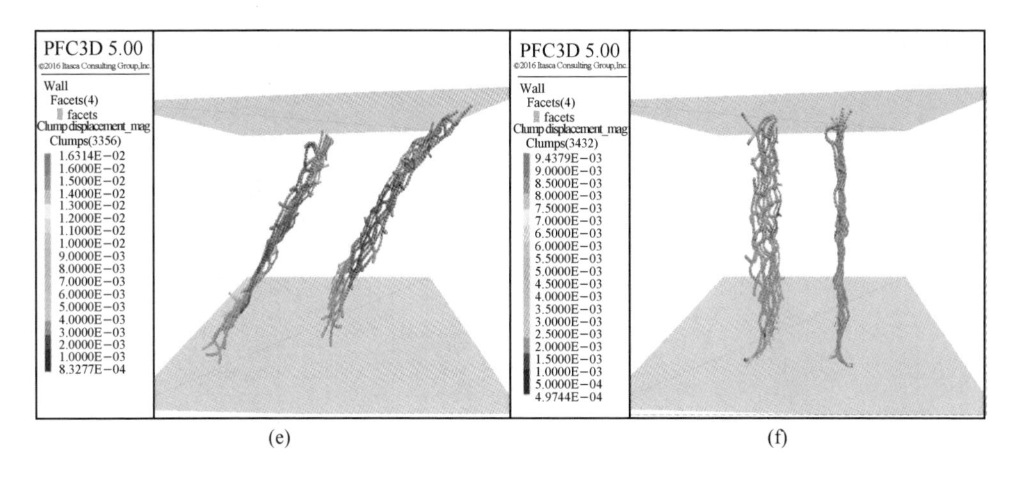

图 3-22 单轴压缩条件下柔性纤维网位移云图

(a) 横向单层；(b) 横向双层；(c) 30°网；(d) 横向三层；(e) 60°网；(f) 90°网

F 柔性纤维网位移场

柔性纤维网位移场中，我们可以得出单轴压缩环境下柔性纤维网结构受力下各单元部分的位移方向。从而可以有效地印证样品破坏时，各试样沿柔性纤维网滑移位移的破坏原理。具体示意图如图 3-23 所示，结论为：

(1) 柔性纤维网位移场和其应力条件下的表现较为一致，应力条件越大，在方向上的位移也就越大，其位移更多表现为和表面接触处的扩张。

(2) 在一定角度柔性纤维网增强试验中，柔性纤维网在受力结束后呈现出一定程度的内屈，其表现主要是因为表面颗粒沿着最小主应力的扩张，由于接触力的影响，其柔性纤维网亦表现出向最小主应力曲张的状态。

(3) 在横向单层柔性纤维网增强试验中，部分颗粒位移场表现均大于其余各组，其原因更多是由于单层网承受更多的轴向应力，致使表面部分颗粒的位移量更大。

G 整体应力云图

此次试验部分整体应力云图如图 3-24 所示，显示了各柔性纤维网增强基体在破坏时应力云图的变化，结合样品损伤得出以下结论：

(1) 在单轴压缩下，部分颗粒出现应力集中的现象，其表面不仅各端点发生颗粒的位移，其余的大应力作用下的颗粒也会发生滑移。因此，室内试样纤维网端点表面发生脱落，试样应力集中点出现裂隙。

(2) 整体云图中，沿着柔性纤维网断面上的颗粒会沿着该平面发生较大的位移，部分颗粒会聚集导致试样的错位。因此，室内试样沿着一定角度发生劈裂，出现错位的破坏形态，导致试样受损。

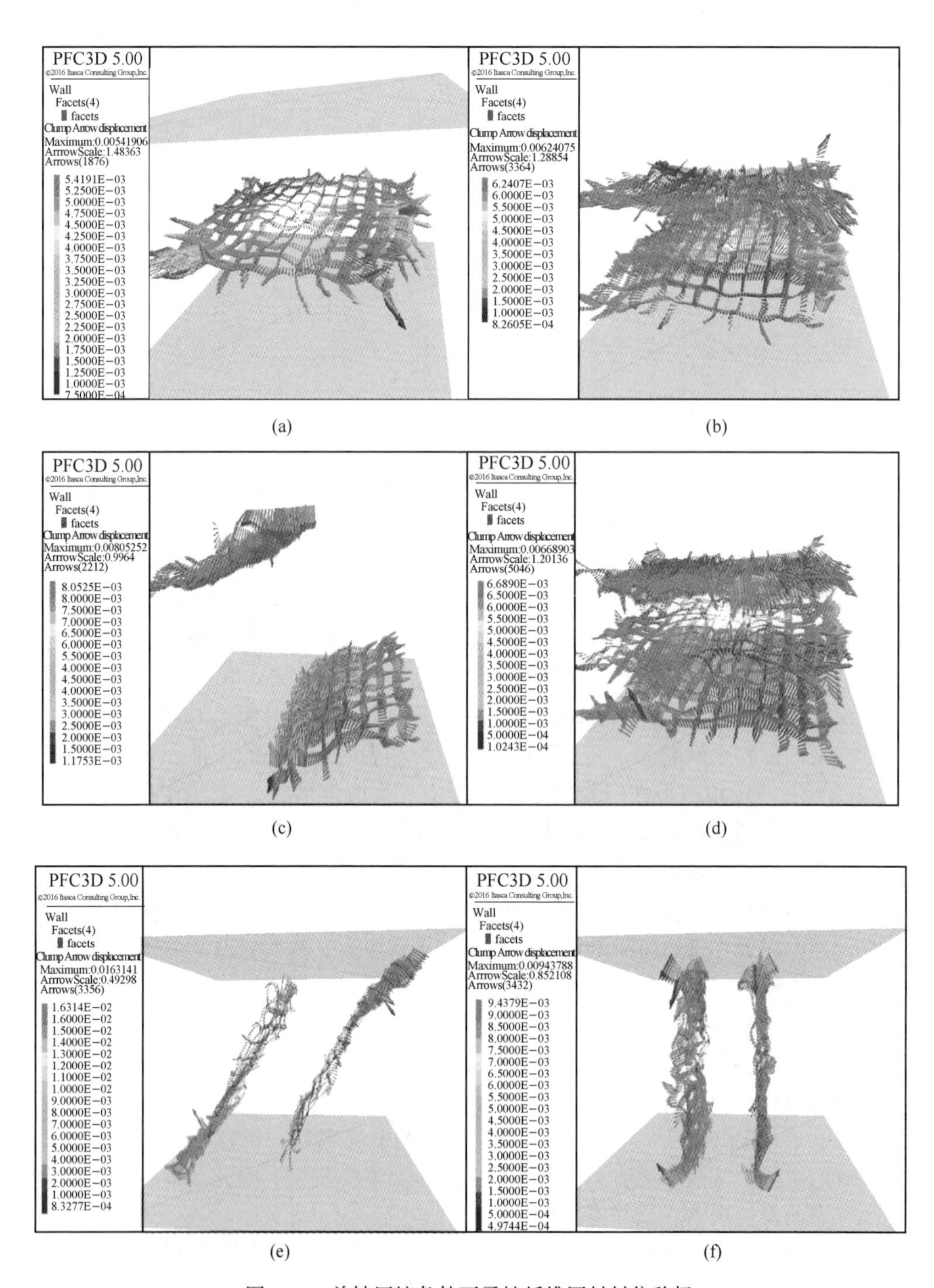

图 3-23　单轴压缩条件下柔性纤维网材料位移场

（a）横向单层；（b）横向双层；（c）30°网；（d）横向三层；（e）60°网；（f）90°网

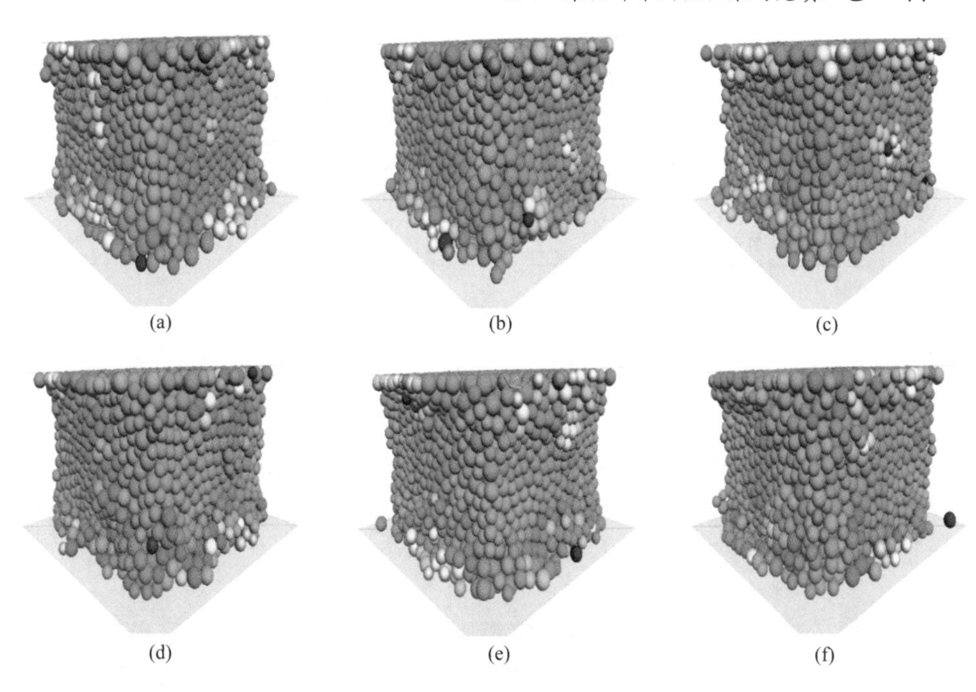

图 3-24 基体材料单轴压缩条件下整体云图
（a）横向单层；（b）横向双层；（c）横向三层；（d）30°网；（e）60°网；（f）90°网

（3）靠近加载板附近的颗粒其位移会沿着加载板平面分离，其颗粒的堆积会导致部分颗粒悬浮，从而脱离。因此，室内试样靠近加载板一侧会提前进入塑性变形阶段，当强度大于剪切面的强度时，表面的块体发生一定角度的脱落和分离。

3.4 柔性纤维网强化采场充填工艺

根据前期室内试验与理论研究结果，柔性纤维网能够有效改善尾砂胶结充填体的力学性能，但该技术成果能否应用于矿山生产实践，必须解决现场充填工艺问题。本节以进路法采场为充填背景，就柔性纤维网强化采场充填工艺开展研究。

3.4.1 柔性纤维网强化采场充填体结构模型

对于预控顶进路充填法开采，现场人员在采场内作业，便于铺设柔性纤维网。当进路采场回采完毕进行充填准备时，在采空区内部按照设定网格密度铺设挂钩，在滤水门上也需要铺设；然后再依次铺设横向和纵向纤维单丝，交叉编织成网，横向和纵向纤维单丝的端部固定在采空区周边岩壁和滤水门上，纤维网铺设完成后进行采场充填；最终在采场内形成柔性纤维网强化充填体结构，柔性纤维网强化采场充填体结构模型具体如图 3-25 所示。

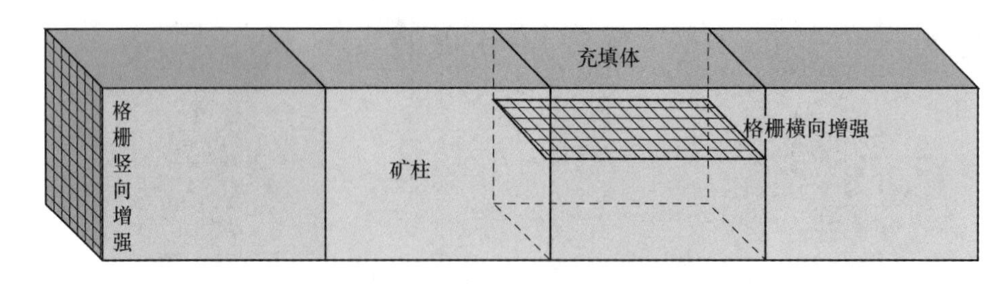

图 3-25 柔性纤维网增强充填体模型

3.4.2 柔性纤维网强化进路采场充填工艺

针对 3.4.1 节确定的柔性纤维网强化采场充填体结构模型，必须确定便于施工、高效安全的充填工艺，主要包括材料准备、架设滤水门和脱水井、安装挂钩、铺设柔性纤维网。

3.4.2.1 材料准备

待进路采场回采结束后，通过准确测量采空区空间几何尺寸，确定各柔性纤维单丝长度，并按 1m×1m 的网格密度统计柔性纤维单丝和挂钩的使用量，根据统计结果加工和准备相关材料。

3.4.2.2 架设脱水井与滤水门

脱水井架设在进路采场入口处，下方连接一刚性的塑性管并引出采场之外，每一个采场脱水井的架设数目要根据采场规模确定。滤水门设置在采场拉底层入口附近，根据充填料浆性质与采场几何尺寸确定滤水门的承载力和强度指标。

3.4.2.3 安装挂钩

沿采空区周边岩壁布设挂钩，挂钩采用金属材质，纤维单丝通过挂钩固定铺设，在铺设纤维编织网前完成挂钩安装工作，具体操作步骤如下：

(1) 首先冲洗采空区壁面，清除浮岩，保证挂钩能安全、有效的起拉扯纤维的作用；

(2) 根据采场几何尺寸和柔性纤维网格密度确定挂钩位置，并按照 1m×1m 的网格密度在岩壁上做出标记，在钻杆上做好钻深标记；

(3) 风钻打眼后，用手镐点眼定位，刨出眼窝，钻头放入眼窝后，按规定的角度和方向均匀用力向前推进直至达到要求深度。然后将挂钩插入打好的孔内，通过膨胀螺钉等方式进行锚固。对于安装后出现偏差的挂钩进行校正，要保证挂钩相对所在岩壁的垂直度偏差控制在 1%以内，对于难以校正到要求的挂钩则拔杆重打；

(4) 挂钩在安装后，对每根挂钩进行紧力检测，不合格的挂钩要立即上紧。

3.4.2.4 铺设柔性纤维网

岩壁挂钩安装完成后，将横向和纵向纤维单丝，交叉编织成网，将端部固定在挂钩上，柔性纤维网具体架设步骤如下：

（1）由采空区的上部往下依次将纤维单丝固定在对应的挂钩上，每一层的纤维网由横向纤维和纵向纤维的单丝现场编织组合而成。同层的纤维编织网中，先将第一方向的纤维单丝固定在挂钩上，然后将第二方向的纤维单丝上下交错依次穿过第一方向的纤维单丝铺设成网。这里的第一方向和第二方向即对应采空区内的横向和纵向，可以根据采空区的形状选择横向纤维和纵向纤维的铺设顺序，每一层的纤维单丝中保持横向纤维单丝不动，纵向纤维单丝上下交错编织成网，如图 3-26 所示。

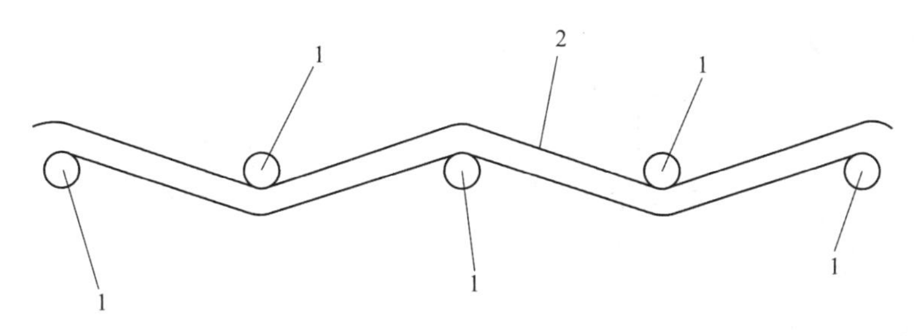

图 3-26 纤维交替编织成网的局部示意图

1—横向纤维；2—纵向纤维

（2）纤维单丝铺设完成后，采用乳液涂敷纤维单丝交结点，将纤维单丝的交结点通过胶黏固定，使整层编织后的纤维单丝定位成网。由上往下待到铺设滤水门上部时，停止铺设纤维单丝，保证人员和材料在早期安全、方便地通过。如图 3-27 所示，在铺设滤水门区域的纤维单丝时，先在滤水门下部的挂钩上铺设纤维单丝，等完成后，开始在滤水门后的挂钩上铺设纤维单丝，等到纤维单丝定位成网后，陆续人员和设备退场，最后封闭滤水门。

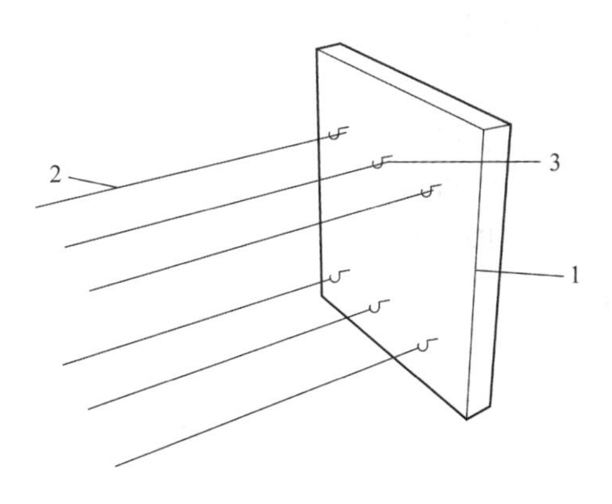

图 3-27 挂钩在滤水门上的布置示意图

1—滤水门；2—纤维单丝；3—挂钩

柔性纤维采用玻璃纤维材质，直径 20mm，纤维平均线密度为 1200g/m^3，纤维单丝的断裂强度>1000MPa、纤维弹性模量>2.2GPa，实际应用中还可以选用碳纤维或玄武岩纤维或符合强度要求的尼龙绳。

3.4.2.5 采场充填

所有充填准备工作完成后，即可进行采场充填。充填材料主要包括全尾砂、水泥和水等。在地表充填站按设计配比参数制备料浆后，通过自流或泵送等方式输送至井下采场，泄水井随着采场充填不断向上顺路架设。

综上所述，在矿山充填工艺领域创新性的利用抗拉强度高的复合纤维增强材料连接成网铺设采空区，从而增强尾砂充填体，应用过程中施工方便便捷，可以有效地减少水泥等胶凝材料的损耗，在提高固化强度的同时显著地降低综合充填成本，特别适用于采场暴露高度较小的进路式和上向分层式采场充填，是一种经济效益好、限制条件少的尾砂充填方案，提高了矿山采空区的尾砂充填体整体性能，具有良好的经济效益和推广价值。

3.5 本章小结

本章提出了一种利用柔性纤维网强化进路采场充填体结构的方法，并通过室内试验和数值模拟等手段，探究了柔性纤维网对增强充填体力学特性的作用机制，并基于预控顶上向进路充填法，提出了相应的柔性纤维网强化采场充填工艺，具体结论如下：

（1）通过对柔性纤维网强化水泥尾砂充填力学特性试验，研究柔性纤维网的不同配网率和配网角度的掺入对基体复合材料基本力学特性的影响。柔性纤维网的添加提升了基体试样在横断面上的抗拉强度，防止试样在单轴测试过程中的劈裂损伤，提升了尾砂水泥基体的韧性。同时，柔性纤维网的增强，改善了基体的开裂响应，使得试样在破坏后依旧具有明显的剩余强度和自承能力。

（2）通过 PFC 数值模拟分析，揭示了细观角度下柔性纤维网增强尾砂基体材料的内部变形和破坏机制，得出整体呈现压缩的状态时，由于中间部位主应力大于无围压方向的主应力，因此使得颗粒在平面上呈现向四周扩张的状态。在横向增强柔性纤维网模拟中，应力场越小越靠近网中心，而一定角度下增强柔性纤维网，其应力场越小越远离其接触边缘，呈线性状。最后，整体云图的损伤和室内试验结果基本吻合。

（3）在理论及数值分析的基础上，创新性地利用抗拉强度高的柔性网格连接成网铺设采空区，从而增强尾砂充填体力学性能，应用过程中施工方便便捷，可以有效地减少水泥等胶凝材料的损耗，在提高固化强度的同时显著地降低综合充填成本，适用于采场暴露高度较小的进路式和上向分层式采场充填，是一种经济效益好、限制条件少的尾砂充填方案，提高了矿山采空区的尾砂充填体整体性能，具有良好的经济效益和推广价值。

4 水淬铜渣新型充填胶凝材料

膏体充填采矿技术以其安全、环保、经济、高效等显著优势，在国内外金属非金属地下矿山得到了迅速发展和广泛应用，成为矿山实现绿色开采的可靠技术[23]。尤其对于环境敏感区复杂破碎资源开采，地表环境保护要求严格，井下开采技术条件复杂，膏体充填采矿技术成为此类矿山实现尾矿的无害化处置和保证井下生产安全的重要途径。作为充填材料的重要组成，胶凝材料是影响充填质量和成本的关键因素。随着环保政策日益严格和尾矿性质的不断变化，在矿山充填领域广泛应用的普通硅酸盐水泥逐渐丧失了价格与性能优势。近年来，以高炉矿渣、粉煤灰等高活性工业固废为原料的复合水泥、胶固粉等新型充填胶凝材料在理论研究和工程应用方面均取得了长足发展。但由于应用领域广泛，高活性工业固废的利用趋于饱和，新型充填胶凝材料正在面临原料短缺和价格上涨的难题，成为限制其未来发展的瓶颈。冶炼废渣属于对周围环境影响较大的大宗工业固废，其中铜渣、镍渣、铅渣等有色冶炼废渣中往往富含硅铝氧化物与玻璃相成分，具有一定火山灰活性，但由于活性较低难以直接加以利用。因此，研发廉价高效的活化技术提高有色冶炼废渣的火山灰活性，并利用活化后的废渣制备高性能充填胶凝材料，对于丰富固废基充填胶凝材料的原料来源和推动低活性有色冶炼固废的高附加值利用具有重要意义。

4.1 水淬铜渣的产生与性质

4.1.1 铜渣的产生与利用

铜渣是金属铜冶炼过程产生的副产品，属于典型的有色冶炼废渣。现代铜冶炼技术主要分为火法和湿法冶炼两大类，其中火法炼铜占主导地位，大约80%铜金属通过火法冶炼工艺获得[24]。火法炼铜是通过焙烧、熔炼、吹炼、火法精炼和电解精炼等工序从铜精矿中提取铜的方法，冶炼工艺流程及铜渣产生过程如图4-1所示。

一般地，铜精矿中铜的品位较低，在高温冶炼过程中会产生大量的炉渣。据统计，每生产1t铜金属，约产生2.2~3t铜渣，我国每年新增铜渣量约2000万吨，累计堆存量约1.4亿吨[25]。大量铜渣作为工业固废堆存或填埋，不仅占用宝贵的土地资源，而且其有毒有害成分可能对周围环境造成不同程度污染。目

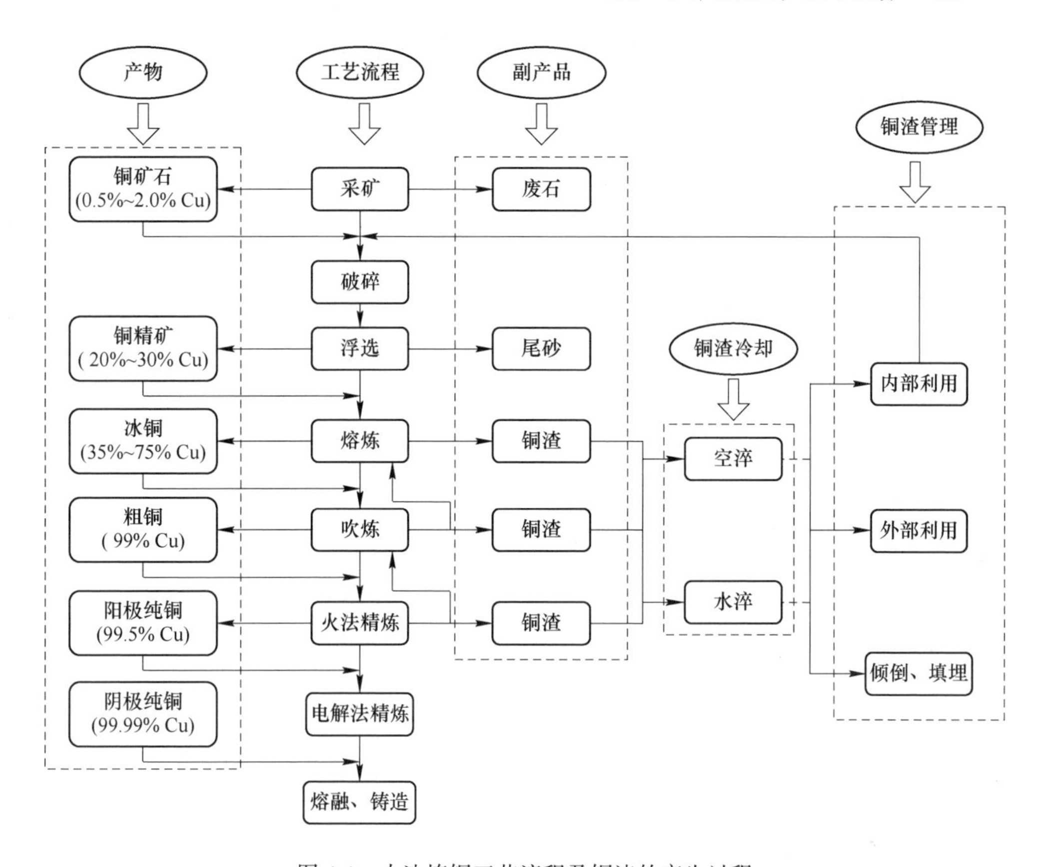

图 4-1　火法炼铜工艺流程及铜渣的产生过程

前，有关铜渣资源化利用的研究归纳起来主要分为两个方面：一方面是采用湿法还原、磁化焙烧、熔融还原等选冶工艺回收铜渣中的金属资源，但该方式存在污染重、能耗大、成本高、回收率低等诸多缺点，难以实现工业规模化应用；另一方面是利用铜渣的自身性质直接应用于建材、玻璃、陶瓷等领域，但多为粗放型利用，且利用率低[26]。

4.1.2　铜渣的化学成分

受炼铜工艺、原料和铜品种的影响，铜渣化学成分波动性较大，主要包括 SiO_2、FeO、Fe_2O_3、CaO、MgO 和 Al_2O_3 等。由表 4-1 可知，铜渣中 SiO_2 和 FeO 含量约占材料总量的 75%以上，Al_2O_3 和 CaO 平均含量约占 10%。SiO_2、Al_2O_3 和 CaO 均为硅铝酸盐型胶凝材料的重要组成，如波特兰水泥、复合水泥、碱激发材料等，这也是铜渣具有火山灰活性的原因之一。除此之外，铜渣还含有大量重金属元素，如 Pb、Cd、Cr、As 等，见表 4-2[27]。重金属浸出会对环境造成极大污染，成为铜渣处置和资源化利用过程中不容忽视的问题。

表 4-1 不同炼铜工艺的铜渣主要化学成分[29] (%)

分类	炼铜工艺	$w(SiO_2)$	$w(FeO)$	$w(Fe_2O_3)$	$w(CaO)$	$w(MgO)$	$w(Al_2O_3)$	$w(S)$	$w(Cu)$
传统工艺	鼓风炉	31~39	33~42	3~10	6~19	0.80~7.00	4~12	0.20~0.45	0.35~2.40
	转炉	16~28	48~65	12~29	1~2	0~2	5~10	1.50~7.00	1.10~2.90
闪速熔炼	闪速熔炼	28~38	38~54	12~15	5~15	1~3	2~12	0.46~0.79	0.17~0.33
熔池熔炼	诺兰达法	22~25	42~52	12~29	1~2	0~2	0.50	5.20~7.90	3.40
	瓦纽科夫法	22~25	48~52	8	1.10~2.40	1.20~1.60	1.20~4.50	0.55~0.65	2.53
	三菱法	30~35	51~58	—	5~8	—	2~6	0.55~0.65	2.14
	艾萨法	31~34	40~45	7.50	2.30	2	0.20	2.80	1
	特尼恩特转炉	26.50	48~55	20	9.30	7	0.80	0.80	4.60

表 4-2 铜渣各类重金属元素含量统计[27] (%)

重金属	样本数量/个	含量平均值	含量范围
CuO	61	0.932	0.160~5.070
MnO	39	0.465	0.030~8.050
Pb	22	0.340	0.034~2.030
TiO_2	28	0.304	0~0.980
Cr_2O_3	13	0.193	0.004~0.730
BaO	6	0.118	0.080~0.230
CoO	7	0.109	0.020~0.210
Mo	2	0.225	0.050~0.400
NiO	7	0.029	0.002~0.060
Cd	3	0.011	0.002~0.030
As	3	0.068	0.004~0.120

4.1.3 铜渣的矿物组成

铜渣是由铜冶炼过程中经造渣除去的各类杂质积聚了硅酸盐和氧化物所形成的多种矿物组成，包括玻璃相（不定形相）、铁橄榄石（Fe_2SiO_4）、磁铁矿（Fe_3O_4）、赤铁矿（Fe_2O_3）、方铁矿（FeO）和石英（SiO_2）等[28]。除了受化学成分的影响外，铜渣的矿物成分主要由冷却工艺决定。铜渣的冷却工艺主要分为空淬和水淬两种形式，空淬铜渣中铁橄榄石含量高达45%~57%，其次为磁铁矿、赤铁矿、方铁矿和石英等；水淬铜渣中矿物成分以玻璃相为主（约75%以上），其次为铁橄榄石、磁铁矿和石英等。除了SiO_2、Al_2O_3和CaO等活性成分外，高含量玻璃相也是影响水淬铜渣火山灰活性的重要因素。

4.1.4 铜渣的火山灰活性

水淬铜渣富含SiO_2和玻璃相成分，属于火山灰材料。水泥水化提供的碱性环境有利于水淬铜渣中的玻璃相分解，释放的活性SiO_2与水泥水化生产的$Ca(OH)_2$发生火山灰反应，最终生成胶凝产物。

研究发现，水淬铜渣、粉煤灰、硅灰的90d固定石灰量分别为60%、75%、89%，掺有30%水淬铜渣的混合水泥28d抗压强度仅为纯水泥强度的70%，360d抗压强度达到纯水泥强度85%，表明水淬铜渣具有一定火山灰活性，但活性低于粉煤灰和硅灰。

4.2 试验材料与方法

4.2.1 试验材料

试验材料主要包括原始水淬铜渣、分析纯、水泥、尾砂、水等，其中原始水淬铜渣和分析纯主要用于水淬铜渣改性试验，水泥、尾砂、水主要用于改性水淬铜渣水泥净浆、充填配比试验。

原始水淬铜渣样品来自某铜冶炼厂，水泥采用标准P.O.32.5型普通硅酸盐水泥，氧化钙、氧化铝等均采用分析纯。

4.2.2 试验方法

4.2.2.1 水淬铜渣机械活化试验

水淬铜渣机械活化试验具体步骤如下：

（1）为了除去样品的粗细颗粒，保证各样品粒径范围统一，采用标准筛对干燥后水淬铜渣样品进行筛分，选取粒径范围0.075~0.60mm之间的颗粒作为待磨样品；

（2）将待磨样品用分样器分为3组，每组取1kg棒磨15min；

（3）采用高性能振动球磨机对棒磨后的每组样品分别粉磨1h、2h和3h，振动球磨机（Humboldt，Germany）振幅10mm，频率1000rmp。

4.2.2.2 水淬铜渣高温活化试验

水淬铜渣高温活化试验具体步骤如下：

（1）准备 3 组原始铜渣和氧化钙分析纯混合样品，其中氧化钙添加比例分别为 0、10% 和 20%（质量分数），样品经棒磨机混合均匀，对应编号分别为 CSC0、CSC10 和 CSC20。

（2）上述 3 组混合样品各称取 500g，分别装入 3 个 300mL 的氧化铝坩埚中，依次将坩埚置于感应炉内，坩埚与感应炉之间采用耐高温材料进行填充。

（3）启动感应炉对坩埚内样品进行加热，在加热过程中采用 Rh/Pt 标准热电偶测温，加热温度通过调节器控制。控制最高温度 1450℃，室温至 600℃ 区间加热速率设定为 100℃/h，600℃ 至最高温度设定为 200℃/h。

（4）样品温度加热至最高温度后保持 30min，利用电动旋转器将氧化铝坩埚内熔渣倒出进行水冷，收集水冷后改性铜渣样品，并放入烘干箱内进行低温烘干处理。

（5）采用棒磨机和振动球磨机对烘干后的改性铜渣样品进行研磨，棒磨时间为 15min，球磨时间为 1h，获得最终改性铜渣样品。

4.2.2.3 物理化学性质测试

A 化学成分

水淬铜渣样品的化学成分采用 X 射线荧光光谱法（XRF）进行测定，其中，亚铁 Fe(Ⅱ) 含量采用 Fe(Ⅱ)-邻菲罗啉络合物氧化还原滴定法进行测定，全铁含量通过三氯化钛还原滴定法进行测定。

B 密度及比表面积

样品密度采用比重瓶法进行测定，比表面积采用 BET 法进行测定。

C 矿物成分

采用 X-射线衍射仪（XRD）对水淬铜渣样品进行矿物学分析。测试过程设定参数：Cu 靶，衍射角度 10°~80°，扫描速度 4°/min，步长 0.026°。采用 HighScore 软件（PANalytical，the Netherlands，version 4.7）对测试结果进行矿物组成分析。

4.2.2.4 玻璃相结构测试

A 傅里叶变换红外光谱（FTIR）

采用傅里叶变换红外光谱仪对水淬铜渣进行高分辨扫描，对其玻璃相分子结构和化学键组成进行分析。分别取粉磨后的三组水淬铜渣 1~2mg 与 KBr 研磨混合，均匀混合后的样品置于模具中在低真空度的条件下压制成透明薄片进行测试。仪器的分辨率优于 $0.5cm^{-1}$，波束进度优于 $0.01cm^{-1}$，测试范围：$400\sim1600cm^{-1}$。

B X 射线光电子能谱（XPS）

采用 XPS 能谱仪对水淬铜渣的化学结构进行表征。试验采用镁/铝阳极靶，工作功率为 400W，能量分析器通能设置为 17.5eV，将 C(1s) 石墨的结合能调整到 285eV 对能谱进行校正。

4.2.2.5 水化热试验

采用TAM Air等温量热仪对胶凝材料的水化放热量和放热速率进行连续测量，设定测试温度25℃，测量时间120h，胶凝材料水灰比为0.5。具体试验方法及步骤如下：

（1）称取2.00g胶凝材料样品装入样品安瓿中，精度±0.01g。

（2）用安瓿配套的注射器吸入1.00mL蒸馏水，精度±0.01mL，并在注射装置底部安装L型搅拌器。

（3）样品称重后将安瓿安装于注射装置上，并密封严实，放入等温量热仪的样品测量室。

（4）待量热仪信号稳定后，将水注射进安瓿中，搅拌10~15s，使水与复合水泥混合均匀，测试复合水泥水化放热速率与累积放热量。

（5）测试结束后，待信号恢复至标准值后，取出样品，导出试验数据。

4.2.2.6 材料配比试验

材料配比试验包括胶凝材料净浆和充填材料配比试验，试验过程如图4-2所示。

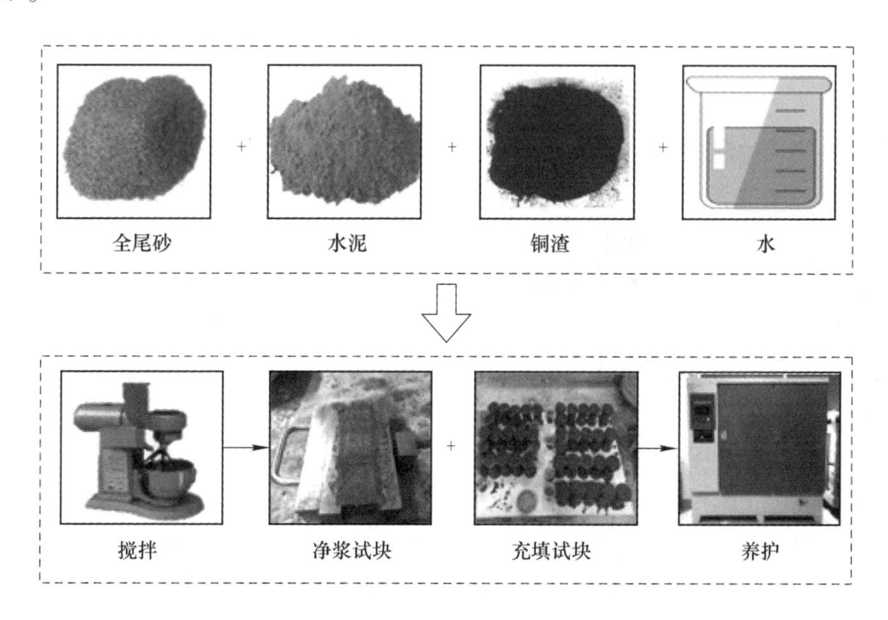

图4-2 材料配比试验过程

A 胶凝材料净浆配比试验

将水泥、铜渣和水按一定比例混合成净浆，搅拌均匀后灌入4cm×4cm×4cm三联模具中，养护24h后进行脱模，将脱模后的标准净浆试块放入养护箱进行养护，设定养护温度（25±2）℃、湿度（95±5）%。

B 全尾砂充填材料配比试验

将全尾砂、胶凝材料和水按一定比例混合成充填料浆，搅拌均匀后灌入直径5cm、高10cm圆柱形模具中，养护24h后进行脱模，将脱模后的标准充填试块放入养护箱进行养护，设定养护温度（25±2）℃、湿度（95±2）%。

4.2.2.7 抗压强度测试

待净浆或充填试块达到养护时间后，采用MTS INSIGTH型压力机测试单轴抗压强度，净浆试块养护时间分别为3d、7d、28d和90d，充填试块的养护时间分别为7d、14d和28d。

4.2.2.8 水化产物微观表征

将抗压强度测试破坏后的净浆或充填试块切割成小块，放入烘干箱进行低温烘干，取一定质量的干燥后样品进行水化产物微观表征。

（1）XRD。将不同养护龄期的净浆或充填样品用研钵研磨成粉末，将粉末压入衍射仪试片中，采用X射线衍射仪对硬化浆体的水化产物的矿物组成进行测试，衍射角度10°~60°。

（2）热重分析。采用热重/差热（TGA/DTA）同步分析仪同时测量加热循环过程中样品的质量和相关热变化。试验包含两个氧化铝坩埚，一个装有氧化铝粉末作为参照组，另一个装有测试样品。升温速度10℃/min，温度范围20~900℃，整个加热循环过程采用氮气保护，流量100mL/min。

（3）红外光谱。采用红外光谱仪对水化后样品进行扫描。实验采用KBr压片法，波数范围4000~400cm^{-1}。

（4）扫描电镜。采用扫描电镜/X射线能谱仪（SEM/EDS）对硬化后净浆或充填试块的产物结构和化学成分进行分析，测试过程加速电压20kV，发射电流1.0nA。

4.2.2.9 充填料浆流动性能测试

A 坍落度和坍落扩散度

坍落度和坍落扩散度是评价充填料浆流动性能的重要指标，一般采用标准坍落度筒测量。标准坍落度筒尺寸为：顶部直径100mm，底径200mm，高300mm，如图4-3所示。水淬铜渣改性工艺复杂，样品数量有限，本次试验采用微型坍落度筒替代标准筒进行试验，其尺寸如图4-3所示。最后，利用沈慧明等人提出的计算模型对微型坍落度筒测试的结果进行标准化换算[30]。

B 屈服应力与塑性黏度

采用德国哈克VT550旋转黏度计对充填料浆的流变参数进行测定，主要包括屈服应力和塑性黏度。试验采用控制剪切速率的方式，选用FL10转子。参数设定为：转速0.5~800r/min，扭矩0.1~30mN·m，黏度范围1~109MPa·s。

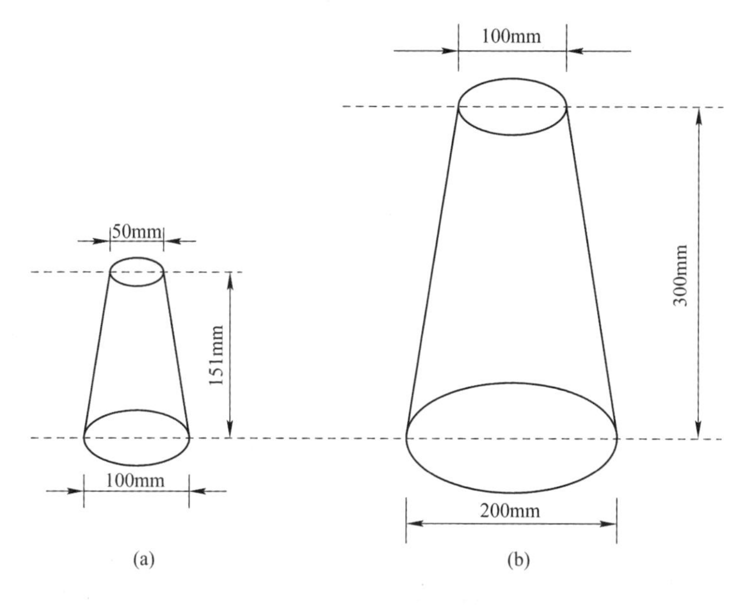

图 4-3 微型坍落筒与标准坍落筒尺寸规格示意图
（a）微型坍落筒；（b）标准坍落筒

4.3 水淬铜渣机械活化作用机理

机械活化是提高火山灰材料反应活性的有效方法之一，在高炉矿渣、粉煤灰、钢渣等高活性工业固废材料资源化利用过程中被广泛使用。机械活化的实质是采用高性能研磨设备对材料进行粉磨，通过改变颗粒细度、玻璃相含量、表面结构等方式激发其潜在活性。本研究采用 4.2.2 节中的试验方法对水淬铜渣进行机械活化，通过分析物理化学性质、火山灰活性等变化规律，探究机械活化提高水淬铜渣火山灰活性的作用机理。

4.3.1 机械活化对水淬铜渣物化性质影响

4.3.1.1 *矿物组成*

采用高性能振动球磨机对水淬铜渣原始样品分别粉磨 1h、2h、3h，不同粉磨时间的水淬铜渣 XRD 图谱如图 4-4 所示。由图 4-4 可知，各图谱上均在 20°～40°衍射角之间出现了一个弥散驼峰，它是硅酸盐类玻璃材料的典型特征，在类似研究中也得到了证实[31,32]。原始铜渣样品的 XRD 图谱显示在 25.0°、31.6°、34.9°、51.3°和 35.8°处出现了明显的衍射峰，表明样品中含有一定量的铁橄榄石（$FeSiO_4$）和磁铁矿（Fe_3O_4）。粉磨时间达到 1h 后，水淬铜渣 XRD 图谱中未出现明显衍射峰，说明机械活化可以减少水淬铜渣中晶体矿物含量，增加玻璃相成分含量。继续增加粉磨时间至 2h、3h，水淬铜渣中矿物成分无明显变化。

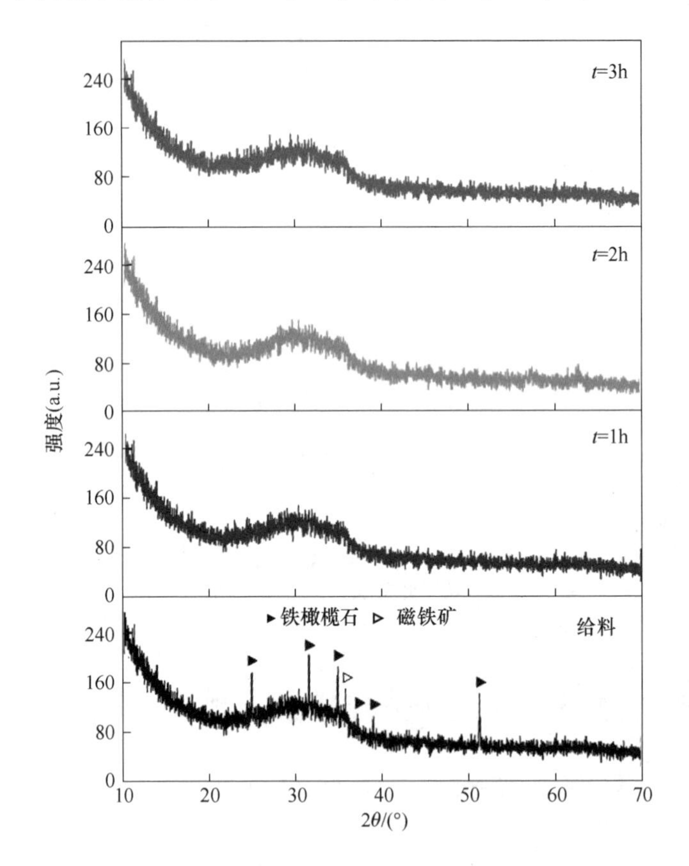

图 4-4 不同粉磨时间条件下水淬铜渣 XRD 图谱

4.3.1.2 粒度分析

改变材料粒径组成是机械活化提高火山灰材料活性的主要作用机理，不同粉磨时间条件下水淬铜渣的粒径分布曲线如图 4-5 所示。随着粉磨时间延长，材料的粒径逐渐减小，分布曲线向右侧偏移。根据粒径特征参数表（见表 4-3）可知，最显著的粒径变化发生在粉磨 1h 以内，原始水淬铜渣中值粒径 d_{50} 由 152.2μm 降至 9.4μm。继续增加粉磨时间，水淬铜渣粒径变化趋势减弱。

机械活化后水淬铜渣特征粒径参数见表 4-3，其中 d_{10}、d_{50}、d_{90} 分别反映细、中、粗颗粒的分布状况。从表 4-3 中可以看出，随着粉磨时间的增加，粗颗粒（d_{90}）相对于中细颗粒（d_{50} 和 d_{90}）的粒径变化更加明显，表明机械粉磨的能量主要用于破碎水淬铜渣的粗颗粒。同时，粉磨 1h、2h、3h 的水淬铜渣比表面积分别为 0.67m^2/g、1.03m^2/g、1.37m^2/g，比其他有关铜渣活性研究采用的材料细度（0.27~0.68m^2/g）有了大幅提升，表明水淬铜渣在粉磨过程中未出现明显的颗粒结团现象，为提高水淬铜渣火山灰活性提供了可能。

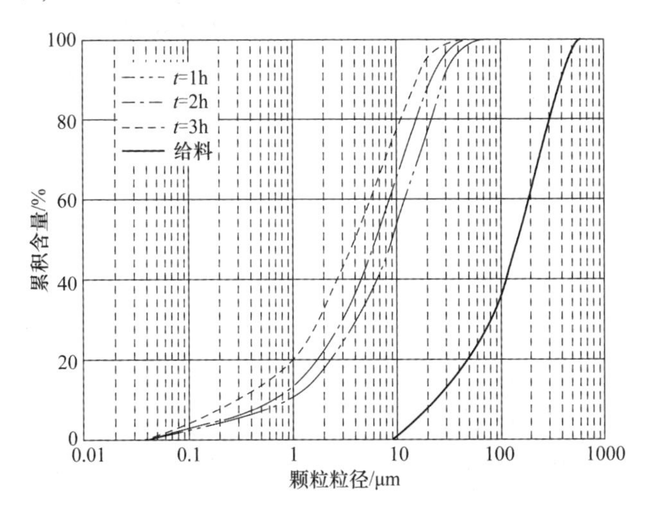

图 4-5 不同粉磨时间的水淬铜渣粒径分布图

表 4-3 不同粉磨时间水淬铜渣特征粒径参数表

粉磨时间	d_{10}/μm	d_{50}/μm	d_{90}/μm	比表面积/$m^2 \cdot g^{-1}$
1h	1.2	9.4	27.2	0.67
2h	1.0	6.6	20.0	1.03
3h	0.7	4.1	14.2	1.37

4.3.1.3 表面结构分析

Tsuyuki 等[33]对高炉矿渣机械活化机理的相关研究表明，颗粒表面结构的变化也是机械活化提高材料活性的重要因素之一。该研究通过 XPS 对不同细度的高炉矿渣颗粒表面化学结构进行了分析，发现颗粒内部玻璃相结构并非均匀分布，分为 SiO_2-Al_2O_3 和 SiO_2-CaO 两种结构单元富集区，机械活化会导致颗粒表面 SiO_2-CaO 型结构单元的富集。高炉矿渣活性颗粒在碱性环境水解过程中，SiO_2-CaO 型结构单元的离子键优先断裂而释放至溶液中，从而提高了材料的反应活性。

根据上述理论，水淬铜渣玻璃相中存在网络改变体富集区，即 Si—O(NBO)—Fe/Ca 的富集区。该富集区的网络改变体和弱离子键形成了弱结构面，在水淬铜渣粉磨颗粒过程中优先发生断裂破坏。如图 4-6 所示，颗粒的选择性破坏使得弱离子键组合 Si—O(NBO)—Fe/Ca 在表面富集，这种表面结构的变化成为机械活化提高水淬铜渣火山灰活性的重要作用机理。

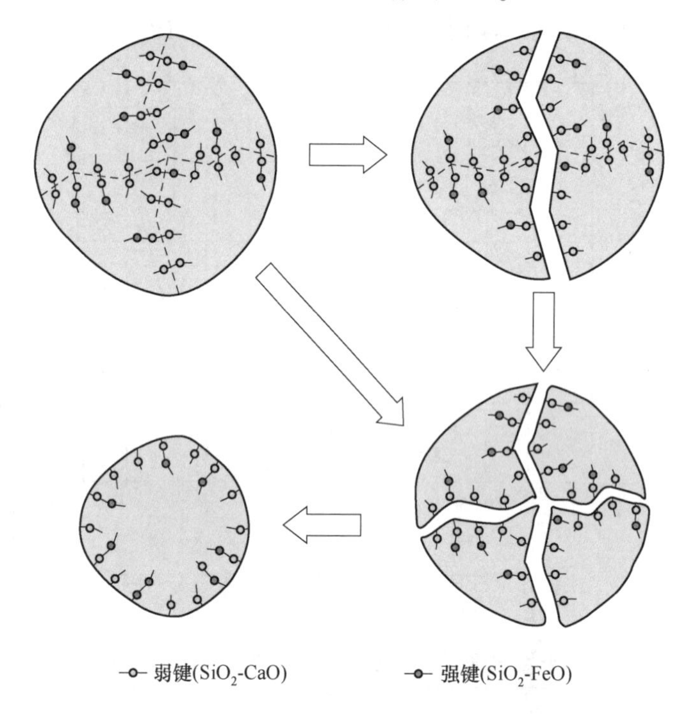

图 4-6 水淬铜渣颗粒粉磨破碎过程机理图

4.3.2 机械活化对复合水泥水化放热过程的影响

为了研究机械活化对水淬铜渣早期活性的影响，采用等温量热仪对复合水泥120h 内的水化放热进行了测量，将机械活化后的水淬铜渣与水泥混合制备成复合水泥样品，复合水泥中水淬铜渣的添加量为 30%（质量分数），将含有粉磨1h、2h 和 3h 水淬铜渣的复合水泥编号为 CS1、CS2 和 CS3，纯水泥 PC 作为对照组。复合水泥样品水化放热速率和累积放热曲线如图 4-7 所示，特征参数见表4-3。

水泥水化放热过程分为五个阶段，即初始阶段（Ⅰ）、诱导阶段（Ⅱ）、加速阶段（Ⅲ）、减速阶段（Ⅳ）和缓慢的持续反应阶段（Ⅴ）。在复合水泥水化过程中，水化水淬铜渣通过稀释、物理和化学效应对不同阶段的放热过程造成影响，复合水泥水化放热速率如图 4-7（a）所示。

（1）初始阶段（Ⅰ）：初始阶段发生在水泥与水混合的最初几分钟内，出现一个强而短暂的放热峰，主要是由于水泥吸水和硅酸三钙（C_3S）快速溶解形成的。对于 C_3S 早期溶解突然速率下降的原因，目前仍存在争议。一种观点认为，溶解速率下降是由于 C_3S 颗粒表面迅速形成了中间态的硅酸盐水合物，作为亚稳

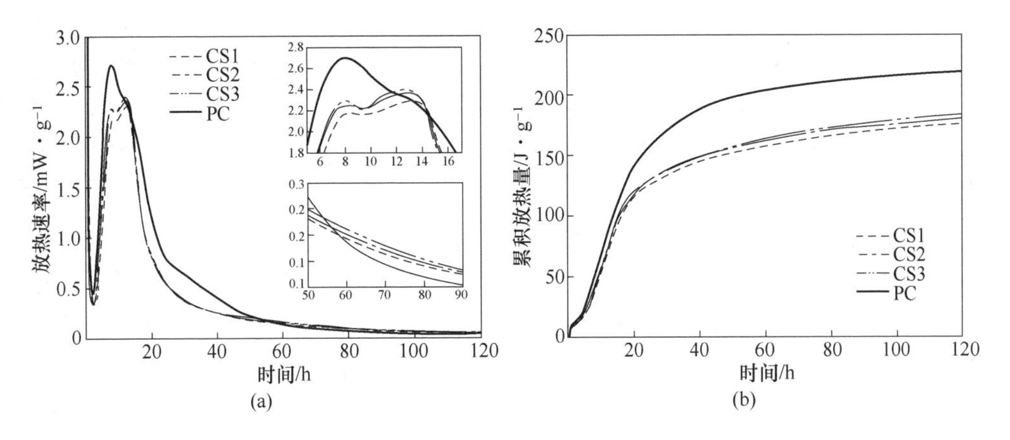

图 4-7 25℃条件下复合水泥的水化热曲线图
（a）放热速率曲线；（b）累积放热曲线

态的保护层，限制颗粒与水的接触；另一种观点则认为，C_3S 溶解会在颗粒与水接触的表面形成羟基化层，从而降低了其表观溶解度，直到稳定状态下形成一致溶解，随着水化产物氢氧化钙（CH）浓度的增加，C_3S 的溶解快速减缓。基于上述原因，在初始阶段，水淬铜渣除了稀释作用外，未对复合水泥的放热速率造成影响。

（2）诱导阶段（Ⅱ）：初始阶段结束后，水化放热随后进入放热速率很低的诱导阶段，C_3S 的缓慢溶解与水化硅酸钙（C-S-H）的初始生长逐渐达到动态平衡状态。如图 4-7（a）所示，PC 水化诱导期结束时间为 2.35h，随着水淬铜渣掺入引起的水泥稀释效应，复合水泥诱导期延长。由于复合水泥净浆中水灰比的增加，孔隙溶液中钙和硅浓度降低，增加溶液达到过饱和状态所需的时间，从而造成诱导期较晚结束。随着水淬铜渣细度的增加，这种延迟现象逐渐减弱，样品 CS3 诱导期结束时间达到 2.46h，这种减弱现象是由于复合水泥中的水淬铜渣物理效应造成的。随着粉磨时间的延长，水淬铜渣细度增加，能够为 C-S-H 的早期沉淀和生长提供了更多的成核点，加速了水化平衡的过程。

（3）加速阶段（Ⅲ）：CS1、CS2、CS3 的第二个放热峰峰值分别为 2.19mW/g、2.26mW/g、2.29mW/g，远小于 PC 的峰值（2.71mW/g），表明水淬铜渣在加速阶段对复合水泥水化放热的影响中稀释效应仍占主导地位。随着水淬铜渣粉磨时间的延长，该峰值略有提高，同样证明了水淬铜渣粒径变小增加了 C-S-H 早期沉淀和生长的成核点数量，从而加速了 C_3S 的水化。

（4）减速阶段（Ⅳ）与缓慢持续反应阶段（Ⅴ）：由于水淬铜渣的化学效应，复合水泥在减速期形成了一个新的放热峰。这种化学效应主要归结于水淬铜渣的火山灰早期反应。在加速阶段，水泥 C_3S 颗粒水化生成的 CH 为水淬铜渣的颗粒溶解提供了高碱性环境，水淬铜渣中的活性成分与 CH 发生火山灰反应生成 C-S-H。随着水淬铜渣细度的增加，复合水泥第三个放热峰的峰值逐渐增加，CS1、CS2 和 CS3 的峰值分别为 2. 30mW/g、2. 38mW/g 和 2. 40mW/g，表明水淬铜渣的火山灰活性随着机械活化的时间而提高。在缓慢持续反应阶段，复合水泥放热速率的变化趋势也证明了这一点。

（5）累积放热量：如图 4-7（b）所示，复合水泥水化的累积放热曲线与 PC 发展极为相似，在 40h 内增加速率很快，随后明显减慢，说明复合水泥早期水化放热主要由水泥主导。由于水泥稀释效应，复合水泥的累积放热量与 PC 相比显著降低，尤其是在 24h 后。随着水淬铜渣粉磨时间的增加，累积放热量在早期只出现轻微提高，随着水淬铜渣化学效应加剧，后期逐渐明显。复合水泥在 120h 内的累积放热量为 175. 8~183. 9J/g，大于 PC 放热量的 70%（153. 3J/g），表明复合水泥累积放热量超过了其中水泥单独水化释放的热量，多余的热量主要是由水淬铜渣的火山灰反应放热所提供。随着机械活化时间的延迟，复合水泥在不同时间的累积放热量均出现增大趋势，也证明了机械活化可以提高火山灰活性的观点。

4. 3. 3 机械活化对复合水泥抗压强度的影响

复合水泥净浆 7d、28d、90d 的单轴抗压强度结果如图 4-8 所示，图中 PC 为纯水泥净浆参照组，CS1、CS2、CS3 分别为含有 30%（质量分数）粉磨 1h、2h、3h 水淬铜渣的复合水泥净浆试验组。由图 4-8 可知，复合水泥的抗压强度在早期出现滞后现象，样品 CS1 表现尤为明显，其 7d 强度（14. 0MPa）仅为 PC 强度

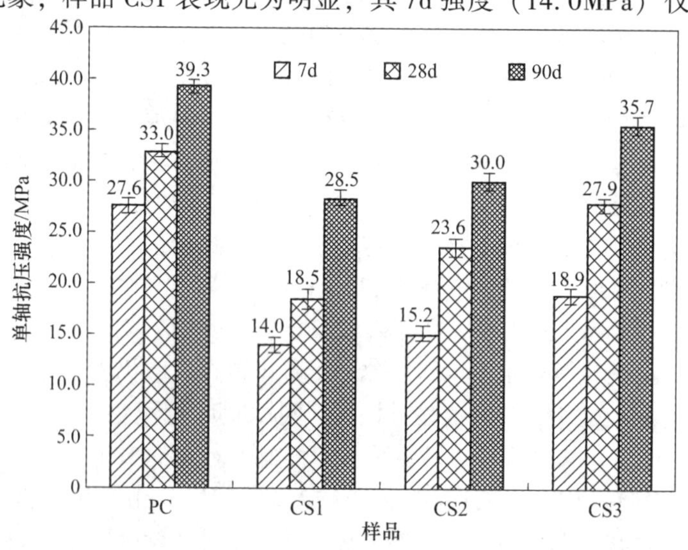

图 4-8 复合水泥 7d、28d、90d 单轴抗压强度结果

（27.6MPa）的50%左右，表明水淬铜渣的掺入会降低水泥早期强度，这种负面影响主要是水淬铜渣的稀释作用引起的。随着养护时间的延长，水淬铜渣的火山灰反应逐渐显现并不断加剧，CS3在28d和90d的抗压强度分别为PC的84.5%和90.8%。上述结果表明，在复合水泥水化早期，水淬铜渣由于火山灰反应较弱，对复合水泥强度贡献较弱，不足以弥补稀释作用对强度的负面效应。随着养护时间的增加，水淬铜渣与水泥水化产生的氢氧化钙发生火山灰反应并不断加剧，逐渐成为影响复合水泥强度的主导因素。

复合水泥强度比和强度发展速率见表4-4，样品CS2和CS3在7~28d的强度发展速率明显高于PC，而样品CS1的强度发展则相对滞后，表明水淬铜渣的火山灰活性随粉磨时间增加而增强。在养护时间为28~90d期间，复合水泥的强度发展速率逐渐降低，在0.10~0.16MPa/d之间，接近PC的强度发展速率0.10MPa/d，表明水淬铜渣的火山灰反应主要发生在7~28d，是该阶段复合水泥强度发展速率高于PC的主要原因。

表4-4 复合水泥强度比和强度发展速率特征参数表

样品	强度比/%			强度发展速率/$MPa \cdot d^{-1}$	
	7d	28d	90d	7~28d	28~90d
PC	100	100	100	0.26	0.10
CS1	50.70	56.10	72.50	0.21	0.16
CS2	55.10	71.50	76.30	0.40	0.10
CS3	68.50	84.50	90.80	0.43	0.13

另外，水淬铜渣的粉磨时间直接影响复合水泥的强度发展。随着水淬铜渣机械活化时间的增加，复合水泥在不同养护龄期的抗压强度均有不同程度的提高，复合水泥样品CS1、CS2、CS3的28d抗压强度分别为18.5MPa、23.6MPa、27.9MPa，表明机械活化可以有效提高水淬铜渣的火山灰活性，活化效果随时间的增加而增强。本研究中粉磨时间最长的水淬铜渣样品细度为1.37m^2/g，粉磨时间为3h。样品CS3的7d、28d和90d的抗压强度分别高于CS1约35%、50%和25%，90d后的抗压强度达到最大值35.7MPa，接近PC的90d抗压强度值39.3MPa。

4.3.4 机械活化对复合水泥水化产物的影响

4.3.4.1 热重分析

PC和复合水泥水化28d的DTG/TGA分析结果如图4-9所示，四组样品的

DTG 曲线主要包含三个吸热峰，主要代表水化产物在不同温度的分解。第一个吸热峰出现在 50~200℃之间，主要是由 C-S-H 和钙矾石（AFt）分解引起的[34]。第二个吸热峰出现在 400~500℃，对应氢氧化钙（CH）的分解[35]。最后一个吸热峰出现在 670℃附近，代表 $CaCO_3$ 的脱碳过程[36]。

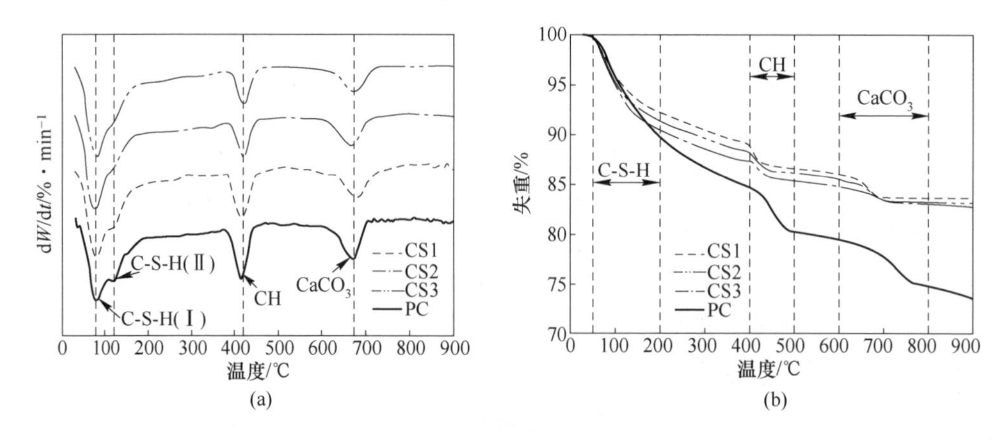

图 4-9 PC 和复合水泥 28d 龄期的 DTG/TGA 曲线图
（a）DTG 曲线；（b）TGA 曲线

从图 4-9（a）可以发现，第一个放热峰由强弱两个放热信号组成。根据文献研究，C-S-H 存在两种类型，即 C-S-H（Ⅰ）和 C-S-H（Ⅱ）[37]。图 4-9 中 80℃附近的吸热峰对应 C-S-H（Ⅰ）的分解，放热信号随着水淬铜渣粉磨时间的增加而变强。120℃附近的吸热峰对应 C-S-H（Ⅱ）和 AFt 的分解，放热信号随着粉磨时间增加而减弱。这与 Taylor 提出的模型相吻合，他认为 C_3S 在常温水化过程中形成的 C-S-H 胶凝相由 tobermortes 型和 jennite 型结构组成，即 C-S-H（Ⅰ）和 C-S-H（Ⅱ）[38]。由于机械活化使水淬铜渣活性提高，复合水泥中火山灰反应消耗的 CH 量增加，水化产物中 Ca/Si 降低，抑制了 C-S-H（Ⅰ）向 C-S-H（Ⅱ）的转化，从而导致了 C-S-H（Ⅱ）的减少。值得注意的是，DTG 曲线中 50~200℃之间未发现明显的水化硫铝酸钙（AFm）分解信号，在有关石灰石水泥和高炉渣水泥的研究中也出现了类似的结果[36]。

根据 DTG 确定的温度范围和对应的 TGA 质量损失，可以定量分析复合水泥系统中各水化产物的含量。50~200℃范围热重损失对应 C-S-H 的分解过程中的层间水量，可以反映样品中 C-S-H 的含量。由图 4-9（b）可以看出，由于水泥的稀释，复合水泥 C-S-H 的含量低于 PC。随着水淬铜渣粉磨时间的增加，对应复合水泥中 C-S-H 含量随之增加，表明由于水淬铜渣活性增加产生了更多的 C-S-H 凝胶，这也是强度增长的根本原因。水淬铜渣最大细度为 1.37m^2/g，对应的复合水泥在 50~200℃范围的热重损失为 9.27%，接近 PC 在该范围的损失量

10.11%，与强度测试结果中样品 CS3 和 PC 的强度比基本一致。热重损失的另外两个范围分别为 400~500℃和 600~800℃，分别对应 CH 的脱水过程和 $CaCO_3$ 的脱二氧化碳过程。复合水泥和 PC 中 CH 的差异代表了火山灰反应的程度，CH 包括碳化和未碳化两部分。

在龄期一定的情况下，通过计算 PC 和复合水泥中 CH 的产生量和消耗量，可以深入地了解水淬铜渣火山灰反应的演化过程。石灰固定量是反应火山灰材料中活性成分发生水化反应消耗石灰的速率。因此，根据热重分析计算得到的 CH 含量，利用式（4-1）对混合水泥中固定石灰的比例进行计算。

$$\text{石灰固定量}(\%) = [(CH_c \times C\%) - CHp]/(CH_c \times C\%) \quad (4-1)$$

式中 CH_c——28d 时 PC 净浆中 CH 含量；

CHp——同龄期复合水泥净浆中 CH 含量；

$C\%$——复合水泥中 PC 的比例，为 0.7。

通过计算发现，样品 CS1、CS2 和 CS3 的固定石灰量分别为 15.2%、17.3% 及 21.2%。固定石灰量最小的样品对应粉磨 1h 水淬铜渣的复合水泥，表明水淬铜渣样品的火山灰活性最低，随着粉磨时间延长，水淬铜渣火山灰活性增强，对应复合水泥固定石灰量也相应增加。同时，复合水泥固定石灰量的变化与 C-S-H 含量的变化一致，证实了高活性水淬铜渣在火山灰反应过程中能够消耗更多的 CH，并生成更多的 C-S-H 胶凝相。值得注意的是，复合水泥 28d 固定石灰量随水淬铜渣粉磨时间的增长率低于强度的增长率。这种差异可能是由于水淬铜渣填充作用的干扰，水淬铜渣的填充效应可以在不发生任何化学反应的情况下提高水泥强度。细颗粒可以填充水化物的孔隙，使铜渣、水泥颗粒与水化产物间形成的系统更加致密，从而能够在一定程度上提高复合水泥的抗压强度。

4.3.4.2 FTIR 光谱分析

图 4-10 为复合水泥 28d 龄期 FTIR 光谱，三组样品光谱曲线的相似性表明复合水泥中具有相似的水化产物。在 $3620cm^{-1}$ 附近出现一个较弱的吸收峰，由水泥水化反应形成的 CH 中的 OH 基团弯曲振动引起[39]。随着水淬铜渣粉磨时间的增加，复合水泥样品吸收峰的强度略有降低，这是由于水淬铜渣活性提高加剧了火山灰反应过程中 CH 的消耗。三组样品在位于 $3440cm^{-1}$ 和 $1640cm^{-1}$ 附近均出现较强的信号，分别是由于束缚水中 OH 基团的不对称伸缩振动和弯曲振动造成的[40]。波数在 $1420cm^{-1}$ 和 $870cm^{-1}$ 附近的吸收峰对应富存于 $CaCO_3$ 的 CO_3^{2-} 基团中 C—O 键不对称拉伸振动[41]。$CaCO_3$ 由 CH 碳化形成，随着水淬铜渣粉磨时间增加，对应复合水泥中 CH 含量逐渐减少，其碳化的程度也随之降低。FTIR 光谱中 CH 和 $CaCO_3$ 随机械活化时间的变化与 DTG 曲线中观察到的变化一致。$1100cm^{-1}$ 附近的吸收峰主要由 AFt 中 SO_4^{2-} 基团的 S—O 键不对称伸缩振动引起的，AFt 是由水泥水化过程中铝酸钙与石膏反应形成。

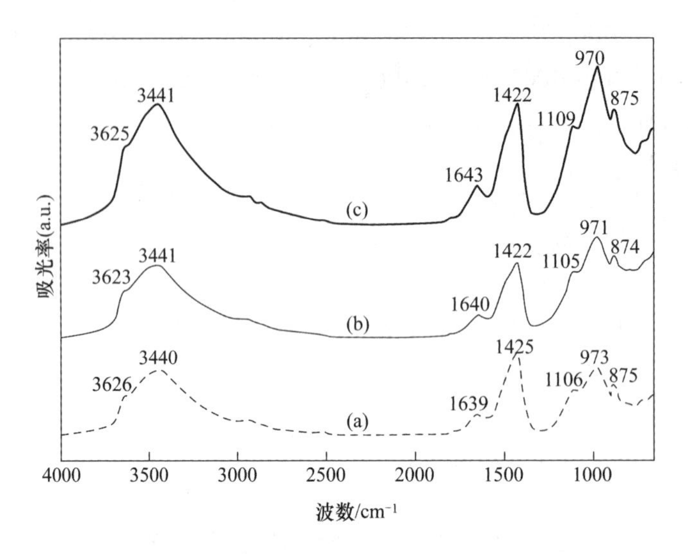

图 4-10 复合水泥 28d 龄期的 FTIR 光谱图

（a）CS1；（b）CS2；（c）CS3

波数 970cm^{-1}左右的吸收峰对应 C-S-H 凝胶中 SiO_4 四面体的 Si—O 拉伸振动[42]。C-S-H 凝胶并非全部由硅酸盐水泥水化反应生成，部分来源于水淬铜渣与 CH 火山灰反应。对于粉磨时间长的水淬铜渣，复合水泥 C-S-H 对应的吸收峰强度更大，CH 对应的吸收峰强度减小。另外，该吸收峰随水淬铜渣粉磨时间的增加向较低波数偏移，样品 CS1、CS2 和 CS3 对应的波数分别为 973cm^{-1}、971cm^{-1}和 970cm^{-1}，这种偏移可能与不同类型 C-S-H 含量变化及 Ca/Si 比有关。

4.4 水淬铜渣高温活化作用机理

4.4.1 高温活化对水淬铜渣物化性质影响

4.4.1.1 化学成分

高温活化水淬铜渣物理化学性质测试结果见表 4-5，由表可知，FeO 和 SiO_2 是水淬铜渣中主要组分，在三组样品中的含量均超过 60%。根据矿物学分析结果，三组水淬铜渣样品均为非晶态材料，其玻璃相可视为由硅酸盐四面体组成的聚合网络，SiO_2 可视为活性组分。三组样品中 SiO_2 含量均为 32%以上，随着 CaO 含量的增加，水淬铜渣中各组分的含量均略有减小，只有 Al_2O_3 的含量有所波动，这可能是氧化铝坩埚在长时间高温状态下受到不同程度的侵蚀所造成的。

表 4-5 水淬铜渣物理化学性质测试结果表 (%)

样品	FeO	SiO_2	CaO	Fe_2O_3	Al_2O_3	MgO	Zn	Cu	Cr	BET/$m^2 \cdot g^{-1}$	密度/$g \cdot cm^{-3}$
CSC0	35.9	33.4	4.0	7.1	3.5	1.4	1.1	0.7	0.3	0.67	3.6
CSC10	32.2	33.3	12.3	6.4	4.6	1.1	1.0	0.7	0.3	0.69	3.6
CSC20	31.3	32.3	19.5	6.2	3.9	0.9	0.9	0.6	0.3	0.73	3.5

众所周知，胶凝材料可分为水泥、潜在水硬性材料和火山灰材料，典型的代表分别为波特兰水泥、高炉矿渣和粉煤灰。SiO_2、CaO 和 Al_2O_3 是这些材料参与水化反应的有效成分。因此，CaO-SiO_2-Al_2O_3 体系通常用于评价火山灰材料作为辅助胶凝材料时的适用性。CaO-SiO_2-Al_2O_3 体系中水淬铜渣样品的化学组成如图 4-11 所示，原始铜渣（CSC0）位于三元相图顶部位置，靠近 F 级（低钙）粉煤灰，SiO_2 含量远高于其他两种组分。随着 CaO 含量的增加，水淬铜渣的化学组成向靠近 C 级（高钙）粉煤灰的区域移动。Antiohos 等人通过试验研究比较了两种类型粉煤灰的性能，发现 C 级粉煤灰由于 CaO 含量高而表现出更高火山灰活性[43]。水淬铜渣与粉煤灰均属于玻璃材料，并富含活性 SiO_2。通过类比法推断，增加 CaO 含量能够提高水淬铜渣的火山灰活性。但水淬铜渣不同于粉煤灰的最大特点是高含量的 FeO，因此研究其对水淬铜渣火山灰活性的影响机理具有重要意义。

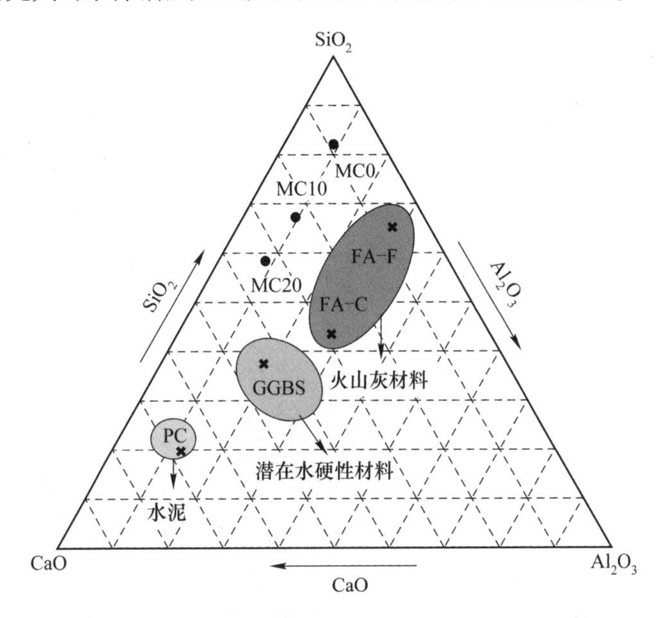

图 4-11 CaO-SiO_2-Al_2O_3 三元相图（质量分数,%）

GGBS—高炉矿渣；FA-C—C 级粉煤灰；FA-F—F 级粉煤灰

除了主要的氧化物成分外，水淬铜渣中含有多种微量重金属元素，如 Cu、

Zn、Cr、Sb 和 Pb 等。CaO 的添加可能会改变铜渣的玻璃相结构，增加重金属浸出的风险，必须在水淬铜渣应用过程中予以考虑。

4.4.1.2 物理性质

由表 4-5 可以发现，采用同样的粉磨工艺和时间，随着氧化钙含量的增加，水淬铜渣比表面积从 0.67m^2/g 增加至 0.73m^2/g，这种波动可能是由于 CaO 的掺入引起了水淬铜渣的易磨性和结构的变化所造成的，可以根据 4.3.1 节中水淬铜渣颗粒破碎过程机理进行解释，即 CaO 的掺入使得水淬铜渣中网络改变体数量与 SiO_2-CaO 结构单元富集区范围增加，导致材料的耐磨性与聚合度降低。

4.4.1.3 矿物组成

高温活化前后水淬铜渣的 XRD 图谱如图 4-12 所示，图中三组样品均在 20°~40°衍射角之间出现了一个弥散驼峰，是硅酸盐玻璃材料的典型特征，在类似材料的研究中也得到了证实[31]。

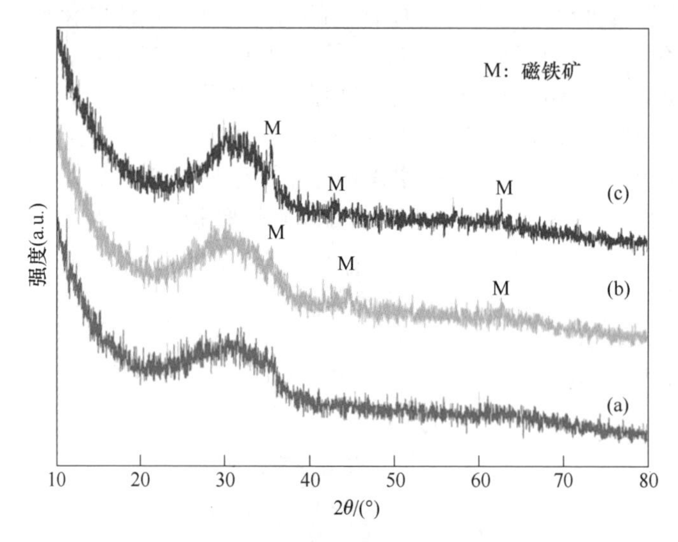

图 4-12 水淬铜渣 XRD 图谱

（a）CSC0；（b）CSC10；（c）CSC20

在样品 CSC0 的图谱中未发现明显的结晶相衍射峰，说明在水淬急冷条件下原始水淬铜渣具有极高的玻璃化程度。随着 CaO 含量的增加，水淬铜渣 XRD 图谱在 $2\theta=35°$、43°和 62°位置出现了微弱的衍射峰。通过 HighScore 软件分析，确定衍射峰代表的矿物相为磁铁矿（Fe_3O_4）。这与 Kongoli 等学者的研究结论相吻合，即添加 CaO 会促进尖晶石（Fe_3O_4）在铁硅酸盐系液态渣中沉淀[44]。

另外，在三组样品的 XRD 图谱中均未发现包含 CaO 的结晶相衍射峰，说明 CaO 与铜渣玻璃相具有良好的相容性。综上所述，改性水淬铜渣基本不含结晶相成分，可以作为玻璃相材料进行分析。

4.4.2 高温活化对水淬铜渣玻璃相结构的影响

4.4.2.1 FTIR 光谱分析

根据矿物学分析结果，水淬铜渣主要由玻璃相组成，在 XRD 图谱中找不到明显的特征峰，更加无法获取玻璃相的内部结构信息，因此采用 FTIR 光谱对水淬铜渣高温活化前后的玻璃相结构特性变化规律进行分析。

水淬铜渣在 400~1600cm^{-1}波数范围内的红外光谱如图 4-13 所示，作为硅酸盐玻璃相结构的普遍特征，三组样品的光谱主要由 2 个振动吸收带组成。第一个吸收带位于 400~640cm^{-1}波数范围内，可以归结于［SiO_4］四面体中 Si—O 键的弯曲振动峰和［FeO_4］四面体中 Fe—O 键的振动峰的叠加，表明 Si 和 Fe（Ⅱ）同时以网络改变体的形式存在于水淬铜渣玻璃相结构中[45]。随着水淬铜渣中 CaO 含量的变化，该吸收带的位置与峰值无明显变化；第二个吸收带在 700~130cm^{-1}波数范围内，由两个波段组成。第一个波段包括 1100cm^{-1}和 1230cm^{-1}两个吸收峰，归属 Si—O—Si 键的不对称拉伸振动[46]。另一个强度较弱的波段位于 700~1000cm^{-1}波数范围，主要是由［SiO_4］四面体中带有不同数量 NBO 的 Si—O 键拉伸振动形成的叠加信号导致；此外，700cm^{-1}波数附近的吸收峰是由［AlO_4］四面体中 Al—O 键的拉伸振动引起的[47]。Si—O—Si 键的对称拉伸振动在三组样品的红外光谱中均未发现，可能是由于水淬急冷造成了材料内部畸变程度较高的原因。

如图 4-13 所示，CaO 改性水淬铜渣玻璃相结构的影响在红外光谱上主要反映在 700~1300cm^{-1}波数范围内。随着 CaO 含量的增加，位于 1100cm^{-1}的吸收峰逐渐减小，在 CaO 添加量达到 20%时消失。700~1000cm^{-1}吸收带的形状发生了明显变化，并在 840cm^{-1}发现了新的吸收峰信号。根据水淬铜渣的化学成分可以判断，700~1000cm^{-1}之间的吸收带主要是由两个吸收峰信号叠加而成，第一个吸收峰位于 890~975cm^{-1}之间，由 Q^3 结构单元（［SiO_4］四面体中带有一个非桥氧的结构单元）中 Si—O—NBO 键拉伸振动所形成的；另一个吸收峰位于 840cm^{-1}附近，是由 Q^2 结构单元（［SiO_4］四面体中带有两个非桥氧的结构单元）中 Si—O—2NBO 键拉伸振动所形成的。因此，可以对添加 CaO 对水淬铜渣玻璃相结构的影响进行初步判断，即随着 CaO 含量的增加，共价键 Si—O—Si 发生断裂形成了更多 Si—O—NBO 键和 Si—O—2NBO 键，玻璃相网络的连续性遭到破坏，这种转化导致了 Q^n 结构单元的相对比例的变化（其中 Q^n 表示拥有 n 个桥氧（BO）原子的［SiO_4］四面体的结构单元），该各结构单元的比例可通过高斯函数对 700~1300cm^{-1}吸收带进行分峰拟合确定[48]。

各水淬铜渣样品的分峰拟合结果如图 4-14 所示，每个单独的吸收峰可以通过两个参数进行表征：吸收峰中心波数 C 和相对面积 A，这两个参数分别代表了振动类型和结构单元相对浓度，各样品的特征参数及对应的振动类型见表 4-6。

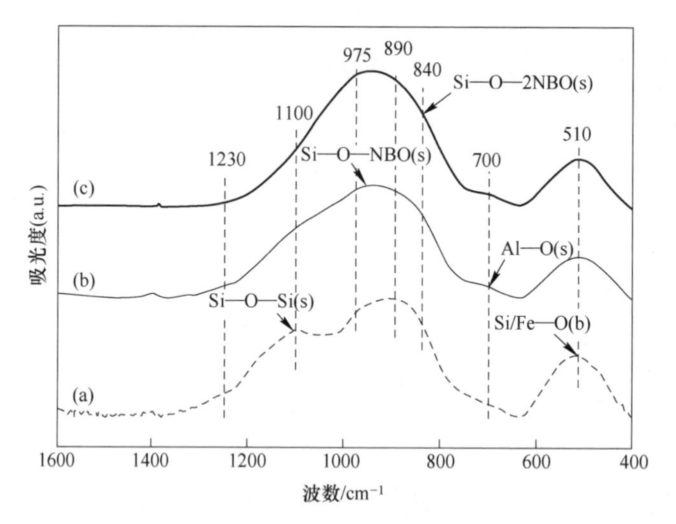

图 4-13 不同氧化钙含量水淬铜渣 FTIR 光谱

（a）CSC0；（b）CSC10；（c）CSC20

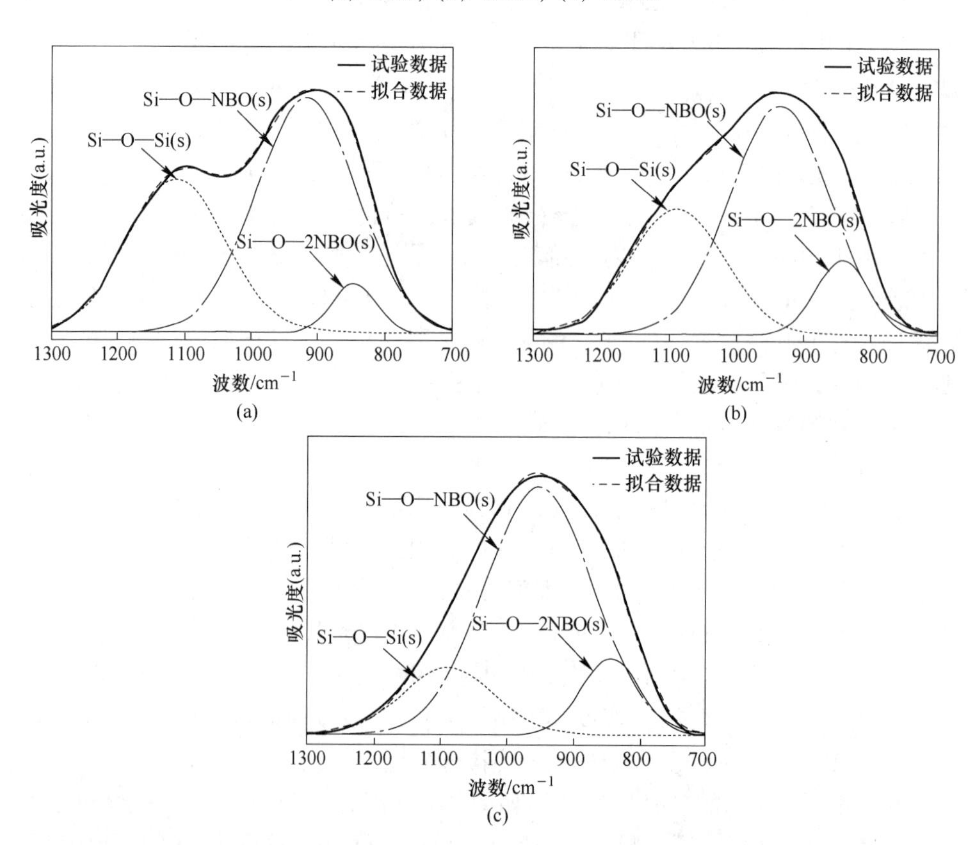

图 4-14 FTIR 光谱 700~1300 cm^{-1}波数范围去卷积曲线

（a）CSC0；（b）CSC10；（c）CSC20

表 4-6 700~130cm^{-1}红外光谱的去卷积特征参数表

CSC0		CSC10		CSC20		官能团类型
C	*A*	*C*	*A*	*C*	*A*	
1111.81	36.90	1088.86	30.87	1086.22	16.56	Si—O—Si 不对称伸缩
917.21	57.90	936.83	58.82	950.59	71.34	Q^3 结构单元中 Si—O—NBO 不对称伸缩
846.25	5.20	842.99	10.30	843.18	12.10	Q^2 结构单元中 Si—O—2NBO 不对称伸缩

注：*C* 为吸收峰中心位置（cm^{-1}），*A* 为 Q^n 结构单元的相对面积（%）。

由图 4-14 可知，700~1300cm^{-1}范围内主要包含三个吸收峰，分布范围为 1086~1111cm^{-1}、917~951cm^{-1}和 843~846cm^{-1}。第一个吸收峰位于 1100cm^{-1}附近，可归属于 Si—O—Si 键的拉伸振动。随着水淬铜渣中 CaO 含量的增加，该吸收峰的中心位置向波数小的方向偏移，相对面积逐渐变小。这种现象主要是由于硅酸盐网络 Si—O—Si 键断裂和非桥氧（NBO）数量的增加引起的；第二个吸收峰位于 917~951cm^{-1}，代表 Q^3 单元中的 Si—O—NBO 键的拉伸振动[49]。由表 4-6 可知，该吸收峰在 700~1300cm^1 范围内占比 57.90%~71.34%，是该叠加峰的主要贡献源，不同样品对应的吸收峰位置的波动主要是由于结构单元组成的变化引起的。在水淬铜渣中添加 CaO 后，玻璃相中网络改变体的数量增加，Q^3 结构单元的比例呈现与 Si—O—Si 键数量变化相反的趋势。在水淬铜渣玻璃相结构中，[SiO_4] 四面体内的共价键 Si—O—Si 随着网络改变体（Ca^+）的加入而发生断裂，形成非桥氧（NBO）。这些非桥氧（NBO）能够将负电荷提供给碱金属阳离子（Ca^{2+}）形成弱离子键（Si—O—Ca—O—Si）。这些离子键是硅酸盐玻璃网络中最薄弱的环节，在溶解过程中优先将作为网络改变体阳离子释放到溶液中；第三个吸收峰位于843~846cm^{-1}，归属于 Q^2 结构单元中的 Si—O—2NBO 键。已经证实，Si—O—2NBO 在玻璃表面溶解过程中通过形成 Si—OH 基团控制其溶解速率。由表 4-6 可知，相对面积 *A* 随着水淬铜渣中 CaO 含量增加而增加，即 Si—O—2NBO 所占比例增加，表明更多的结构单元 Q^3 向 Q^2 的转化，因此有利于玻璃溶解过程中吸附水的结合形成 Si—OH 基团，加速玻璃相的溶解。

4.4.2.2 XPS 分析

不同高温活化条件下水淬铜渣样品的 XPS 全谱如图 4-15 所示，图中 O 1s、Si 2p 和 Fe 2p 表现出较大峰值，与样品的化学成分测试结果一致。随着水淬铜渣中 CaO 含量的增加，Ca 2p 峰值强度随之增大，表明高温活化过程使添加的 CaO 融合于水淬铜渣结构中。由于烃类污染，XPS 能谱中所有的结合能（BE）都被校准到 285.0eV 的 C 1s 峰的基准上。根据 FTIR 光谱分析结果，CaO 通过解聚水淬铜渣的硅酸盐玻璃网络影响其整体和局部结构特性，但作为其结构主要成分的二价铁（Fe^{2+}）在结构中的作用以及非桥氧（NBO）的占比无法得到准确的判断和量化。为了进一步深入了解 CaO 对水淬铜渣玻璃相结构的作用机理，有必要对 O 1s、Si 2p 和 Fe 2p 的化学结合能进行针对性研究。

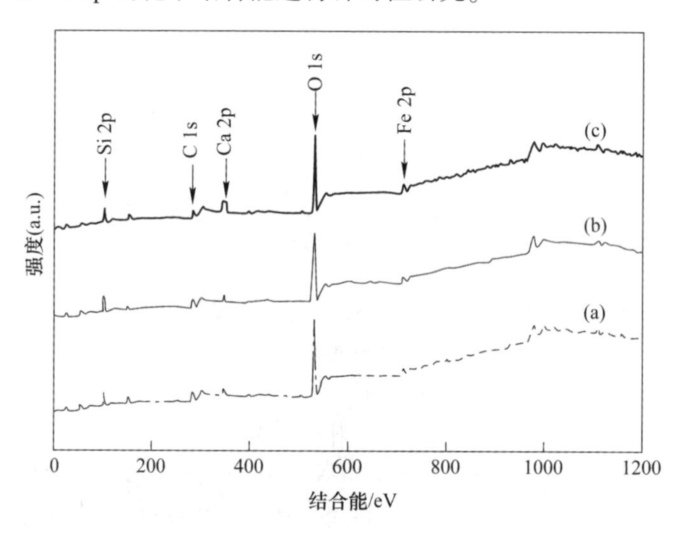

图 4-15 高温活化水淬铜渣的 XPS 全谱图

（a）CSC0；（b）CSC10；（c）CSC20

A O 1s 能谱

图 4-16 为水淬铜渣样品的 O 1s 能谱图，在每个样品的能谱中可以观察到由三个峰组成的叠加峰，这是由于结构中 O 原子所处的化学环境不同造成的。本次研究采用高斯-洛伦兹函数对三组样品的 O 1s 能谱进行分峰拟合，特征参数见表 4-7。

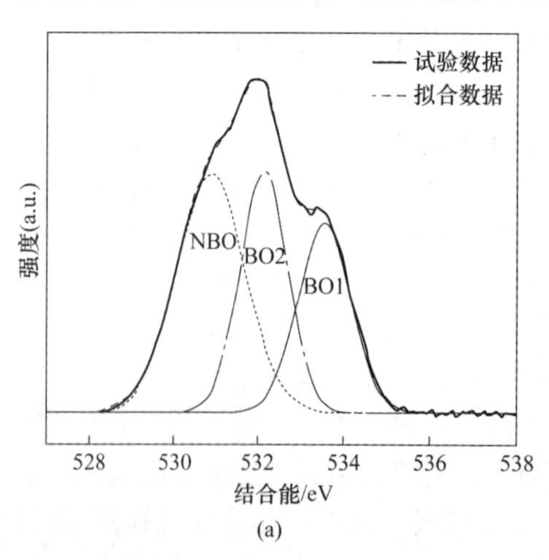

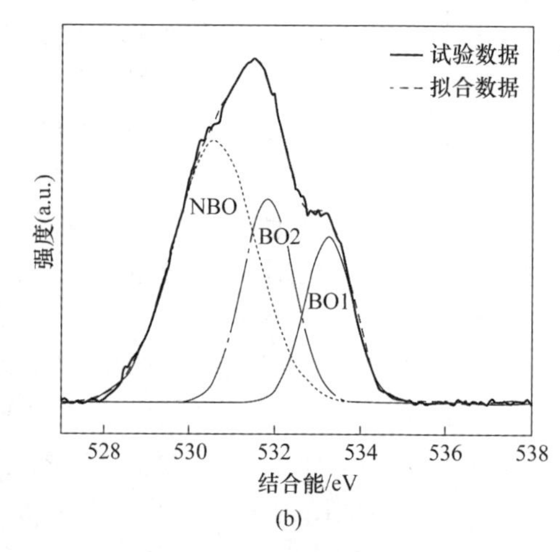

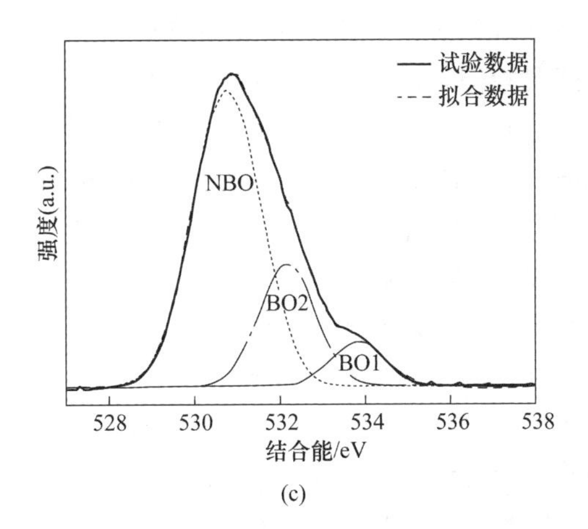

图 4-16 不同 CaO 含量的水淬铜渣 O 1s 能谱分峰曲线
(a) CSC0; (b) CSC10; (c) CSC20

表 4-7 O 1s 能谱去卷积特征参数表

样 品	O 1s			类型	NBO/TO
	结合能/eV	半峰宽/eV	分数/%		
CSC0	530.87	1.91	43.30	NBO	0.43
	532.13	1.32	30.40	BO1	
	533.55	1.46	26.30	BO2	
CSC10	530.57	2.28	54.19	NBO	0.54
	531.83	1.41	26.03	BO1	
	533.25	1.31	19.77	BO2	
CSC20	530.76	1.86	68.03	NBO	0.68
	532.18	1.58	23.79	BO1	
	533.81	1.49	8.18	BO2	

注：结合能相对误差为 0.1eV。

一般地，硅酸盐玻璃相的 O 1s 能谱由两种类型化学键的结合能峰组成，即 Si—O(BO)—Si 键和 Si—O(NBO)—Me，Me 代表作为网络改变体的碱金属离子如 Na^+、K^+、Ca^{2+}等。在水淬铜渣中存在一定量的 Fe^{3+}和 Al^{3+}等离子，这些离子在玻璃相结构中可以作为网络形成体存在，并且 Si—O(BO)—Fe^{3+}/Al^{3+}键的化学结合能低于 Si—O(BO)—Si 键，高于 Si—O(NBO)—Me 键，这类化学键的存在使得O 1s 能谱由三个峰组成。对于 Fe^{2+} 在玻璃相结构中的存在形式仍然存在争议，多数研究将其视为网络改变体，在玻璃相中以八面体的形式存在。但文献研究发现，大量 Fe^{2+} 在 $FeO\text{-}SiO_2$ 玻璃相中以网络形成体的形式存在[50]。因此，这里暂认为 Fe^{2+} 以两种形式存在于水淬铜渣的玻璃相结构中，Si—O(NBO)—Fe 对 O 1s 能谱的贡献归属于 Si—O(NBO)—Me，另一部分 Fe^{2+} 则认为类似于 Fe^{3+} 和 Al^{3+} 以四面体配位的形式存在。但是，由于氧原子在 Fe^{2+}、Fe^{3+} 和 Al^{3+} 的四面体结构中结合能相差较小，难以将 Si—O(BO)—Fe^{2+}/Fe^{3+} 和 Si—O(BO)—Al 在 O 1s 能谱中分解。同时，化学成分测试结果显示 Fe^{3+} 和 Al^{3+} 在水淬铜渣中含量非常小，故在接下来的讨论中，这三种化学键统一按 Si—O(BO)—Fe 的形式进行分析。由于氧原子周围的电子密度不同，Si—O(BO)—Fe 化学结合能低于 Si—O(BO)—Si，但高于 Si—O(NBO)—Me。另外，碱金属离子 Ca^{2+}、Fe^{2+} 等与硅氧键形成 Si—O(NBO)—Me 键化学结合能相差很小，难以采用去卷积的形式进行分解，本次研究对其进行统一考虑。因此，水淬铜渣玻璃相的 O 1s 能谱重叠带可以分解为 Si—O(BO)—Si、Si—O(BO)—Fe 和 Si—O(NBO)—Me，对应的氧原子类型分别为 BO1、BO2 和 NBO。

由表 4-7 可知，样品 CSC0 对应 BO2、BO1 和 NBO 的结合能分别为 533.55eV，532.13eV 和 530.87eV，BO2 与 BO1 的面积比为 0.70，远高于样品成分中 Al、Fe 含量的总和与 Si 含量的比值（摩尔分数比 0.28），表明大量的 Fe^{2+} 作为网络的形成体存在于水淬铜渣的玻璃相结构中，参与形成 O 1s 能谱中 BO2 能量峰，也验证了氧原子类型分类的正确性。在样品 CSC0 中，NBO（非桥氧）占氧原子总量的比例较低（NBO/T = 0.43），表明原始铜渣样品具有较高的网络聚合度，证实了 Cooney 等人的研究结果，即玻璃相材料（如高炉矿渣和粉煤灰）的水化活性与网络聚合度密切相关[51]。因此，原始水淬铜渣低活性的原因得到了合理的解释，即大量 Fe^{2+} 以网络形成体的形式存在于水淬铜渣玻璃相中，导致其结构具有较高的网络聚合度。

从图 4-16 中可以看出，水淬铜渣玻璃相中 NBO 比例随着 CaO 含量的增加而增加，对应 BO1 和 BO2 在能谱中的占比随之减小。这证实了玻璃相中 Ca^{2+} 的增加促进了共价键的断裂，并形成了非桥氧（NBO），而 Si—O(NBO)—Ca 键中的非桥氧（NBO）是 NBO 比例增加的主要来源。此外，与 BO2 相比，BO1 的相对比例随着 CaO 添加下降速度更快，说明 BO 键的断裂主要发生在 Si—O(BO)—Si 键中。当水淬铜渣中 CaO 的添加量增加到 20%时，NBO/T 达到最大值（0.68），表明样品 CSC20 的玻璃相网络聚合度最低。

B Si 2p 能谱

图 4-17 为不同高温活化条件下水淬铜渣 Si 2p 能谱曲线图，由图可以看出，随着水淬铜渣中 CaO 含量的增加，Si 2p 结合能逐渐减小。样品 CSC0 的 Si 2p 结

合能为 101.85eV，当 CaO 添加量达到 20%时结合能降至 101.45eV，最大位移为 0.40eV，这种偏移是由于 Si 原子周围的电子密度增加屏蔽了它们的核电子。[SiO_4] 四面体中 Si 原子的电子密度主要受相邻氧原子成键类型的影响，Ca（或 Fe）提供给 NBO 的电子（离子）会使 O 原子减弱对 Si 原子的吸引，造成了 Si 原子周围电子密度大于与之成键的桥氧（BO）的电子密度。

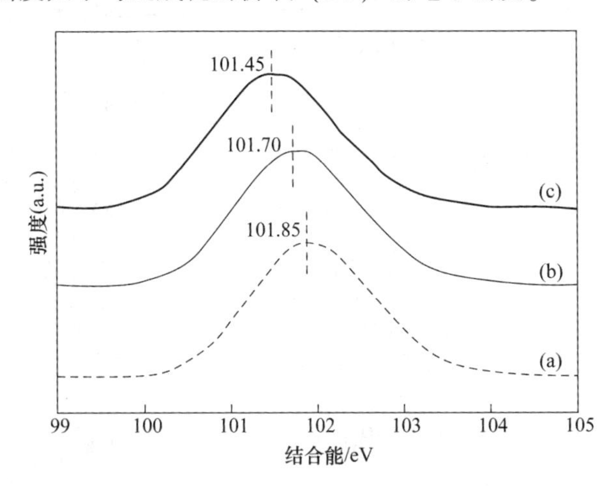

图 4-17 不同 CaO 含量的水淬铜渣 Si 2p 能谱

（a）CSC0；（b）CSC10；（c）CSC20

水淬铜渣玻璃相结构网络主要由桥氧（BO）连接的［SiO_4］和［FeO_4］四面体组成，这些四面体可以被碱性阳离子改性以 Si—O—Si 键、Si—O—Fe 键和 Si—O—Me 键三种形式存在。随着添加的 CaO 进入水淬铜渣的玻璃相结构，Si—O—Si 键和 Si—O—Fe 键被破坏，形成 Si—O—Ca 键，增强了［SiO_4］四面体结构单元中非桥氧的数量（NBOs）。相应地，CaO 含量较高的铜渣样品中［SiO_4］四面体中 Si 原子的平均电子密度增加，导致其 Si 2p 结合能减小。

C Fe 2p 能谱

图 4-18 为不同含量水淬铜渣 Fe 2p 能谱，每个样品的能谱中都可以观察到 Fe $2p_{3/2}$和 Fe $2p_{1/2}$两个能量峰，峰值的位置取决于水淬铜渣中 Fe 原子的化学状态。样品 CSC0 对应的 Fe $2p_{3/2}$ 和 Fe $2p_{1/2}$ 结合能分别为 709.95eV 和 723.10eV，主要由样品中的 Fe^{2+}形成。由于 Fe^{3+}含量较低，Fe 2p 能谱中未发现明显的叠加峰，再加上不能准确地去除噪声信号，因此将 Fe^{3+}的能量峰单独分离十分困难。

在水淬铜渣中加入 CaO 后，Fe $2p_{3/2}$和 Fe $2p_{1/2}$对应的结合能降低，当添加量为 20%时达到最小值，分别为 709.30eV 和 722.50eV，说明 Fe 原子周围电子密度增加。在水淬铜渣玻璃相中，CaO 的掺入导致 Si—O—Fe 键的断裂及 Si—O—

Ca 键和 Fe—O—Ca 键的形成。Fe—O—Ca 键的形成促使电子从 Fe 原子向 Ca 原子转移，从而增加了［FeO_4］四面体平均电子密度，从而解释了 Fe 2p 的结合能随 CaO 含量增加而降低的原因。

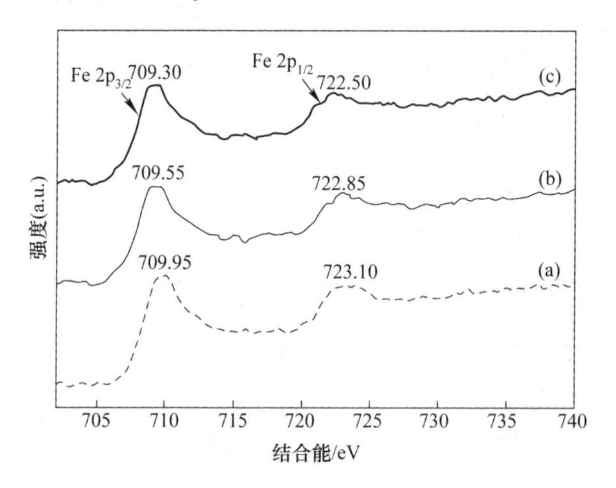

图 4-18 不同 CaO 含量的水淬铜渣 Fe 2p 能谱

（a）CSC0；（b）CSC10；（c）CSC20

4.4.3 高温活化对复合水泥水化放热过程的影响

图 4-19 为水淬铜渣复合水泥和纯水泥样品 25℃水化放热曲线，特征参数见表 4-8，其中，PC 为纯水泥对照组，CSC0 为添加原始水淬铜渣复合水泥，CSC10、CSC20 分别为添加 10%、20%（质量分数）CaO 高温活化的水淬铜渣复合水泥。

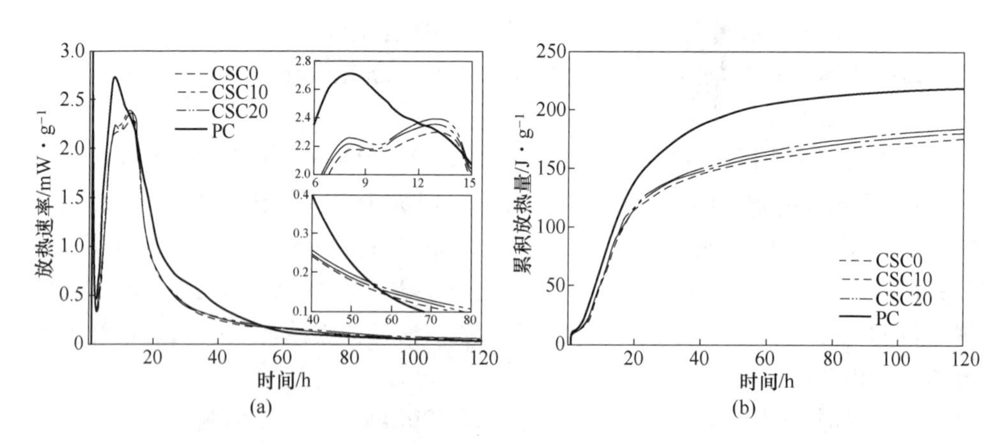

图 4-19 复合水泥和纯水泥 25℃水化放热曲线

（a）放热速率曲线；（b）累积放热曲线

表 4-8 复合水泥和纯水泥样品水化放热特征参数表

样品	第二个放热峰		第三个放热峰		累积放热量/J·g^{-1}		
	时间/h	峰值/mW·g^{-1}	时间/h	峰值/mW·g^{-1}	20h	60h	120h
PC	8.04	2.71	—	—	139.50	204.80	219.00
CSC0	8.43	2.19	13.22	2.30	114.60	158.50	175.80
CSC10	8.38	2.23	13.13	2.36	117.90	162.40	180.90
CSC20	8.26	2.26	13.10	2.40	118.30	164.40	184.40

根据火山灰材料的相关研究结果，水淬铜渣的掺入对水泥水化热的影响主要包括稀释、物理和化学效应[52]。由图 4-19（a）和表 4-8 可知，PC 的水化诱导期在 2.3h 后结束，掺入水淬铜渣导致水泥的水化诱导期延长，这种延迟主要与 GCS 的稀释效应有关。由于水灰比的增加，掺入水淬铜渣降低了孔隙溶液中钙和硅酸盐的浓度，增加溶液达到过饱和状态所需的时间，导致诱导期的延迟。随着铜渣中 CaO 含量的增加，这种延迟的程度减弱，这可能是水淬铜渣粒径波动的原因造成的。粒径较小的水淬铜渣为 C-S-H 早期的沉淀和生长提供了更多额外的成核点或附着点，加速了水泥水化，从而减弱了诱导期的延迟。复合水泥第二个放热峰出现晚于 PC，对应的最大值出现的时间晚于 PC 试样，随着水淬铜渣中 CaO 含量的增加，峰值强度从 2.2mW/g 增加到 2.3mW/g；在加速阶段，稀释效应仍然在复合水泥水化中占主导地位，导致复合水泥的峰值强度低于 PC。与 PC 独立的放热峰不同，水淬铜渣的化学效应使得复合水泥在放热速率曲线出现了另一个新的放热峰。这种化学效应主要归因于水淬铜渣的火山灰早期反应，水淬铜渣与水泥水化生成的 CH 反应生成 C-S-H。由于火山灰反应缓慢，加速阶段大量的 CH 生成为水淬铜渣的分解创造了碱性环境，促使化学效应在加速后期才发挥出主导作用；在缓慢的连续反应过程中，PC 和复合水泥的放热速率均显著减小，达到最小值。在这个时期，复合水泥的放热速率持续高于 PC，说明其化学效应持续主导水淬铜渣对水泥水化的影响。

如图 4-19（b）所示，复合水泥累积放热曲线表现出和 PC 相似的发展趋势，即在 40h 前快速增长随后减速直至平缓。这说明复合水泥的早期水化放热过程以水泥的水化为主。由于水泥稀释效应，复合水泥的累积放热量较低，尤其是在 24h 后表现更为明显。由表 4-8 可知，复合水泥 120h 的累积放热量在 175.8~184.4J/g 之间，高于其中 PC 放热量的 70%（153.3J/g），额外热量主要是由水淬铜渣和 CH 之间的火山灰反应产生的。此外，在 20h、60h 和 120h 时，随着水淬铜渣中 CaO 含量的增加，复合水泥的累积放热量逐渐增加，这一趋势与放热速率的结果很好地吻合。由此可见，添加 CaO 对水淬铜渣改性有助于其火山灰活性的提高。

4.4.4 高温活化对复合水泥抗压强度的影响

PC 和复合水泥净浆不同养护龄期的抗压强度结果如图 4-20 所示，抗压强度比与强度发展速率计算结果见表 4-9。如图 4-20 所示，复合水泥早期强度发展滞后于 PC，样品 CSC0 表现尤为明显，其 3d 和 7d 的抗压强度分别为 11.0MPa 和 14.0MPa，仅为 PC 强度的一半左右。这种负面效应主要可以由水泥的稀释效应解释，而这种效应随着水淬铜渣中 CaO 含量的增加而减弱。CSC10 和 CSC20 试样在 7d 时的强度比分别为 59.6% 和 62.7%。PC 的 28d 抗压强度较 7d 增加 5.4MPa，而复合水泥 CSC0、CSC10、CSC20 的强度增加量分别为 12.0MPa、13.6MPa、16.3MPa，表明中后期复合水泥的强度增长速率高于 PC，有关低钙粉煤灰复合水泥的研究中也发现了类似的结果[53]。

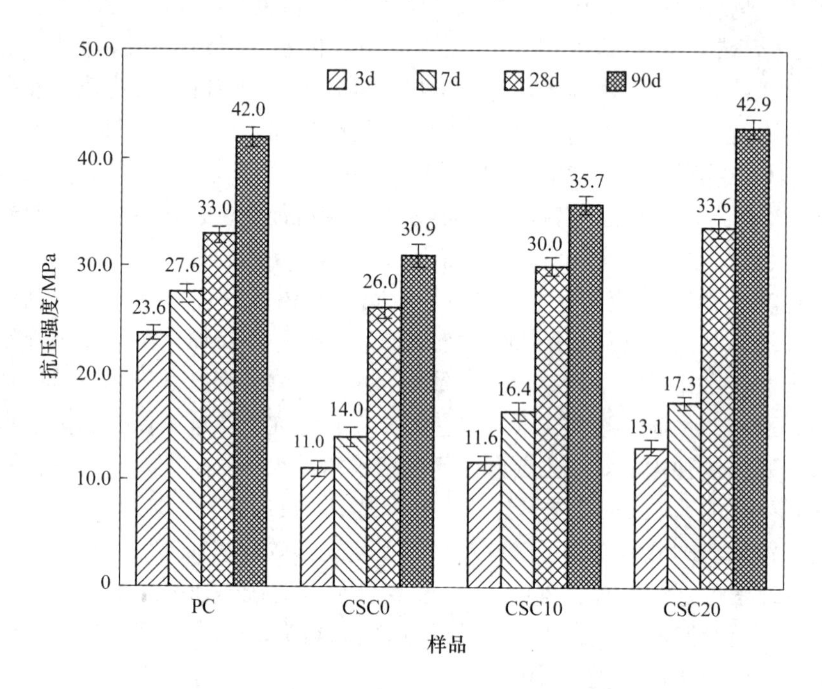

图 4-20 PC 和复合水泥净浆 3d、7d、28d 和 90d 的抗压强度

表 4-9 水泥样品抗压强度比和强度发展速率

样品	抗压强度比 /%				强度发展速率/MPa · d^{-1}		
	3d	7d	28d	90d	3~7d	7~28d	28~90d
PC	100	100	100	100	0.98	0.26	0.15
CSC0	46.6	50.9	79.0	73.5	0.75	0.57	0.08

续表 4-9

样品	抗压强度比 /%				强度发展速率/MPa·d^{-1}		
	3d	7d	28d	90d	3~7d	7~28d	28~90d
CSC10	49.1	59.6	90.9	84.9	1.20	0.64	0.09
CSC20	55.5	62.7	101.8	102.1	1.04	0.78	0.15

由表 4-9 可知，复合水泥强度发展速率主要受养护龄期和水淬铜渣类型的影响。复合水泥 CSC10 和 CSC20 在 3~7d 和 7~28d 的强度发展速率高于 PC，这主要是由于水淬铜渣与水泥水化产生的 CH 发生火山灰反应形成了额外的 C-S-H 胶凝相。在养护 7~28d 期间，复合水泥强度发展速率高出 PC 两倍以上，表明随着养护时间的增长，复合水泥抗压强度的发展速率逐渐由火山灰反应主导。当养护至 28~90d 时，复合水泥强度发展速率降低，在 0.08~0.15MPa/d 之间，接近 PC 的强度发展速率（0.15MPa/d），因此高温活化水淬铜渣的火山灰反应对复合水泥强度的影响主要发生在 7~28d，28d 后火山灰反应相对缓慢且稳定。

综上分析，随着火山灰反应的发展，高温活化水淬铜渣颗粒通过火山灰反应不断消耗 CH，导致孔隙溶液 pH 值降低，减缓了其反应速率，降低了其对后期强度的发展影响。随着水淬铜渣中 CaO 含量的增加，复合水泥在 7~28d 的抗压强度和发展速率均有显著提高，说明添加 CaO 对水淬铜渣进行的改性可以提高其火山灰活性，加速抗压强度的发展。因此，活性最高的水淬铜渣样品（CSC20）对应的 CaO 含量也最高（19.50%），其强度值高于其他复合水泥样品（CSC0 和 CSC10），CSC20 的 90d 抗压强度达到最大值（42.9MPa），高于 PC 抗压强度（42.0MPa）。

4.4.5 高温活化对复合水泥水化产物的影响

4.4.5.1 XRD

PC 和复合水泥净浆养护 28d 的 XRD 图谱如图 4-21 所示，图中四组样品在相同的位置出现了相似的衍射峰，通过分析衍射峰可以判断，水化结晶矿物主要包括氢氧化钙（CH）、方解石（$CaCO_3$）和斜硅钙石（β-C_2S）。其中，$CaCO_3$ 的存在主要是由于养护过程中 CH 被空气中的 CO_2 碳化所致；β-C_2S 是由于其反应缓慢，未反应的部分残留于复合水泥系统中；作为水泥反应主要生成物的 C-S-H 胶凝相多以玻璃相的形式存在，故在 XRD 图谱中无明显衍射峰。

在复合水泥中，水泥水化生成 CH 为水淬铜渣溶解提供了碱性环境，水淬铜渣颗粒溶解后释放的活性 SiO_2 可与 CH 发生火山灰反应生成 C-S-H，从而减小 CH 的含量。如图 4-21 所示，CH 的含量随着水淬铜渣中 CaO 含量的增加而减小，

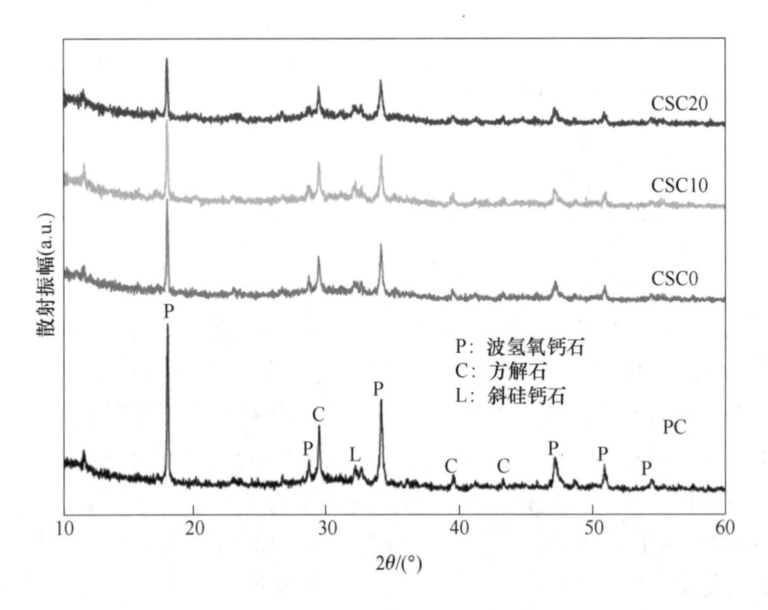

图 4-21 PC 和复合水泥净浆 28d 水化产物 XRD 图谱

证实了复合水泥系统中火山灰反应的存在和高温活化对水淬铜渣火山灰活性的增强作用。因此，通过确定复合水泥系统中 CH 含量或消耗程度可以确定火山灰反应的进行程度。值得注意的是，计算 CH 含量时需要考虑被碳化存在于 $CaCO_3$ 中的部分，被碳化的 $CaCO_3$ 可以由总量除去水泥中的 $CaCO_3$ 得到。XRD 分析只能对水化产物中 CH 的含量变化进行定性分析，定量计算 CH 含量可采用热重分析的方法。

4.4.5.2 热重分析

复合水泥和 PC 养护 28d 后的热重分析结果如图 4-22 所示，图中 DTA 曲线上包含 3 个主要的吸热峰，90～220℃之间吸热峰代表 C-S-H 的分解，430～500℃之间吸热峰代表 CH 的分解，710～780℃之间吸热峰代表 $CaCO_3$ 分解。

通过 DTA 曲线确定各温度区间内的水化产物类型后，通过对应区间的 TGA 重量损失可以确定不同水化产物在系统中的含量。由图 4-22（b）可以看出，90～220℃区间内不同样品的重量损失差异较大，说明 C-S-H 的生成量不同，从而影响水泥强度的发展。随着水淬铜渣中 CaO 含量的增加，对应的复合水泥样品在相同龄期生成的 C-S-H 呈增长趋势，这与强度测试结果相吻合；另外两个重量损失主要发生在 430～500℃和 710～780℃的温度范围内，主要与 CH 的脱水和 $CaCO_3$ 的脱碳过程有关。火山灰反应是材料中活性成分与水泥水化产生的 CH 反应生成 C-S-H 的过程，通过 4.3.4 节中式（4-1）定量计算石灰固定量可以更加精确的判断不同水淬铜渣样品火山灰反应的程度。

经计算，样品 CSC0、CSC10 和 CSC20 固定石灰量分别为 4.1%、20.2% 和

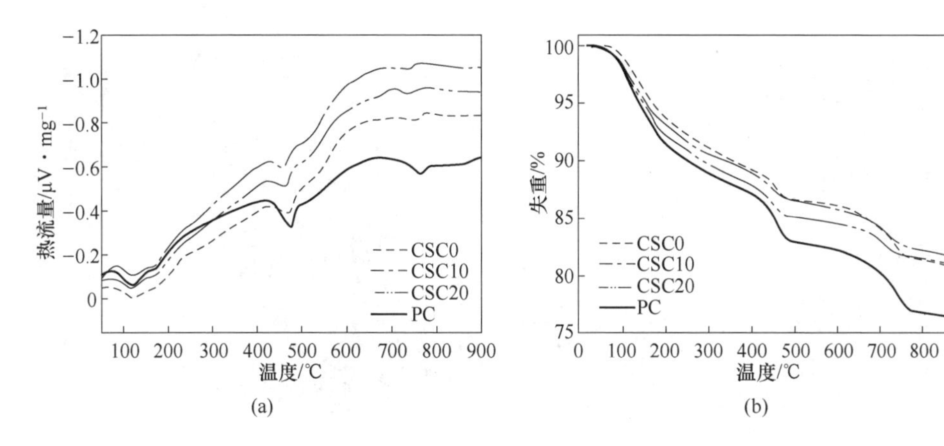

图 4-22 PC 和复合水泥 28d 龄期的 DTA/TGA 曲线

(a) DTA 曲线；(b) TGA 曲线

23.7%。其中，样品 CSC0 中固定石灰量最低，表明原始水淬铜渣火山灰活性低于高温活化后的水淬铜渣。随着水淬铜渣中 CaO 含量的增加，更多 CH 与水淬铜渣反应形成 C-S-H 胶凝相，与 TGA 曲线 90~220℃的温度范围内的重量损失变化规律相吻合。样品 CSC10 和 CSC20 中固定石灰量存在微小差异，然而它们在 28d 的强度比分别为 90.9%和 101.8%。根据化学成分和玻璃体结构分析结果，CSC20 对应的水淬铜渣中 CaO 含量高达 19.5%，不仅有利于解聚玻璃体网络以提高自身活性，也可以释放 Ca 离子形成 CH，与 PC 水化形成的 CH 一起参与火山灰反应。因此可以推断，通过 CaO 改性水淬铜渣不仅可以提高其火山灰活性还可以为反应提供更多的反应物，两者共同影响复合水泥强度的发展。

4.4.5.3 SEM

PC 与复合水泥养护 90d 的水化产物 SEM 图像如图 4-23 所示，PC 养护 90d 后水化产物形成的微观结构致密，仅含有少量的微孔隙。在图 4-23（b）和（d）中可以发现，CSC0 样品中微观结构松散，存在很多大直径孔隙，随着水淬铜渣中 CaO 含量增加，水化产物系统微观结构逐渐变得致密，孔隙率也随之减小，CSC20 样品的致密程度与 PC 类似，这与 4.4.4 节复合水泥抗压强度测试结果吻合，表明水淬铜渣随着 CaO 含量增加而火山灰活性增强，对应的复合水泥中生成了更多的 C-S-H，进而促使抗压强度增大。

为了进一步分析水淬铜渣对 C-S-H 胶凝相的成分影响，采用 EDS 对水化产物中不同区域的胶凝相进行了成分分析，并将各元素比（Ca/Si、Al/Si 和 Fe/Si）的平均值统计于表 4-10 中。PC 中 C-S-H 的 Ca/Si 高达 2.28，Al 和 Fe 的含量相对较低，Al/Si 和 Fe/Si 分别为 0.09 和 0.07，水淬铜渣的掺入导致这三种元素的比例发生变化。三组复合水泥样品中 Ca/Si 为 1.92~2.27，均低于 PC，Al/Si 和 Fe/Si 均高于 PC，其中 CSC20 样品的 Al/Si 和 Fe/Si 比值分别高于 PC 2~5 倍，

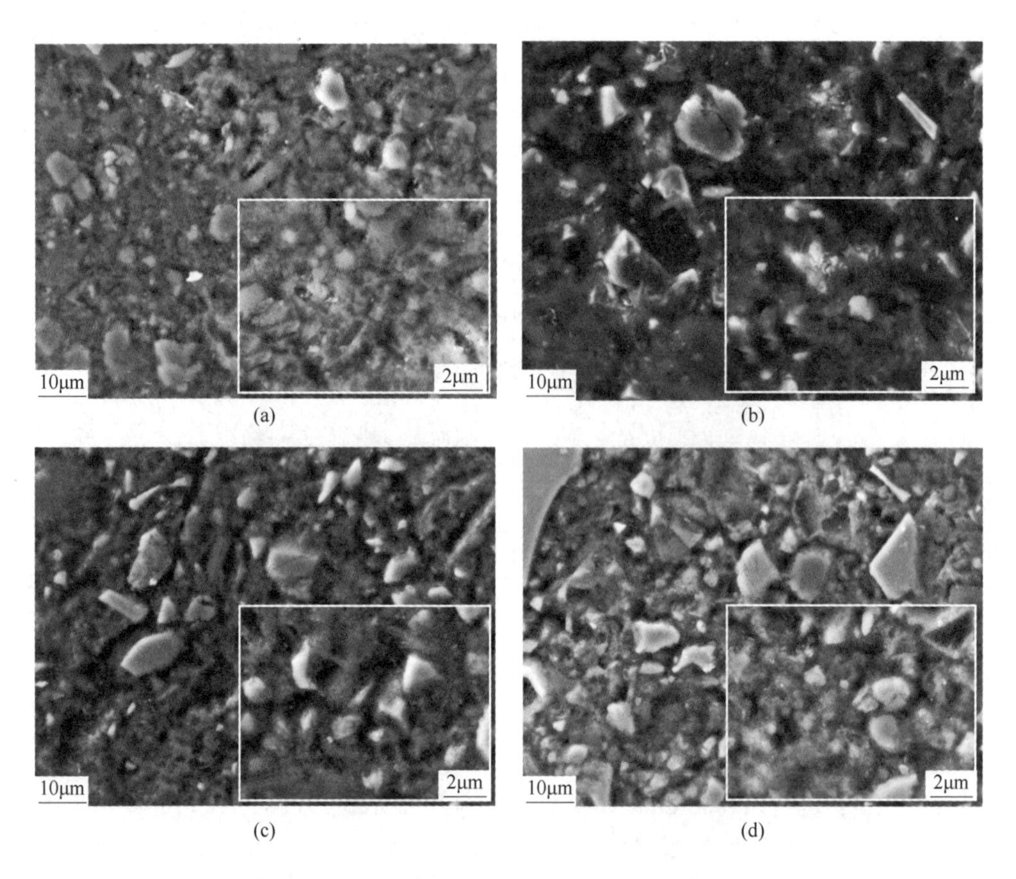

(a)
(b)
(c)
(d)

图 4-23 PC 和复合水泥 90d 龄期的 SEM 图像
(a) PC；(b) CSC0；(c) CSC10；(d) CSC20

可归因于 Si、Fe 和 Al 的活性组分在水淬铜渣颗粒溶解过程中释放至溶液中，参与了 C-S-H 胶凝相的形成。此外，水淬铜渣随着 CaO 含量增大而溶解性提高，CSC20 中产生的 C-S-H 胶凝相的 Ca/Si（2.27）接近于 PC，表明富含 CaO 的高温活化水淬铜渣能够释放出更多的活性成分，并与水泥水化产生的 CH 发生火山灰反应，形成更多 Ca/Si 较高的 C-S-H。

表 4-10 PC 和复合水泥 90d 龄期 C-S-H 胶凝相元素比

元素比	PC	CSC0	CSC10	CSC20
Ca/Si	2.28	1.92	2.04	2.27
Al/Si	0.09	0.15	0.19	0.32
Fe/Si	0.07	0.21	0.21	0.41

4.5 基于水淬铜渣复合水泥的充填材料特性

在4.3节和4.4节研究中，分析了机械活化和高温活化两种方式提高水淬铜渣火山灰活性的作用机理及效果，结果表明高温活化能够通过改变材料化学成分与内部结构，从本质上改善材料属性，提高其火山灰活性，活化效果优于机械活化。为了进一步验证高温活化水淬铜渣作为充填辅助胶凝材料的可能性，有必要对基于高温活化水淬铜渣复合水泥的全尾砂充填材料特性进行研究。

4.5.1 充填骨料物化性质分析

4.5.1.1 物理性质

本研究采用某铅锌矿全尾砂作为充填骨料，其物理力学性质参数见表4-11，压缩参数测定结果见表4-12，粒径分布特征参数见表4-13，粒径分布曲线如图4-24所示。

表4-11 全尾砂物理力学性质参数表

比重	密度/$t \cdot m^{-3}$	渗透系数/$cm \cdot s^{-1}$	水上休止角/(°)	水下休止角/(°)
2.93	2.68	1.35×10^{-5}	37.80	28.40

表4-12 全尾砂压缩参数测定结果一览表

指标名称	压力/kPa			
	0~50	50~100	100~200	200~400
压缩系数	0.955	0.461	0.183	0.092
压缩模量/MPa	2.359	4.693	16.985	25.575

表4-13 全尾砂粒径分布特征参数表

控制粒径 d_{60}/μm	中值粒径 d_{50}/μm	有效粒径 d_{10}/μm	不均匀系数 C_u	曲率系数 C_c
50.18	28.08	1.96	25.56	0.79
+150/μm	-150~+74/μm	-74~+45/μm	-45~+37/μm	-37/μm
16.23%	14.14%	10.13	3.22	56.28

根据粒径分析结果，全尾砂不均匀系数为25.56，表明骨料的颗粒级配良好，有利于提高充填体的力学性能。全尾砂中值粒径为28.08μm，属于较细骨料，充填料浆在输送过程中不易产生沉降离析现象，有利于管道输送。全尾砂曲率系数

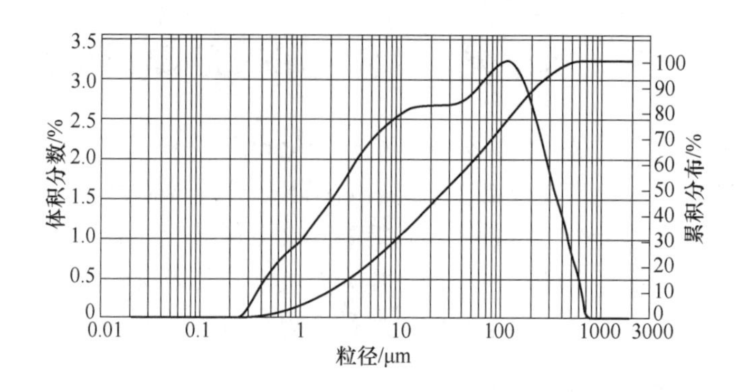

图 4-24 全尾砂粒径分布曲线

小于 1，从粒径角度分析，该充填骨料属于间断级配的颗粒散体，单独做充填骨料，可能会对充填体强度造成一定影响。

4.5.1.2 *矿物组成*

根据矿物成分测试结果（见表 4-14）可以发现，全尾砂中主要矿物成分为石英、方解石和菱铁矿，含量分别为 20.59%、32.76% 和 13.15%，在合适粒度组成条件下这些矿物成分有利于充填体强度发展。

表 4-14 全尾砂矿物组成检测结果 （%）

矿物成分	石英	方解石	菱铁矿	铁白云石	云母	赤铁矿	高岭石
含量	20.59	32.76	13.15	15.26	8.25	4.17	5.82

4.5.2 全尾砂胶结充填材料配比参数优化

由于水淬铜渣高温活化试验过程复杂，氧化铝坩埚容积有限，导致样品制备困难且数量有限，难以针对多配比参数条件下高温活化水淬铜渣的材料性能开展大量试验。因此，本次试验设计首先以水泥、尾砂、水为充填材料进行配比参数优化。测定不同配比组合水泥、尾砂胶结试块的固结特性、强度指标、流动性能等参数，以选择符合矿山工艺要求的最佳参数。以此为基础，开展改性水淬铜渣作为辅助胶凝材料的充填配比试验。根据矿山现场生产经验，设计灰砂比为 1∶6、1∶8、1∶10、1∶15 和 1∶20，质量浓度为 68%、70% 和 72%。

4.5.2.1 *抗压强度结果分析*

全尾砂胶结充填材料配比试验结果见表 4-15，部分试块应力-应变曲线如图 4-25 和图 4-26 所示。

表 4-15 全尾砂胶结充填材料优化配比试验结果

编号	水泥：全尾砂	质量浓度/%	7d 抗压		14d 抗压		28d 抗压	
			强度/MPa	屈服强度/MPa	强度/MPa	屈服强度/MPa	强度/MPa	屈服强度/MPa
U1	1∶6	72	1.49	1.43	1.70	1.52	2.5	2.1
U2	1∶6	70	1.02	1.00	1.41	1.12	2.06	1.64
U3	1∶6	68	0.65	0.60	1.02	0.78	1.48	1.02
U4	1∶8	72	0.93	0.87	1.22	1.1	1.33	1.12
U5	1∶8	70	0.66	0.61	0.73	0.63	1.02	0.82
U6	1∶8	68	0.47	0.42	0.56	0.47	0.71	0.57
U7	1∶10	72	0.76	0.58	0.86	0.71	1.24	1.02
U8	1∶10	70	0.56	0.51	0.69	0.54	0.81	0.69
U9	1∶10	68	0.31	0.25	0.42	0.29	0.51	0.39
U10	1∶15	72	0.42	0.37	0.36	0.28	0.54	0.37
U11	1∶15	70	0.35	0.29	0.34	0.24	0.41	0.29
U12	1∶15	68	0.22	0.19	0.25	0.21	0.30	0.23
U13	1∶20	72	0.25	0.21	0.25	0.22	0.27	0.23
U14	1∶20	70	0.19	0.17	0.22	0.18	0.24	0.2
U15	1∶20	68	0.11	0.09	0.12	0.09	0.13	0.10

A 质量浓度对强度的影响规律

采用管道水力输送的胶结充填材料，其输送浓度实质上是由水灰比决定的。在灰砂比和养护时间一定的条件下，充填料浆的质量浓度对其强度发展有直接影响。由表 4-15 可知，充填试块强度随着料浆质量浓度的提高而出现明显增长，且在灰砂比较低的试验组中表现得更加显著。以 U1~U3（灰砂比为 1∶6）和 U13~U15（灰砂比为 1∶20）的 28d 抗压强度为例，U3（质量浓度：68%）的 28d 抗压强度为 1.48MPa，随着质量浓度增加至 70%和 72%，其抗压强度增长率为 39.2%和 68.9%；U15（质量浓度：68%），在质量浓度变化相同的情况下，抗压强度增长率分别为 84.6%和 100.1%。可以看出，随着灰砂比的降低，质量浓度对抗压强度的影响更加显著。

B 灰砂比对强度的影响规律

水泥作为充填体中主要的胶凝材料，对充填体强度具有决定性的作用。在养护时间和质量浓度一定的条件下，随着水泥添加量的增加，充填试块抗压强度呈上升趋势。以 U1、U4、U7、U10 和 U13 为例，五组样品的质量浓度均为 72%，灰砂比分别为 1∶6、1∶8、1∶10、1∶15 和 1∶20，其 28d 强度分别为 2.5MPa、1.33MPa、1.24MPa、0.54MPa 和 0.27MPa。当灰砂比降至 1∶15 时，充填试块强度急剧下降，小于 0.55MPa，难以满足井下采矿需求。

C 养护时间对强度的影响规律

水泥水化是一个长期的过程，养护时间的增加，充填体内胶凝产物的数量不断增加，直接影响其强度的发展。由表 4-15 可知，在配比参数一定的条件下，充填试块抗压强度随着养护时间增长而不断增长。以 U5 为例，其 7d、14d 和 28d 抗压强度分别为 0.66MPa、0.73MPa 和 1.02MPa，强度增长率为 10.6% 和 39.7%。由此可见，充填体强度增长的主要时期在 14~28d。

D 应力-应变曲线分析

如图 4-25 和图 4-26 所示，各样品应力-应变曲线中未出现明显的压密阶段，

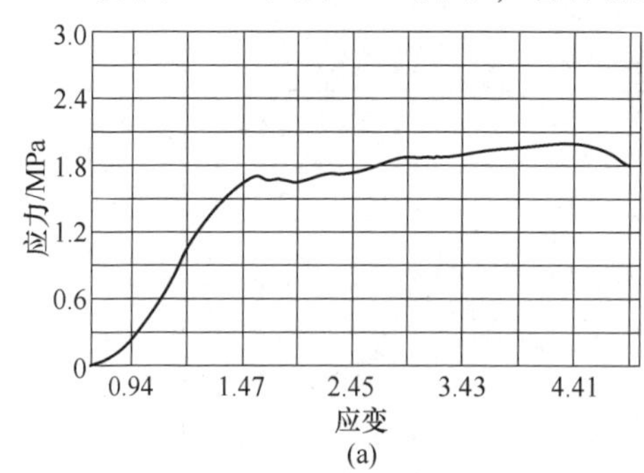

(a)

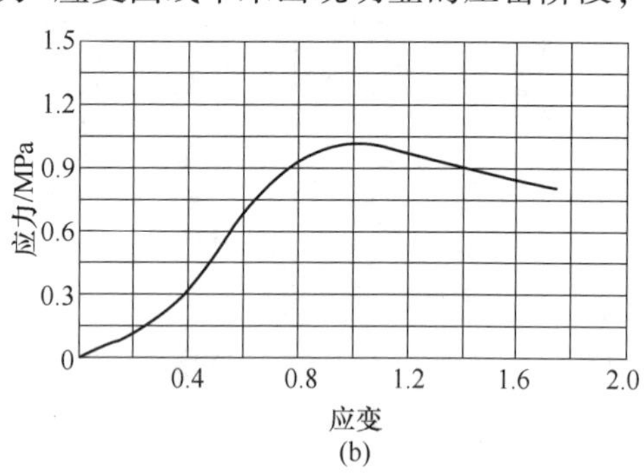

(b)

图 4-25 充填试块抗压强度应力-应变曲线

(a) U2，28d；(b) U5，28d

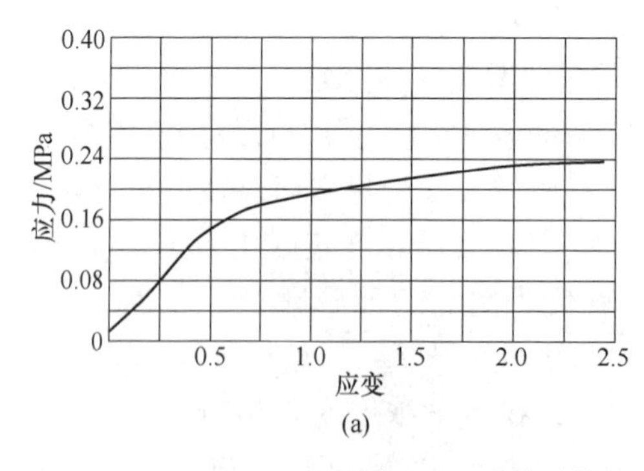

(a)

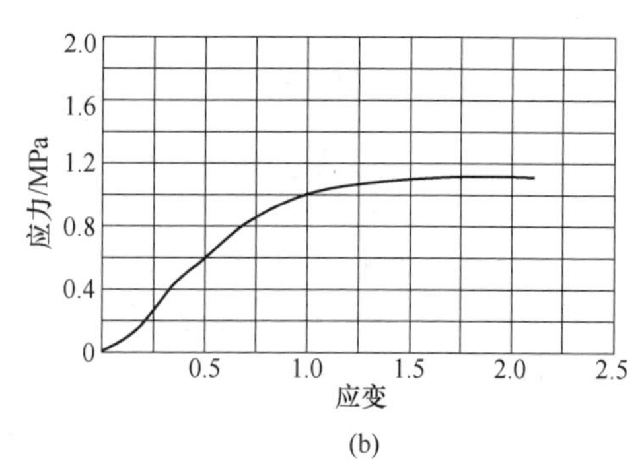

(b)

图 4-26 充填试块抗压强度应力-应变曲线

(a) U14，28d；(b) U4，28d

这与尾砂的粒径分布有直接关系。根据粒径分析结果，全尾砂不均匀系数较大，级配较为良好，尾砂细颗粒可以填充粗颗粒之间的间隙，形成更加致密的结构，可压缩性较低。

另外，全尾砂充填试块达到峰值强度后，出现较高的屈服强度。以 U5 的 28d 应力-应变曲线为例，其抗压强度为 1.02MPa，屈服强度为 0.82MPa。较高的屈服强度表明充填在发生破坏之后还可以保持较高的残余强度，继续发挥其对采场或采空区的支撑作用，维持岩体的稳定性。因此，本研究中全尾砂胶结充填体在力学性能上具有较高的安全性。

E 强度指标要求

根据某矿井下生产工艺，采矿方法主要为两步骤回采上向水平分层充填法。矿房矿柱交替布置，先采矿柱，利用胶结充填体形成人工矿柱，第二步在人工矿柱保护下回采矿房，并进行非胶结充填或低标号胶结充填。本次充填试验以满足人工矿柱强度要求为目的，根据矿山采矿经验和其他研究结果确定充填体需满足 28d 抗压强度达到 0.95~1.25MPa。

综合以上分析，影响全尾砂充填试块强度的主要因素包括质量浓度、灰砂比和养护时间。当灰砂比低于 1∶10 时，充填试块 28d 强度不能满足工程需要，单从力学性能角度初步确定充填体灰砂比为 1∶6 和 1∶8。

4.5.2.2 浆体体重与泌水率

A 浆体体重

浆体的体重主要反应混合料浆含固量，是影响充填料浆输送的重要参数之一，主要受灰砂比和质量浓度的影响。由表 4-16 可知，在灰砂比一定条件下，质量浓度提高会增加浆体中固料的含量，从而增加浆体体重。以样品 U1、U2 和 U3 为例，质量浓度分别为 72%、70%和 68%，对应的浆体体重分别为 1.96t/m^3、1.91t/m^3 和 1.88t/m^3；在质量浓度一定的条件下，浆体体重随灰砂比的增加而增加，这是由于水泥的密度（3.08g/cm^3）大于尾砂密度（2.68g/cm^3），其含量的增加会增加浆体的含固量。以 U1、U4、U7、U10 和 U13 为例，五组样品的质量浓度均为 72%，灰砂比分别为 1∶6、1∶8、1∶10、1∶15 和 1∶20，其浆体的体重分别为 1.96t/m^3、1.95t/m^3、1.95t/m^3、1.94t/m^3 和 1.93t/m^3。

表 4-16 参数优化试验料浆的体重和泌水率参数汇总表

试块编号	灰砂比	质量浓度/%	体重/t·m^{-3}	泌水率/%
U1	1∶6	72	1.96	0.62
U2	1∶6	70	1.91	1.98
U3	1∶6	68	1.88	3.53

续表 4-16

试块编号	灰砂比	质量浓度/%	体重/t · m^{-3}	泌水率/%
U4	1 : 8	72	1. 95	1. 51
U5	1 : 8	70	1. 90	3. 49
U6	1 : 8	68	1. 87	4. 58
U7	1 : 10	72	1. 95	2. 39
U8	1 : 10	70	1. 90	3. 95
U9	1 : 10	68	1. 86	4. 81
U10	1 : 15	72	1. 94	2. 98
U11	1 : 15	70	1. 89	4. 12
U12	1 : 15	68	1. 86	4. 91
U13	1 : 20	72	1. 93	3. 66
U14	1 : 20	70	1. 89	4. 74
U15	1 : 20	68	1. 85	5. 12

B 泌水率

浆体泌水率是指料浆凝固后的滤水量与浆体质量之比，主要由灰砂比和质量浓度所决定。由表 4-16 可知，在灰砂比一定的条件下，质量浓度的提高意味着料浆中含水率降低，故泌水率显著降低。以样品 U1、U2 和 U3 为例，质量浓度分别为 72%、70%和 68%，对应的浆体泌水率分别为 0. 62%、1. 98%和 3. 53%；在质量浓度一定的条件下，浆体泌水率随着灰砂比的增加而减小，这是由于更多的水参与了水泥水化反应生成胶凝产物的缘故。以样品 U1、U4、U7、U10 和 U13 为例，质量浓度均为 72%，灰砂比分别为 1 : 6、1 : 8、1 : 10、1 : 15 和 1 : 20，其浆体泌水率分别为 0. 62%、1. 51%、2. 39%、2. 98%和 3. 66%。

整体而言，试验设计的全尾砂胶结充填浆体泌水率均小于 5%，试验参数选取合理，浆体达到了高浓度充填的要求。泌水率小不仅能够缩短充填浆体初凝时间，而且有利于简化采场脱滤水工程布置，缓解井下充填排水压力及对作业环境的污染。

4. 5. 2. 3 浆体流动性能

力学性能是评价充填体质量的重要参数，主要为满足井下采矿工艺和生产安全的要求。泌水率是影响充填料浆浓度和井下脱水工艺的重要指标。除此之外，评价充填配比参数的合理性的另一个重要部分是浆体的流动性能，它直接影响管道输送的可靠性。表征浆体流动性的主要指标包括坍落度/扩散度和流变参数等。根据力学性能测试结果，选择 1∶6、1∶8 和 1∶10 三种灰砂比开展浆体流动性能测试。

A 坍落度及扩散度

本次试验坍落度及扩散度测试结果见表 4-17，分析表中数据可以发现，质量浓度和灰砂比对坍落度及扩散度有不同程度的影响。在固定灰砂比的条件下，坍落度随质量浓度的增加而减小，主要是由于含水率降低导致含固量增加。以样品 U1、U2 和 U3 为例，质量浓度分别为 72%、70% 和 68%，对应的浆体坍落度分别为 24.64cm、26.59cm 和 27.29cm。在质量浓度一定的条件下，由于水泥含量增加吸收水量增加，导致浆体含水率降低，坍落度随灰砂比增加而减小。以样品 U1 和 U4 为例，质量浓度均为 72%，灰砂比分别为 1∶6 和 1∶8，对应的浆体坍落度分别为 24.64cm 和 26.82cm。

表 4-17 全尾砂胶结充填浆体坍落度及扩散度参数汇总表

样品编号	灰砂比	质量浓度/%	坍落度/cm	坍落度标准差	扩散度/cm	扩散度标准差
U1	1∶6	72	24.64	0.37	65.37	1.63
U2	1∶6	70	26.59	0.47	69.28	1.47
U3	1∶6	68	27.29	0.36	74.79	2.30
U4	1∶8	72	26.82	0.41	67.88	1.86
U5	1∶8	70	27.52	0.64	71.24	2.53
U6	1∶8	68	28.32	0.55	76.96	3.33

根据混凝土拌合物分级标准，各配比充填料浆均属于 S1 级，低塑性浆体。一般而言，高浓度充填料浆要求坍落度不低于 25cm，以便降低管道输送阻力，实现料浆在采场内的均匀扩散。为了保证管道输送的可靠性，考虑其他不确定因素的干扰，本次试验确定选用充填料浆质量浓度为 68%~70%。

B 屈服应力与塑性黏度

流变性能测试结果见表 4-18，典型配比参数对应的料浆流变测试曲线如图 4-27 所示。由表 4-18 可知，在灰砂比一定的条件下，充填浆体的屈服应力随着质量浓度的增加而增大。以 U1、U2 和 U3 为例，灰砂比均为 1∶6，质量浓度分别 72%、70%和 68%，对应的屈服应力分别为 15.03Pa、13.44Pa 和 11.93Pa。这主要是由于含水率降低，导致单位体积内含固量增加，相互作用的颗粒数量随之增加，导致转子转动需要克服更大的外界应力。在质量浓度一定的条件下，浆体屈服应力随着灰砂比的增加而增大。以 U2 和 U5 为例，质量浓度均为 70%，灰砂比分别为 1∶6 和 1∶8，对应的屈服应力分别为 13.44Pa 和 12.60Pa，这主要是由于水泥含量增加导致含水率降低和水泥早期水化形成的胶凝相共同作用所致。

表 4-18 全尾砂胶结充填料浆流变参数汇总表

样品编号	灰砂比	质量浓度/%	屈服应力 τ_0/Pa	塑性黏度 η_0/Pa·s
U1	1∶6	72	15.03	0.784
U2	1∶6	70	13.44	0.523
U3	1∶6	68	11.93	0.487
U4	1∶8	72	13.87	0.674
U5	1∶8	70	12.60	0.507
U6	1∶8	68	11.06	0.453

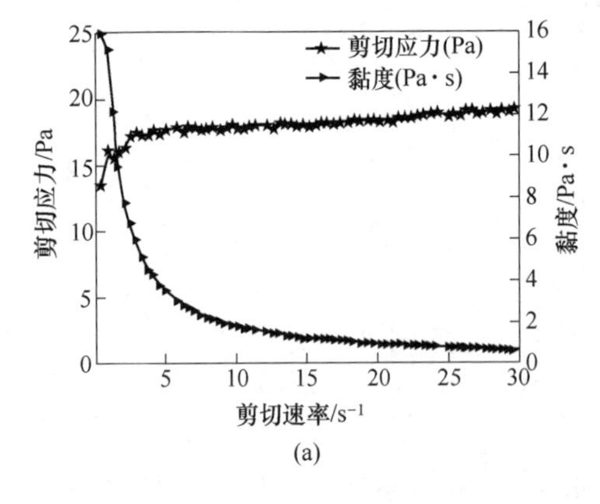

(a)

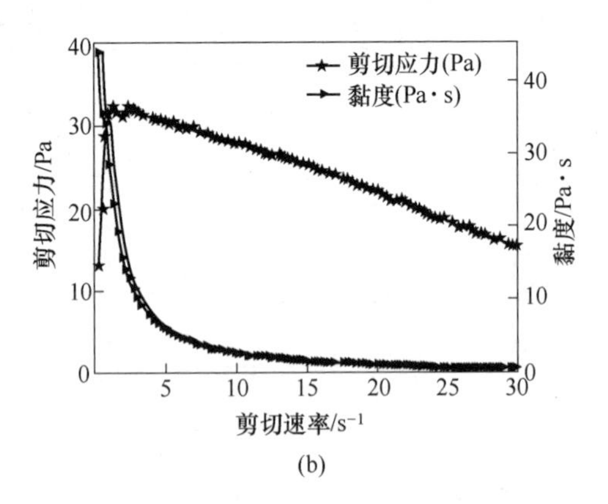

(b)

图 4-27 全尾砂充填料浆流变参数曲线图

(a) U2（质量浓度 70%，灰砂比 1∶6）；(b) U5（质量浓度 70%，灰砂比 1∶8）

如图 4-27 所示，在测试开始后两组浆体在进入稳定流动状态前需克服一定的初始应力，这是伪塑性流体的典型特征。随着剪切速率的增大，剪切应力首先增加而后趋于稳定，黏度随之降低，表明充填料浆具有假塑性流动（剪切稀化）特性。与宾汉体相比，伪塑性流体流动性能好，有利于提高充填浆体的管道输送可靠性。

4.5.2.4 推荐充填配比参数

综合力学和流动性能分析结果，同时满足矿山采矿工艺和管道输送需求试验组分别为 U2、U3、U4 和 U5，具体配比参数见表 4-19。综合考虑技术和经济因素，推荐充填配比参数为灰砂比 1∶8，质量浓度 70%。

表 4-19 充填配比参数评价结果表

样品编号	灰砂比	质量浓度/%	力学性能评价	流动性能评价
U1	1∶6	72	✓	×
U2	1∶6	70	✓	✓
U3	1∶6	68	✓	✓
U4	1∶8	72	✓	✓
U5	1∶8	70	✓	✓
U6	1∶8	68	×	✓

4.5.3 基于水淬铜渣复合水泥的充填材料特性研究

根据充填配比参数优化的结果，以灰砂比 1∶8，质量浓度 70%的充填料浆作为参照组，采用不同高温活化条件的水淬铜渣（CSC0、CSC10 和 CSC20）作为辅助胶凝材料开展了力学和流动性能试验，复合水泥中水淬铜渣添加比例分别为 10%、20%和 30%（质量分数），具体试验方案见表 4-20。

表 4-20 基于复合水泥的充填体强度测试结果汇总表

试块编号	灰砂比	质量浓度/%	铜渣类型	铜渣含量/%	抗压强度/MPa			
					3d	7d	14d	28d
T1	1∶8	70	CSC0	10	0.26	0.60	0.71	0.90
T2	1∶8	70	CSC10	10	0.27	0.66	0.82	0.94
T3	1∶8	70	CSC20	10	0.28	0.67	0.88	0.97
T4	1∶8	70	CSC0	20	0.17	0.53	0.71	0.79
T5	1∶8	70	CSC10	20	0.18	0.58	0.76	0.84
T6	1∶8	70	CSC20	20	0.20	0.59	0.74	0.90
T7	1∶8	70	CSC0	30	0.14	0.41	0.65	0.71
T8	1∶8	70	CSC10	30	0.15	0.42	0.66	0.73
T9	1∶8	70	CSC20	30	0.15	0.46	0.69	0.85
T10	1∶8	70	—	—	0.32	0.84	0.92	1.02

4.5.3.1 力学性能

基于复合水泥的充填试块强度测试结果见表 4-20，由表可知，基于复合水泥的充填试块强度与水淬铜渣的类型、添加比例密切相关。

A　铜渣类型对充填体强度的影响

根据 4.4 节研究结果，高温活化可以有效提高水淬铜渣的火山灰活性，且随着水淬铜渣中 CaO 含量的增加，水淬铜渣活性也呈增长趋势。因此，水淬铜渣的类型是影响充填试块强度的重要因素。由图 4-28 可以看出，在铜渣含量一定的条件下，充填试块强度随着水淬铜渣中 CaO 含量的增加出现不同程度的增长。以样品 T4、T5 和 T6 为例，7d 的抗压强度分别为 0.53MPa、0.58MPa 和 0.59MPa，28d 的抗压强度分别为 0.79MPa、0.84MPa 和 0.90MPa。这主要是由于水淬铜渣活性提高导致火山灰反应加剧，充填体中产生了更多的胶凝相，从而提高了充填试块抗压强度。水淬铜渣类型对强度的影响在早期（7d）表现的并不明显，强度增长率仅为 5%左右，出现这种现象的原因在于水淬铜渣早期活性较弱，火山灰反应对充填试块强度的影响有限，这种现象在复合水泥净浆的抗压强度研究中也得到了验证。

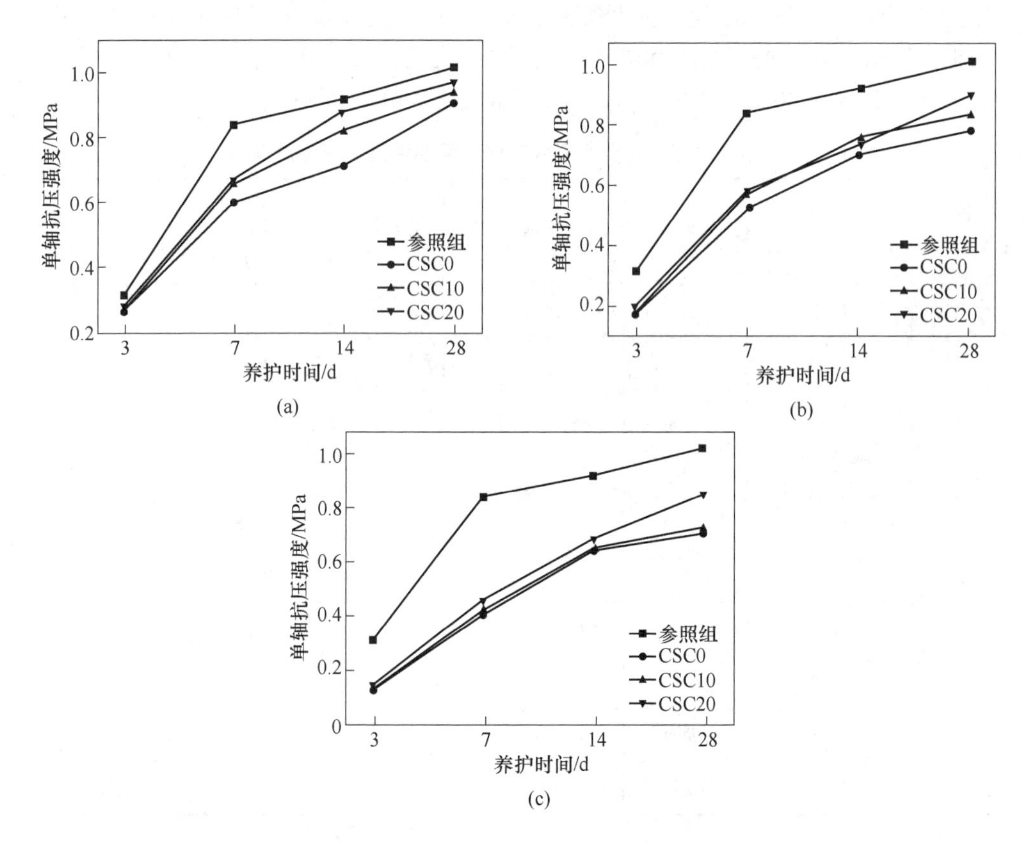

图 4-28　基于复合水泥的充填体抗压强度随水淬铜渣类型变化曲线图

（a）铜渣含量 10%；（b）铜渣含量 20%；（c）铜渣含量 30%

B 铜渣含量对充填体强度的影响

水淬铜渣属于火山灰材料，只能作为辅助胶凝材料替换部分水泥，复合水泥中铜渣的含量直接影响充填体的力学性能。如图 4-29 所示，复合水泥中水淬铜渣的含量对充填试块强度的影响较为显著。在不同养护龄期，充填试块抗压强度随着水淬铜渣的含量增加出现不同程度的降低。以样品 T2、T5 和 T8 为例，水淬铜渣在复合水泥中的含量分别为 10%、20% 和 30%，对应充填试块 7d 抗压强度分别为 0.66MPa、0.58MPa 和 0.42MPa，28d 抗压强度分别为 0.94MPa、0.84MPa 和 0.73MPa。根据 4.4 节研究结果，当 CaO 添加量为 20% 时复合水泥净浆 28d 可达到纯水泥的抗压强度，但样品 T8 的 28d 强度仅为参照组（不含铜渣）强度的 71.6%，这主要与水淬铜渣的使用环境有关。水淬铜渣的溶解和火山灰活性需要较高的碱性环境激发，而充填体中主要成分为全尾砂，含量高达 60% 以上，大量全尾砂的存在稀释了水泥水化产生的碱性环境。同时，根据现场提供的数据，选厂排放的低浓度尾砂 pH 值为 6~7，属于偏酸性水，这使得尾砂作为充

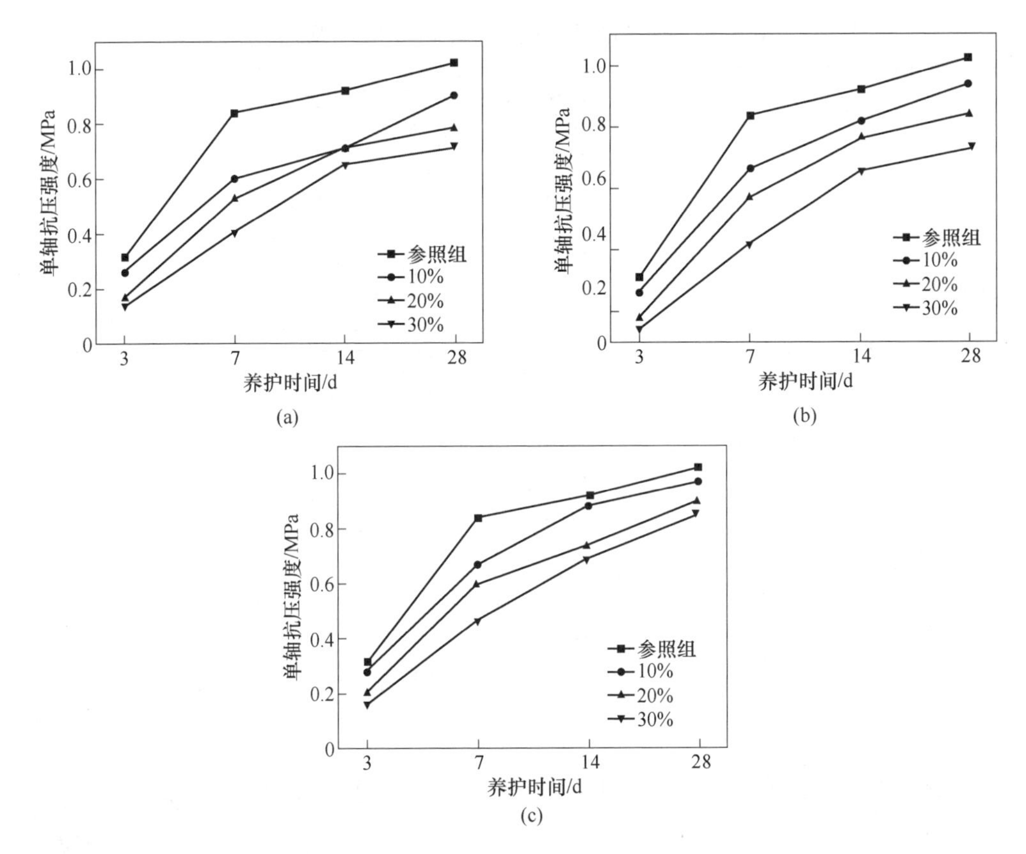

图 4-29 基于复合水泥的充填体抗压强度随水淬铜渣含量变化曲线图

（a）CSC0；（b）CSC10；（c）CSC20

填骨料时会在一定程度上影响充填体孔隙溶液的酸碱性，碱性环境的减弱必然导致水淬铜渣活性的降低，从而导致其作为辅助胶凝材料使用时不能充分发挥作用。

4.5.3.2 流动性能

A 坍落度及扩散度

由于水淬铜渣与其他充填材料（尾砂、水泥）在物理性质上存在很大差异，其作为辅助胶凝材料必然对浆体的流动性能造成一定的影响。基于复合水泥的充填料浆坍落度及扩散度测试结果见表 4-21。由表 4-21 可知，不同铜渣类型对充填料浆坍落度的影响无明显规律。以样品 T1、T2 和 T3 为例，其水淬铜渣含量均为 10%，对应的坍落度值分别为 27.47cm、27.11cm 和 27.38cm。由于充填料浆混合初期，水淬铜渣对其流动性能的影响主要为物理作用，三种类型的水淬铜渣细度极为接近，因此其物理作用效果基本相同。

表 4-21 基于复合水泥的全尾砂胶结充填浆体坍落度及扩散度参数表

样品编号	灰砂比	质量浓度/%	铜渣类型	铜渣含量/%	坍落度/cm	扩散度/cm
T1	1∶8	70	CSC0	10	27.47	69.74
T2	1∶8	70	CSC10	10	27.11	68.20
T3	1∶8	70	CSC20	10	27.38	70.65
T4	1∶8	70	CSC0	20	26.79	66.60
T5	1∶8	70	CSC10	20	26.29	67.44
T6	1∶8	70	CSC20	20	26.40	64.32
T7	1∶8	70	CSC0	30	25.71	64.35
T8	1∶8	70	CSC10	30	26.02	65.31
T9	1∶8	70	CSC20	30	25.98	61.27
T10	1∶8	70	—	—	27.52	71.24

如表 4-21 所示，在水淬铜渣类型一定的条件下，随着其添加量的增加，浆体坍落度整体呈减小趋势。以样品 T2、T5 和 T8 为例，对应的坍落度值分别为 27.11cm、26.29cm 和 26.02cm，这主要与水淬铜渣的物理性质有关。水淬铜渣参与火山灰反应速度缓慢，对水的吸附能力远不及水泥。随着水淬铜渣添加量的增加，由于水泥含量减小，充填料浆含水率增加，减弱了系统中颗粒之间的相互

作用力，从而提高了浆体的流动性能。因此，在满足强度要求的前提下，添加适当的水淬铜渣可以改善浆体管道输送的性能。

B 屈服应力与塑性黏度

流变性能测试结果见表 4-22，典型配比参数的料浆流变测试曲线如图 4-30 所示。由表 4-22 可知，不同铜渣类型对充填料浆坍落度的影响无明显规律，与坍落度试验结果类似。以样品 T7、T8 和 T9 为例，料浆屈服应力分别为 35.02Pa、31.10Pa 和 33.07Pa，这主要是由于不同类型的水淬铜渣细度接近所致。

表 4-22 基于复合水泥的全尾砂胶结充填浆体流变试验结果

样品编号	灰砂比	质量浓度/%	铜渣类型	铜渣含量/%	屈服应力 τ_0/Pa	塑性黏度 η_0/Pa · s
T1	1 : 8	70	CSC0	10	41.93	1.795
T2	1 : 8	70	CSC10	10	36.97	1.703
T3	1 : 8	70	CSC20	10	34.67	1.824
T4	1 : 8	70	CSC0	20	37.31	1.895
T5	1 : 8	70	CSC10	20	34.01	1.803
T6	1 : 8	70	CSC20	20	33.66	1.824
T7	1 : 8	70	CSC0	30	35.02	1.916
T8	1 : 8	70	CSC10	30	31.10	1.584
T9	1 : 8	70	CSC20	30	33.07	1.838
T10	1 : 8	70	—	—	51.68	1.952

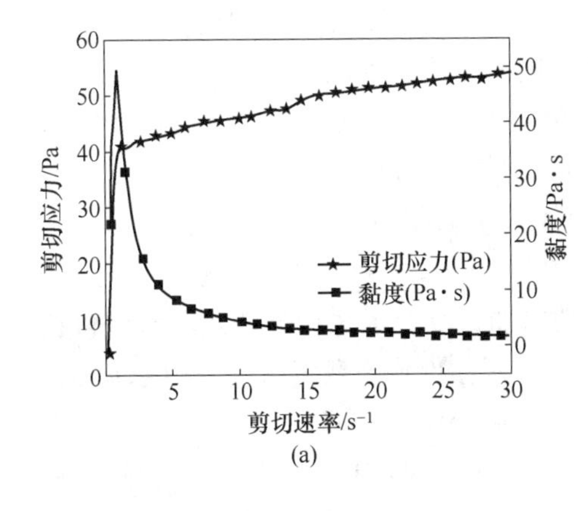

(a)

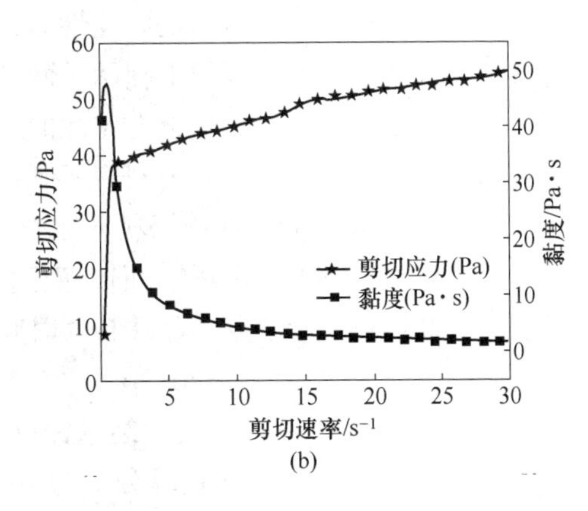

(b)

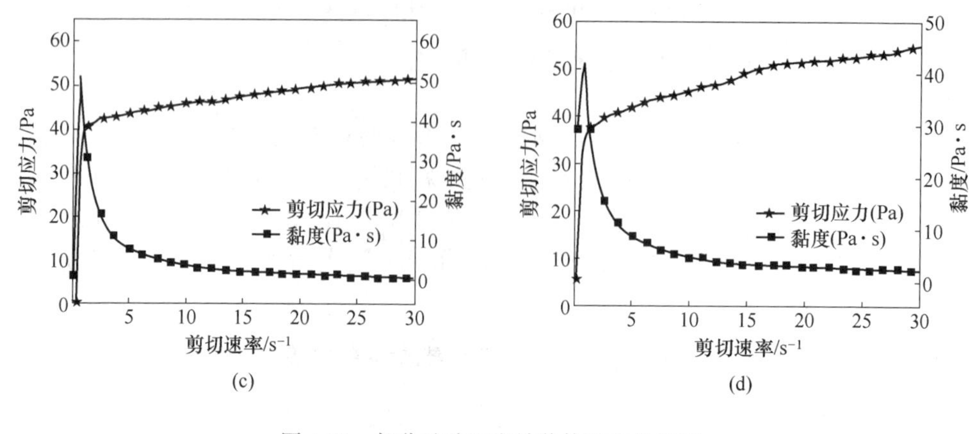

图 4-30 部分试验组充填浆体流变曲线图

(a) T1; (b) T3; (c) T7; (d) T9

根据力学和流动性能测试结果，水泥中掺入改性水淬铜渣会降低充填体的抗压强度，这种负面效应随着水淬铜渣氧化钙含量的增加和掺入比例的降低而减弱。当水淬铜渣采用 20%氧化钙进行改性，在复合水泥中掺入量 30%、20%和 10%水淬铜渣，对应的充填体 28d 强度分别为参照组的 83. 3%、88. 2%和 95%。随着水淬铜渣掺入量的增加，充填料浆的坍落度和屈服应力随之减小，浆体流动性能有所提高。因此，采用高温活化是提高水淬铜渣火山灰活性的有效手段，在合理的配比参数条件下，高温活化水淬铜渣能够作为辅助胶凝材料用于制备充填材料。

4.6 本章小结

本章采用机械粉磨和高温活化两种方式提高水淬铜渣的火山灰活性，通过分析不同活化条件下水淬铜渣的物化性质、结构特性及其复合水泥的抗压强度、水化热、水化产物等变化规律，揭示了两种活化方法的作用机理，并通过室内充填试验，分析了基于水淬铜渣复合水泥的充填材料的力学与流动性能，探究了高温活化水淬铜渣作为辅助胶凝材料用于制备充填材料的可行性。

(1) 采用高性能振动球磨机对水淬铜渣粉磨 1h、2h、3h，随着粉磨时间的延长，水淬铜渣细度逐渐增加而玻璃相含量增大，且主要发生在粉磨 1h 内，未发现明显的颗粒团聚现象；随着粉磨时间的增加，复合水泥在加速阶段和缓慢持续反应阶段的放热速率、120h 累积放热量及抗压强度均有所增大，复合水泥 90d 抗压强度可达到 35. 3MPa 接近纯水泥强度 (39. 7MPa)；样品 CS1、CS2 和 CS3 在 28d 养护龄期的石灰固定量分别为 15. 20%、17. 25%及 21. 15%，表明随着粉磨时间的增加，水淬铜渣火山灰活性逐渐增强。

（2）通过添加0%、10%和20%CaO对水淬铜渣进行高温活化，物化性能表征结果表明，高温活化水淬铜渣中SiO_2含量满足相关标准对火山灰材料活性SiO_2含量的要求，随着CaO含量的增加，水淬铜渣比表面积略有增加，密度略有降低；FTIR和XPS分析结果表明，大量二价铁（Fe^{2+}）以网络形成体存在于玻璃相结构中是原始水淬铜渣活性低的根本原因，随着CaO进入水淬铜渣玻璃相，网络结构的连续性遭到破坏，形成Si—O—NBO键和Si—O—2NBO键，非桥接氧（NBO）与Q^2结构单元数量增加，前者可以降低了材料聚合度，后者可以通过促进玻璃体表面对吸附水结合而加快玻璃相溶解，两者协同作用成为高温活化提高水淬铜渣火山灰活性的主要机理。

（3）随着水淬铜渣CaO含量的增加，复合水泥在加速阶段和缓慢持续反应阶段的放热速率有所提高，120h累积放热量由175.8J/g增加至184.4J/g；复合水泥净浆早期强度相对较低，强度发展滞后于纯水泥净浆，抗压强度随水淬铜渣中CaO添加量的增加而不断增大，当CaO添加量为20%时，对应的复合水泥90d抗压强度（42.9MPa）超过纯水泥强度（42.0MPa）；水化产物表征结果表明，随着水淬铜渣中CaO含量的增加，复合水泥中石灰固定量和C-S-H生产量逐渐增加，水化产物微观结构更加致密，C-S-H胶凝相中Ca/Si有所增加。

（4）在优化充填配比参数的基础上，以高温活化水淬铜渣复合水泥作为胶凝材料、全尾砂作为充填骨料开展了室内充填试验，并测试了充填材料的力学与流动性能。试验结果表明，掺入改性水淬铜渣会在不同程度上减小充填体各龄期的抗压强度，这种负面影响随着水淬铜渣中氧化钙含量增加和其在充填体的掺入量减小而减弱，当水淬铜渣采用20%氧化钙进行改性，在复合水泥中掺入量30%、20%和10%水淬铜渣，对应的充填体28d强度分别为参照组的83.3%、88.2%和95%；适当掺入改性水淬铜渣可以有效改善充填料浆的流动性能，随着水淬铜渣掺入量的增加，充填料浆的坍落度和屈服应力逐渐减小，水淬铜渣类型对流动性能影响效果无明显差异。

5 农作物稻草秸秆充填材料

尾砂胶结充填技术是一种公认的，能够有效解决尾砂难以处置问题，促进绿色矿山建设的开采技术。然而，尾砂通常为惰性材料，需要添加水泥进行胶结，且当尾砂粒径较细的情况下，尾砂胶结充填体同时具有强度低、脆性高和水泥成本高等问题，这制约了尾砂胶结充填技术的发展和应用。对此，部分研究人员通过添加聚丙烯纤维、聚丙烯腈纤维、玻璃纤维等来改善充填体力学性能。一般认为，纤维材料可以改善充填体的力学性能，但流动性会略有降低[54]。中国是世界上最大的水稻生产国，水稻种植残留的大量秸秆废物带来了环境的污染和资源的浪费。将具有一定力学性能的稻草秸秆应用于矿山尾砂充填对于实现环境敏感区矿产安全、环保开采具有重要的现实意义。

5.1 稻草秸秆的产生与性质

5.1.1 稻草秸秆的产生

稻草秸秆是成熟水稻茎叶（穗）部分的总称，通常指水稻在收获籽实后的剩余部分。水稻光合作用的产物有一半以上都存在于秸秆之中，所以稻草秸秆富含丰富氮、磷、钾、钙、镁和有机质等，是一种具有多种用途的可再生资源。稻草秸秆中绝大部分组成为粗纤维，它是不溶于一定浓度稀酸、稀碱和乙醇（醚）的有机物总称，包括纤维素、半纤维素和木质素等，这使得稻草秸秆具有一定的力学性能。

自 2013 年以来，我国每年从农业过程中生产超过 2.2 亿吨稻草秸秆，主要产地集中在南方和东北地区，这给如何有效处理稻草秸秆带来了严重问题。在 20 世纪之前，由于缺乏回收意识和利用方法，除了作为少量的牲畜饲料外，几乎所有的稻草秸秆都被丢弃和焚烧[55]。这导致了大量的资源浪费，而稻草秸秆燃烧产生的有害气体造成了严重的空气污染。1999 年中国政府开始禁止焚烧稻草秸秆后，这种状况得到了改善。据统计，经过 20 年的开发，大约 70%的稻草秸秆已作为肥料返回到田间，这可以带来巨大的环境效益。然而，由于稻草秸秆预处理成本高，且后续分解周期长，为稻草秸秆还田的应用带来了较大的阻力。目前，只有一小部分稻草秸秆用于其他用途，例如燃料和建筑材料。据统计，平均每年用于环境污染治理的资金超过 9000 亿元，2014 年用于工业污染治理的资金为997.7亿元，2017年为681.5亿元，呈小幅下降趋势。

5.1.2 稻草秸秆基本性质

稻草秸秆中纤维素、半纤维素和木质素的总含量超过70%，灰率约15%，见表5-1，稻草秸秆纤维的抗拉强度约5.4MPa，伸长率约2.3%，具备一定的力学性能。稻草秸秆堆积密度仅为85kg/m^3，属轻质材料。稻草秸秆吸水性达300%~517%，吸水性较高。稻草秸秆经烘干、切割后形成宽度不超过3mm的纤维状材料。此外，稻草秸秆中含有一定量的N、P、K、S、Si等元素。

表5-1 稻草纤维成分表

性 质	值	单 位	性 质	值	单 位
堆积密度	85	kg/m^3	纤维素	35.60	%
相对密度	0.36	—	半纤维素	20.50	%
宽度	<3	mm	木质素	16.80	%
吸水性	300~517	%	w(N)	0.50~0.80	%
抗拉强度	5.40	MPa	$w(P_2O_5)$	0.16~0.27	%
伸长率	2.30	%	$w(K_2O)$	1.40~2.00	%
灰率	15.20	%	w(S)	0.05~0.10	%
湿度	11.90	%	w(Si)	4~7	%

5.1.3 稻草秸秆利用现状

稻草是我国产量最大的农作物秸秆，运用稻草资源具有广阔的发展前景。近年来，很多研究人员对稻草的应用开展了持续的研究。2012年王明江认为稻草纤维能够有效地提高水泥基材料的抗压强度，并且指出对稻草纤维进行NaOH预处理能够更加有效地发挥稻草的增强作用[56]。廖绍印等人对不同形状特征的稻草纤维增强性能进行研究，他们将稻草纤维制成粉末状和丝状两种形状特征并分别添加到水泥基材料中，结果表明粉末状稻草纤维的增强效果更加显著[57]。蹇守卫等人通过对稻草进行碱水处理，取得了更好的混凝土抗干缩性能，抗压、抗冲击强度[58]。2016年谭曦和苏有文指出稻草纤维虽然能够提高混凝土的韧性和抗冲击性，但是却对抗压、抗拉和抗折性能有轻微抑制作用[59]。

总的来说，天然纤维的应用中还存在以下问题需要解决：

(1) 天然植物纤维对水泥的阻凝作用，天然植物纤维含有的糖类成分等在碱性环境中易发生反应并生成沉淀物，阻碍水泥的水化反应。

（2）天然植物纤维与水泥基体的界面相容性差，这是由于天然纤维本身具有的干缩湿胀性造成的。

（3）纤维水泥基材料配合比难以确定，这与其他类型的混凝土应用相同，配比试验因材料配合不同具有不可重复性，因此需要开展大量的试验进行分别判断和分类。

5.2 充填试验材料与方法

5.2.1 充填试验材料

5.2.1.1 尾砂

试验材料为铅锌矿细尾砂，中值粒径 d_{50} 为 25.31μm，d_{10} 为 3.21μm，d_{30} 为 9.81μm，d_{60} 为 33.01μm，粒级组成不均匀系数 C_u 为 10.30，曲率系数 C_c 为 0.91。尾砂粒级分布如图 5-1 所示。

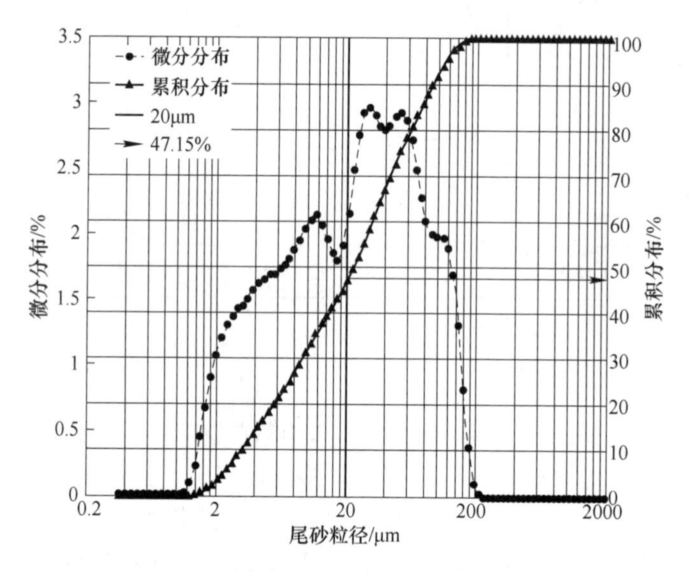

图 5-1 尾砂粒级分布

5.2.1.2 稻草纤维

稻草秸秆纤维设计长度 3 水平为 8～10mm、10～30mm 和 30～50mm，稻草秸秆纤维质地柔软、表面粗糙，如图 5-2 所示。

图 5-3 所示为稻草纤维 SEM-EDS 测试结果，表明稻草纤维表面密布大小不一的凸起形状物，粗糙度较高，能够增加稻草纤维与接触物间的摩擦力，有利于胶凝产物附着。此外，EDS 检测显示稻草纤维中含有少量的 Si 和 K 元素，其余主要为 C、O 元素。

(a)　(b)　(c)

图 5-2　稻草纤维形态图

（a）8~10mm；（b）10~30mm；（c）30~50mm

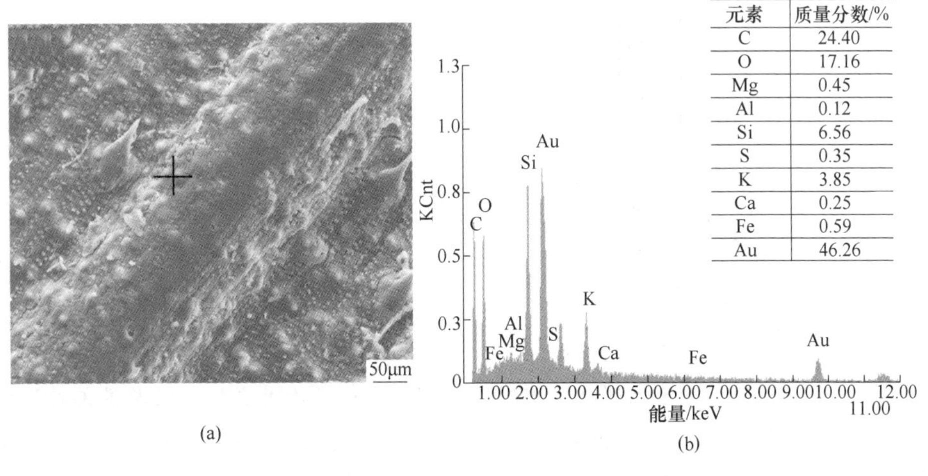

元素	质量分数/%
C	24.40
O	17.16
Mg	0.45
Al	0.12
Si	6.56
S	0.35
K	3.85
Ca	0.25
Fe	0.59
Au	46.26

(a)　(b)

图 5-3　稻草纤维 SEM（a）和 EDS（b）结果

5.2.1.3 水泥与水

目前在国内外矿山胶结充填中大多采用普通硅酸盐水泥作为主要胶结剂（水泥标号参见《通用硅酸盐水泥》），其含有的不同物质成分在水化阶段可生成胶凝产物，发挥胶结作用[60]。不同标号的水泥，如 32.5 号和 42.5 号硅酸盐水泥，对不同充填材料的固结效果不一：

$$q_c = a \cdot R_c(c/w - b) \tag{5-1}$$

式中 q_c——固结体强度；

a——试验系数，一般取 0.4~4.5；

b——试验系数，一般取 0.5；

R_c——水泥标号；

c/w——水灰比。

由式（5-1）可见，通常情况下，高标号水泥可以取得更佳的固结效果，但同时大幅度提高了充填成本。海螺牌标号 42.5 水泥应用较为广泛，对于细粒级尾砂的胶结效果较好。经检测，该水泥的颗粒密度为 3.11t/m^3，比表面积为 1.25m^2/g。图 5-4 所示为水泥粒径分布图，可知水泥颗粒较细，粒径小于 20μm 的颗粒比例超过 64.93%。图 5-5 中的 SEM-EDS 检测结果表明水泥颗粒较细，主要的化学元素成分为 Ca、Si 和 Al。

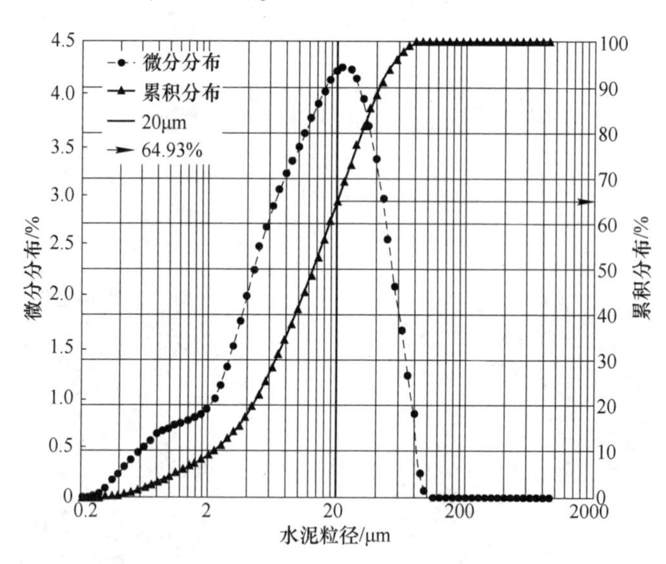

图 5-4 水泥粒径分布图

水用来调节充填浆体浓度以满足管道输送需求。研究发现，水内各种物质的含量、不同的混合水（自来水、选场废水）会对充填体强度造成不同程度的影响。本次研究统一采用普通自来水作为充填料浆调浓用水。

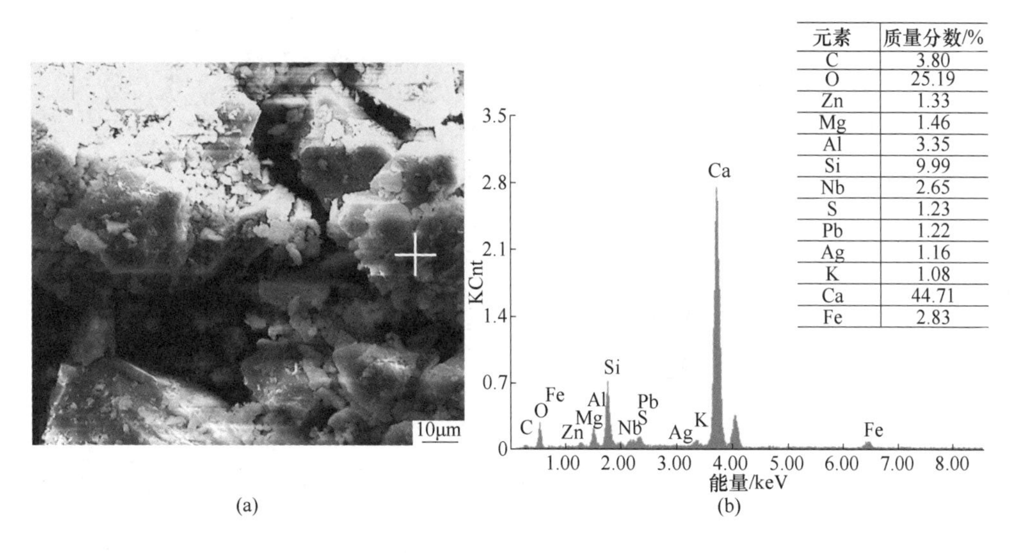

元素	质量分数/%
C	3.80
O	25.19
Zn	1.33
Mg	1.46
Al	3.35
Si	9.99
Nb	2.65
S	1.23
Pb	1.22
Ag	1.16
K	1.08
Ca	44.71
Fe	2.83

图 5-5 水泥 SEM（a）和 EDS（b）结果

5.2.2 充填试验方法

充填配比在铅锌尾砂物理性能测定基础上，选择不同充填配比参数，进行室内充填体试块制作，测定养护期为 3d、7d、28d 的充填体单轴抗压强度、抗拉强度，然后结合充填体力学性能表现和技术经济综合分析，得到全尾砂纤维充填的最优配比参数。

5.2.2.1 充填试样制作流程

A 模具准备

由于尾砂为细颗粒骨料，根据尾砂粒径的特点，选用 $\phi50\times100$ 标准试模来制作抗压试验试块，选用 $\phi50\times50$ 标准试模来制作抗拉试验试块。图 5-6（a）所示为 $\phi50\times100$ 标准试模和试件图，图 5-6（b）所示为 $\phi50\times50$ 标准试模。

B 料浆配制

料浆配制是充填配比试验的关键，高质量的试块能够保证后续充填体性能测试的准确性，制样过程遵循以下步骤：

（1）模具准备。制模前，应大致计算本次试验所需模具类型及数量，并按照配比分类不同分列摆放于光滑平整的地板或木板上，并在试模内部涂润滑油以方便拆模；

（2）原料称重。根据配合比要求，用电子秤称量水泥、尾砂、稻草秸秆，用量筒称取自来水计量；

（3）料浆制备（制备过程 5～10min）。1）先将称量好的尾砂、水泥和稻草秸秆纤维倒入 JJ-5 行星式水泥砂浆搅拌机中搅拌 3min 左右，使得干料混合均匀；

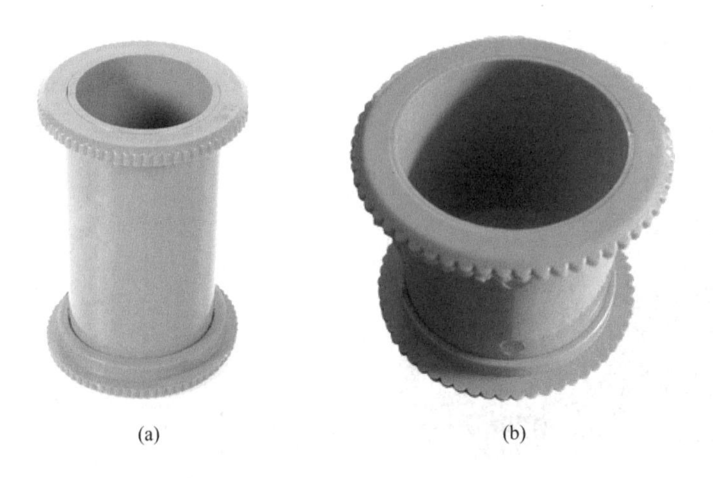

(a) (b)

图 5-6 ϕ50×100（a）、ϕ50×50（b）标准试模和试件图

2）然后将称量好的水倒入搅拌机中制备浆料，继续搅拌 3min 左右；3）关闭搅拌机，充填料浆制备完成。

（4）浇模。按照试验方案，将料浆缓慢倒入试模。混合好的料浆分两次填充到模具内，每次加到模具高度的一半，每次加入的料浆要用搅拌棒沿同一方向进行搅拌 20～25 次，并上下捣实以排出空气。填充的物料要略高出模具顶面，以避免充填料浆固化收缩后导致试件不规整。

C 试件脱模

料浆的初凝时间根据不同的物料组成、养护温度、养护湿度等影响区别较大，大致区间为 5～12h 之间，实际试验中应根据具体情况确定初凝时间。待料浆初凝后，再将试块表而刮平。由于材料配比不同，12h～1d 后试块才能初步自立，然后就可以进行脱模养护处理。脱模过程应小心谨慎，应当尽量用手或者直径略小于试件直径的圆柱体型器件将试件从模具中推出。脱模过程中切忌对试件进行拉拽，因为试件刚刚固结自立，抗拉强度较低，很容易被拉断导致试件损坏。脱模后将地板或者木板清理干净，将脱模后的试件有序摆放进行养护，如图 5-7 和图 5-8 所示。

D 试件养护

在井下，充填体经常受到淋水的影响。因此，为了尽可能贴近井下环境，确保养护温度保持在 20～24℃ 之间，湿度为 90% 以上，运用标准养护箱进行试件养护。

a 流变试验

采用 Thermo Haake 550 流变仪进行充填料浆流变性能测量。如图 5-9 所示，将按照不同充填配比配制的充填料浆置于大小适宜的烧杯中，保证转子没于料浆而不触底和触壁的状态，设置流变仪以一个线性增大的剪切速率进行剪切测定。

图 5-7 脱模后（抗压试件）

图 5-8 脱模后（抗拉试件）

b 扩散度试验

测定扩散度主要是为了掌握充填料浆流动性并辅以直观经验评定黏聚性和保水性。本试验采用目前较通用的“扩散筒法”，它的试验设备、方法简单，试验数据一定程度上也能够反映料浆的流动特性。

扩散度试验是适应高流动性拌合物的开发和应用而出现的，是一种能够反映拌合物的变形能力和变形速度的试验方法。扩散度试验采用小型扩散筒在一块标有刻度的木板上进行，木板表面光滑平整，其扩散度筒为圆柱形桶，上、下口径

图 5-9 Thermo Haake 550 流变仪和充填料浆流变性能检测

和高度均为 8cm。

试验步骤：首先用抹布把扩散度筒内壁及边缘擦拭干净，并将其放在水平、洁净的木板上，将配比好的充填料浆从扩散筒上口倒入，用钢尺将上口刮平后，迅速将扩散筒垂直提起，充填料浆将在木板上扩散成一个圆，通过测定两个垂直方向的圆直径，其平均值即为该料浆的扩散度，如图 5-10 所示。

c 单轴抗压性能试验

在对比研究了纤维充填砂浆与常规充填砂浆流变性能之后，测试充填体单轴抗压强度是研究充填体固体力学性能的首要工作。由于在通常情况下，充填体被填充在采空区后主要是对顶部荷载起支护作用，这使得充填体单轴抗压性能成为检验充填体是否满足工程需求的主要性质，也是工程研究中最常使用的方法，其主要包括强度和变形两个方面。抗压强度的大小能够反映出充填体的承载能力，对应的应变体现了充填体在受压破坏时具有的变形能力和韧性特征。

两种指标的计算公式如下所示：

$$\sigma_c = \frac{P}{A} \tag{5-2}$$

式中 P——试件达到破坏时最大轴向压力，N；

A——试件的横截面积，mm^2。

$$\varepsilon = \frac{\Delta l}{L} \tag{5-3}$$

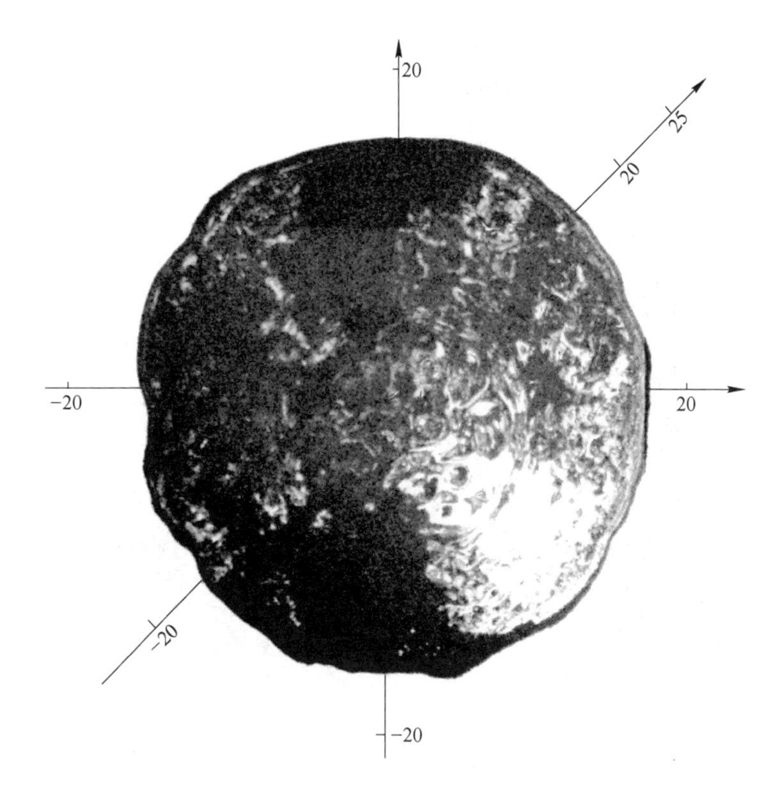

图 5-10 扩散度测量示意图

式中 Δl——试件达到破坏时产生的轴向变形，mm；

L——试件的长度，mm。

本次试验采用济南思达测试技术有限公司生产的 WDW-10 型微机控制压力试验机，确保试件表面平整，与压力试验机的平台完整接触，然后开始施加压力并直至试件破坏失效，如图 5-11 所示。

d 巴西劈裂抗拉性能试验

受矿山应用的采矿方法影响，底部和侧向暴露造成充填体因抗拉强度低而失稳的风险越来越高，充填体的抗拉特性作为其另一个重要力学性能理应得到进一步的研究。通常水泥基材料和岩石材料的抗压强度是其抗拉强度的 10 倍以上，硬脆性明显，很多充填体、混凝土和岩石结构发生破坏或失稳都是由于不能承受拉应力作用引起的[61]。因此，研究纤维材料对充填体抗拉性能的作用有切实意义。

在岩石和混凝土领域，国内外众多学者为研究材料抗拉强度做了大量研究工作，通常测量材料的抗拉强度主要通过直接和间接的拉伸测量法。直接拉伸法测定的材料抗拉强度通常更加真实可信，但是由于该方法测量对试件形状的特殊要

图 5-11 单轴抗压试验

求，造成试件的加工效率较低，另外试件在拉伸的过程中容易形成端部应力集中致使试验失效，难以得到有效的抗拉强度值，因此室内试验中较少采用直接拉伸法，取而代之的是巴西劈裂法，如图 5-12 所示。由于在一般的静载压力试验机上都可以开展低应变率条件的常规劈裂试验，巴西劈裂法成为最常用的间接拉伸试验法。国际岩石力学学会（ISRM）早在 1978 年便推荐巴西劈裂法来测定岩石抗拉强度，在本次试验研究中也将巴西劈裂法作为充填体抗拉强度的测量方法。巴西劈裂法通常使用的圆盘试件的厚度和直径比在 0.5～1 之间，在圆盘与试验机上下承压板之间使用直径不超过 3mm 的钢垫条联结，在加载的过程中由于受到线性荷载的作用而产生垂直于加载方向的拉应力，直至造成试件失稳破坏。

巴西劈裂试件可以根据弹性力学的二维平面应力弹性力学的理论进行求解，在距离圆盘中心最远处即两端处受压应力为最大，其中以压应力为正，拉应力为负，圆盘内任一点 $T(x, y)$ 的受力状态为[62]：

$$\sigma_x = \frac{2p}{\pi L}\left(\frac{\sin^2\theta_1\cos\theta_1}{r_1} + \frac{\sin^2\theta_2\cos\theta_2}{r_2}\right) - \frac{2p}{\pi DL} \tag{5-4}$$

$$\sigma_y = \frac{2p}{\pi L}\left(\frac{\cos^3\theta_1}{r_1} + \frac{\cos^3\theta_2}{r_2}\right) - \frac{2p}{\pi DL} \tag{5-5}$$

$$\tau_{xy} = \frac{2p}{\pi L}\left(\frac{\sin\theta_1\cos^2\theta_1}{r_1} + \frac{\sin\theta_2\cos^2\theta_2}{r_2}\right) \tag{5-6}$$

式中 p——最大载荷，N；

D——试件的直径，mm；

L——试件的厚度，mm。

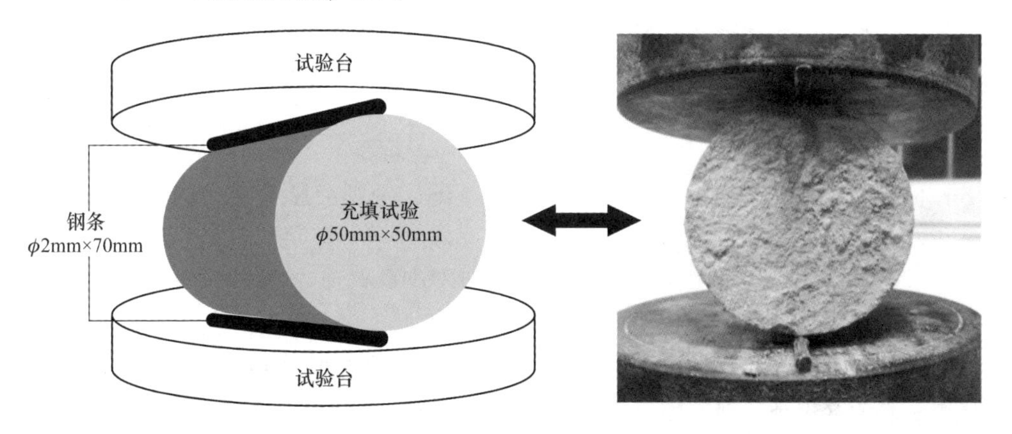

图 5-12 抗拉强度试验（巴西劈裂法）

假定试件两端受集中载荷 p，依据圣维南原理，距两端较远处应力集中的影响忽略不计；且在圆盘中心处，即 $\theta_1=\theta_2=0$，$r_1=r_2=0.5$，根据式（5-4）和式（5-5），可得圆盘试件直径平面内垂直加载方向的水平拉应力为：

$$\sigma_x=-\frac{2p}{\pi DL} \tag{5-7}$$

直径平面内径向压应力为：

$$\sigma_y=\frac{6p}{\pi DL} \tag{5-8}$$

由上可得，压应力为拉应力的 3 倍，可以认为试样受水平拉应力而破坏。

e 电镜扫描试验

扫描电子显微镜（scanning electron microscope，SEM）是用聚焦电子束在试样表面逐点扫描成像。扫描电子显微镜由电子枪、聚光镜、物镜等组成，聚光镜、物镜将电子枪发出的电子汇聚在试样上，经过试样内的多次弹性散射和非弹性散射后，在样品表面外形成多种信息。这些信息与样品表面的几何形貌以及化学成分等有很大的关系。通过这些信息的解析就可以达到获得表面形貌和化学成分的目的。

用于扫描电镜观察的试样制备较为简单，有的试样表面不需要再加工，可以直接观察它的自然状态。例如对金属的断口进行分析时，就不需要加工，加工反而破坏了断口的原貌。对于大的试样，无法放入扫描电镜内，需要切成小块放入。但是切割时应注意不能破坏观察面，并要保持清洁。对于不欲切割或不允许切割的样品则需要用 AC 纸制作复制膜，在其上面再喷上一层导电层（如金、碳等）放入扫描电镜内观察。若试样是绝缘材料，电子束打在试样上会累积电荷，影响电子束的正常扫描，制样时要在试样观察面上喷一层很薄的导电层，观测时便可将多余的电荷导走。在观察腐蚀试样时，要注意在腐蚀试样时，不能留有腐蚀产物，否则会出现假相。对于粉末试样，需先将导电胶或双面胶纸粘接在样品座上，再均匀地把粉末样撒在上面，用洗耳球吹去未粘住的粉末，再喷上一层导电膜，即可上电镜观察。

电镜扫描步骤：

（1）制样。准备样品，样品要尽量小、薄，否则会影响样品的导电性。将准备好的样品用导电胶粘于样品台上。

（2）喷金。将样品台置于 LEICA EM SCD 500 高真空镀膜仪中进行喷金镀膜。考虑充填体导电性差，喷金时间 240~360s。

（3）电镜扫描。将喷金后的样品台置于 QUANTA FEG 250 场发射扫描电镜仪中，观察并记录样品微观结构，如图 5-13 所示。

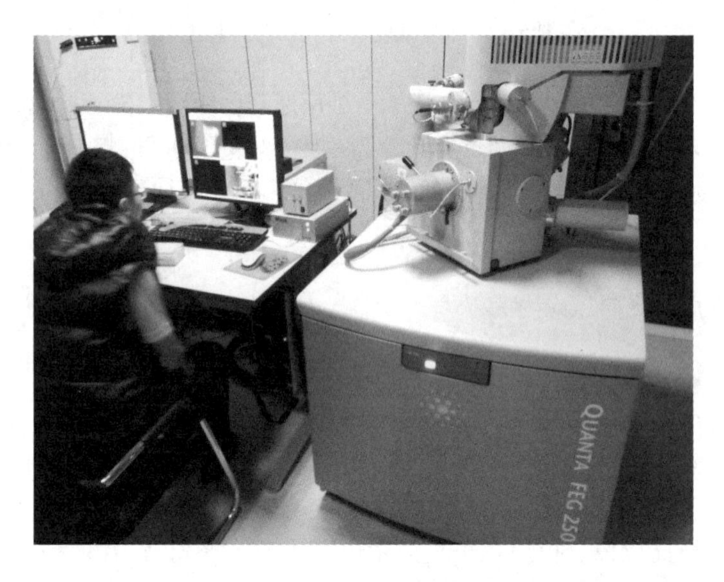

图 5-13 QUANTA FEG 250 场发射扫描电镜仪

f 核磁共振试验

目前，对于充填体微观结构的检测主要通过 XRD、SEM 等方法，但是这些方法对于充填体的微观孔隙结构只能定性分析，而没有办法做到定量检测。在这种情况下，核磁共振技术被关注并运用到水泥基材料的微观结构检测和观察中。

核磁共振现象于 20 世纪 30 年代被美国物理学家 Isidor Isaac Rabi 首先发现，开启了核磁共振技术的广泛应用，并在随后的几十年中，核磁共振技术不断得到丰富和发展。目前，由于其快速无损、准确、分辨率高等优点已经成为地球学科等领域中重要的分析和检测方法。到 20 世纪 80 年代初，相关科研人员开始运用核磁共振技术来检测水泥基材料中水化产物的微观结构、孔径分布和水泥基材料中孔的连通性等[63]。

核磁共振的基本原理是利用磁场与水中氢原子核磁性的相互作用来测量岩石孔隙内氢原子的弛豫特性，从而通过判断材料中所含水的弛豫特征来分析材料的孔隙特征。弛豫时间分为纵向弛豫时间（T_1）和横向弛豫时间（T_2），通常以所需时间短的 T_2 曲线的变化来表征岩石孔隙的特征，通常孔隙尺寸越小，所测得的 T_2 值越小。

由于水泥基材料是多孔介质材料，其横向弛豫包括自由弛豫、表面弛豫和扩散弛豫三种机制，横向弛豫 T_2 可以表示为：

$$\frac{1}{T_2} = \frac{1}{T_{2自由}} + \rho_2 \frac{S}{V} + \frac{D(\gamma G T_{\mathrm{E}})^2}{12} \tag{5-9}$$

式中 $T_{2自由}$——自由弛豫；

D——扩散系数；

γ——旋磁比；

G——磁场梯度；

T_{E}——回波时间；

ρ_2——表面弛豫强度；

$\frac{S}{V}$——比表面积。

Brownstein-Tarr 理论认为，水泥基材料中广泛分布的小孔隙对水的移动限制和水泥表面的顺磁性离子会形成表面弛豫机制，相反自由弛豫和扩散弛豫较少。因此，认为表面弛豫决定了材料的 T_2 弛豫时间，公式（5-9）可简化为：

$$\frac{1}{T_2} \approx \rho_2 \frac{S}{V} \tag{5-10}$$

$$\frac{1}{T_2} \approx \rho_2 \frac{F_{\mathrm{s}}}{r} \tag{5-11}$$

式（5-10）可以转换为公式（5-11），F_{s} 为孔隙尺寸系数，当孔隙为圆形时取值 3，孔隙为不规则形状时取值 2。可见，T_2 谱的弛豫时间和峰值弛豫时间面积分别反映材料中孔隙尺寸和孔隙数量。

本研究相关核磁共振试验采用上海纽迈科技生产的 AniMR-150 核磁共振检测分析系统，如图 5-14 所示。该设备的主磁场强度为（0.3±0.05）T，为低场核磁共振系统，射频脉冲频率范围为 2~49.9MHz，射频控制精度±0.01Hz。

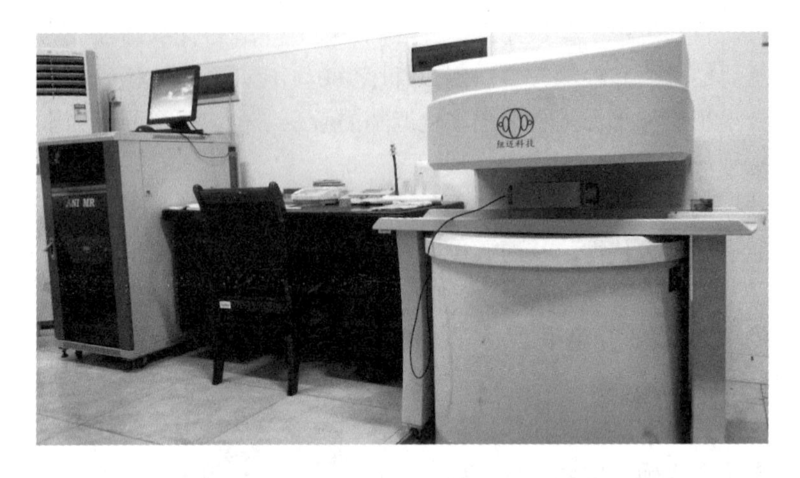

图 5-14 AniMR-150 核磁共振检测分析系统

5.2.2.2 分析方法

A 多因素正交试验

根据充填材料性能需求，研究灰砂比、质量浓度、纤维条件、龄期等因素对充填体质量的影响。在试验方法的选择上，考虑试验影响因素较多，采用全面组合设计法容易造成数据庞大，过程烦琐等不利影响，本书建议采用正交试验设计法进行试验方案设计。正交是指各因素水平一一对称，相互正交，安排试验时使各因素水平能均匀搭配，既无遗漏，又无重复。正交试验设计可以用相对少的试验获得全面的试验信息。正交表有三个主要性质，即正交性、代表性、综合性，能够分析不同影响因素的作用程度，最终能够在所考察的因素中选出一个最佳的水平组合。

正交试验通常包括以下步骤：

(1) 根据试验的目的，确定考察指标 y；

(2) 确定考察的影响因素，$Y=f(A, B, \cdots)$；

(3) 根据考察范围和精细度要求，确定因素水平和各水平的量值；

(4) 选择正交表；

(5) 按正交表安排试验；

(6) 分析试验结果，找出最佳配比。

B 极差分析法

正交设计中最常用的分析方法是极差分析法，该方法简单、直观且计算量小，便于进行后续单因素分析，也被称为直观分析法。

首先计算各因素水平对应的目标值平均值，即统计第 j 列上第 i 个水平的试验结果 m_{ij} 总和 K_{ij}，然后计算得到平均值 k_{ij}：

$$k_{ij} = \frac{K_{ij}}{t} = \frac{\sum m_{ij}}{t} \tag{5-12}$$

式中 m_{ij}——第 j 列上第 i 个水平的试验结果；

K_{ij}——第 j 列上第 i 个水平的试验结果总和；

k_{ij}——对应 K_{ij} 试验结果的平均值；

t——第 j 列上水平号 i 出现次数。

然后根据平均值 k_{ij} 计算极差 R_j：

$$R_j = \max\{k_{ij}\} - \min\{k_{ij}\} \tag{5-13}$$

根据极差 R_j 的大小来判断因素水平变化对试验指标的影响大小，R_j 值越大表明影响越显著。

C 影响强度的多因素正交试验设计

细粒级尾砂浓缩难度大、充填性能难以保障、充填用水泥单耗较高，确定充填配比试验灰砂比为 1∶7~1∶4，砂浆质量浓度为 60%~66%。根据一般纤维混凝土添加量以及综合考虑纤维费用对充填成本的影响，确定稻草秸秆添加量为 1~3kg/m^3；根据常用稻草秸秆长度参数，确定为 8~10mm、10~30mm 和 30~50mm 三水平。

根据试验规划设计灰砂比、质量浓度、秸秆添加量、秸秆长度 4 因素、3 水平的正交试验 $L_9(3^4)$ 共 9 组，如表 5-2 所示。

表 5-2 稻草秸秆充填体配比

编号	灰砂比	质量浓度/%	秸秆添加量/kg·m^{-3}	秸秆长度/mm
1	1∶4	60	1	8~10
2	1∶4	62	2	10~30
3	1∶4	64	3	30~50
4	1∶5	60	2	30~50
5	1∶5	62	3	8~10
6	1∶5	64	1	10~30
7	1∶6	60	3	10~30
8	1∶6	62	1	30~50
9	1∶6	64	2	8~10

5.3 稻草秸秆充填料浆流变性能

5.3.1 稻草秸秆对充填料浆扩散度的影响

按照充填配比设计，运用扩散度筒测定充填料浆的扩散度，并对试验结果进行正交试验分析。稻草秸秆充填料浆扩散度见表 5-3，单因素分析见表 5-4。

表 5-3 稻草秸秆充填料浆扩散度

编号	灰砂比（A）	质量浓度（B）/%	秸秆添加量（C）/kg · m^{-3}	秸秆长度（D）/cm	扩散度/cm		
					横向扩散直径一	横向扩散直径二	横向扩散直径三
1	1∶4	60	1	0.5~1	13.90	14.80	14.35
2	1∶4	62	2	1~3	12.10	12.20	12.15
3	1∶4	64	3	3~5	12.40	13.00	12.70
4	1∶5	60	2	3~5	11.90	13.80	12.85
5	1∶5	62	3	0.5~1	11.90	11.90	11.90
6	1∶5	64	1	1~3	10.70	10.40	10.55
7	1∶6	60	3	1~3	11.7	11.40	11.55
8	1∶6	62	1	3~5	9.80	11.1	10.45
9	1∶6	64	2	0.5~1	9.30	9.60	9.45

表 5-4 单因素分析

因　素	配　比	稻草秸秆充填料浆扩散度/cm	
		均　值	极　差
灰砂比（A）	1∶4	13.067	2.584
	1∶5	11.767	
	1∶6	10.483	
质量浓度（B）/%	60	12.917	2.017
	62	11.500	
	64	10.900	
秸秆添加量（C）/kg · m^{-3}	1	11.783	0.567
	2	11.483	
	3	12.050	
秸秆长度（D）	3mm/0.5~1cm	11.900	0.583
	6mm/1~3cm	11.417	
	9mm/3~5cm	12.000	

由表5-4中各因素扩散度均值可知，各因素水平对扩散度大小影响的强弱顺序为A1>A2>A3，B1>B2>B3，C3>C1>C2，D3>D1>D2。极差 $R_A=2.584$，$R_B=2.017$，$R_C=0.567$，$R_D=0.583$。R_j（j=A，B，C，D）值越大说明所对应的因素对试块扩散度影响越大，所以由 R_j 的大小推知，影响充填试块扩散度各因素的重要顺序为：灰砂比（A）>质量浓度（B）>秸秆长度（D）>秸秆添加量（C）。

如图5-15所示，充填料浆随稻草秸秆添加量和长度呈先减小后增加的趋势，分别在秸秆添加量2kg/m³和秸秆长度1~3cm时达到最小值，但秸秆因素对料浆扩散度影响较小。料浆扩散度随灰砂比的减小而减小，随质量浓度的增加而减小。灰砂比和质量浓度为影响料浆扩散度的主要因素。

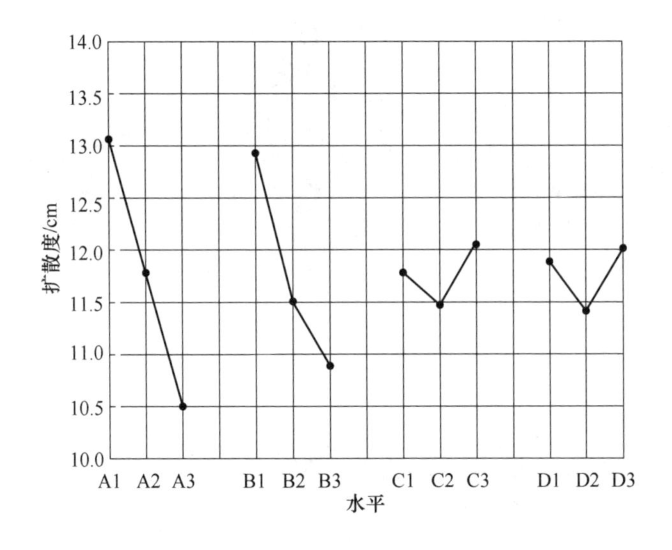

图5-15 稻草秸秆扩散度

5.3.2 稻草秸秆对充填料浆流变参数的影响

表5-5为灰砂比1∶4和质量浓度为60%条件下，常规充填料浆和稻草秸秆充填料浆流变性能检测结果。稻草秸秆充填料浆比常规充填料浆具有更高的屈服应力和黏度，说明添加稻草秸秆对充填料浆的流动性具有一定的抑制作用。一方面，由于稻草秸秆表面粗糙度更高，这将增大料浆物相之间的摩擦系数，从而造成屈服应力和黏度增大。另一方面，稻草秸秆具有高吸水性，使得料浆含水量略有降低，从而降低料浆流动性。因此，在稻草秸秆充填材料的应用中，要避免稻草秸秆过量使用造成充填料浆流动性大幅降低。图5-16为常规充填体和稻草秸秆充填料浆剪切应力、黏度与剪切速率关系。

表 5-5 常规充填料浆和稻草秸秆充填料浆流变性能

编号	灰砂比	质量浓度/%	常规充填料浆		稻草秸秆充填料浆	
			屈服应力/Pa	黏度/Pa·s	屈服应力/Pa	黏度/Pa·s
1	1∶4	60	80.87	2.93	129.01	8.87

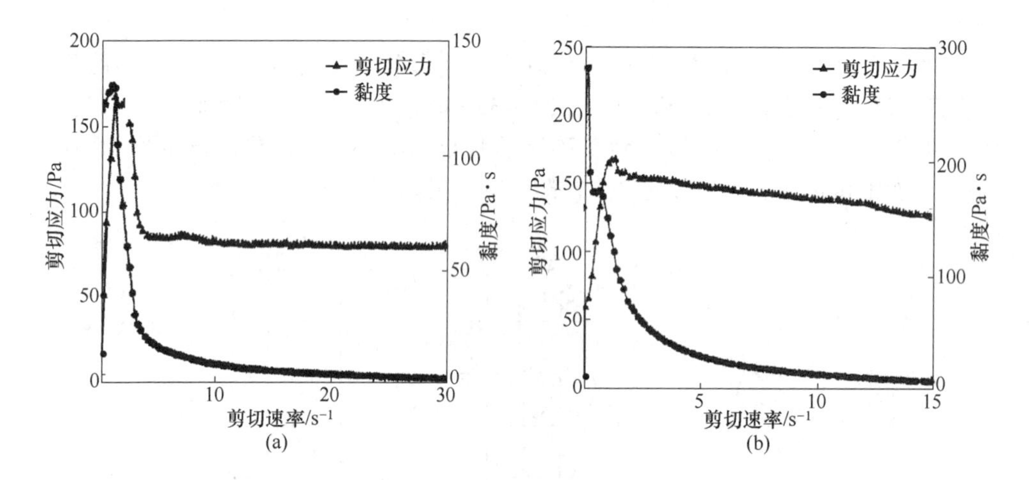

图 5-16 常规充填体和稻草秸秆充填料浆剪切应力、黏度与剪切速率关系

（a）常规充填体：质量浓度 60%，灰砂比 1∶4；（b）稻草充填体：质量浓度 60%，灰砂比 1∶4，稻草含量 $1kg/m^3$，稻草长度 9~10mm

5.4 稻草秸秆充填体单轴抗压性能

5.4.1 试验结果

按照正交试验设计表 5-2 制备试样，并进行单轴抗压试验。常规充填体和稻草秸秆充填体抗压试验峰值抗压强度如图 5-17 所示。

如图 5-17 所示，养护 3d 时，常规充填体峰值抗压强度为 0.22~0.71MPa；养护 7d 时，常规充填体峰值抗压强度为 0.32~0.99MPa；养护 28d 时，常规充填体峰值抗压强度为 0.28~1.59MPa。养护 3d 时，稻草秸秆充填体峰值抗压强度为 1.01~2.49MPa；养护 7d 时，稻草秸秆充填体峰值抗压强度为 0.97~2.83MPa；养护 28d 时，稻草秸秆充填体峰值抗压强度为 0.85~2.09MPa。

在相同灰砂比和质量浓度条件下，对比添加稻草秸秆对充填体抗压性能的影响。由图 5-18 可知，添加稻草秸秆能够显著提高充填体峰值抗压强度。计算稻草秸秆充填体对比常规充填体的峰值抗压强度提高比例，提高比例区间为 31.45%~478.26%。根据不同的养护龄期，稻草秸秆充填体抗压强度增加比例在

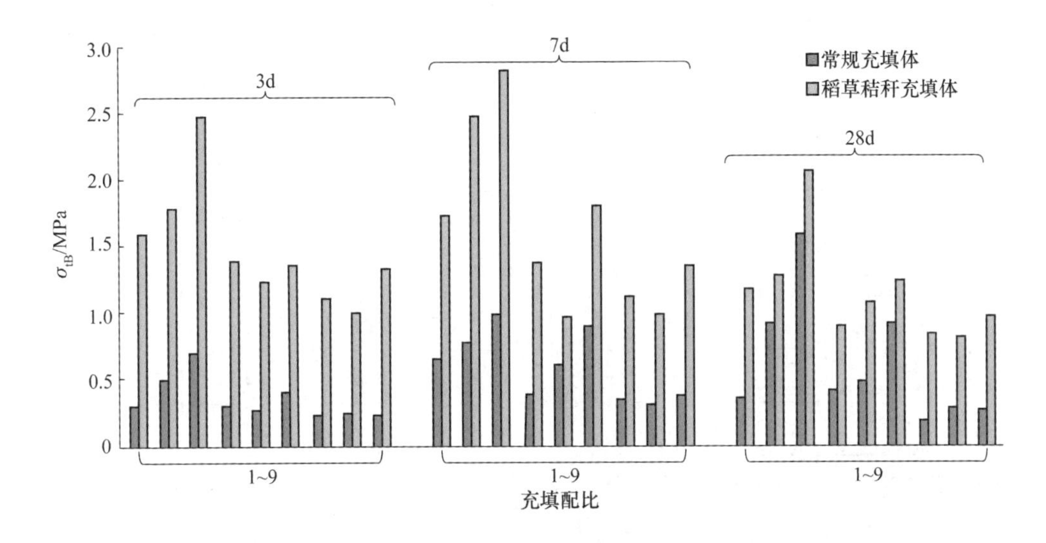

图 5-17 常规充填体和稻草秸秆充填体抗压强度

3d 时为 229.27%~478.26%；7d 时为 59.02%~257.89%；28d 时为 31.45%~372.22%。整体表现出在低养护龄期时，抗压强度增加比例高。

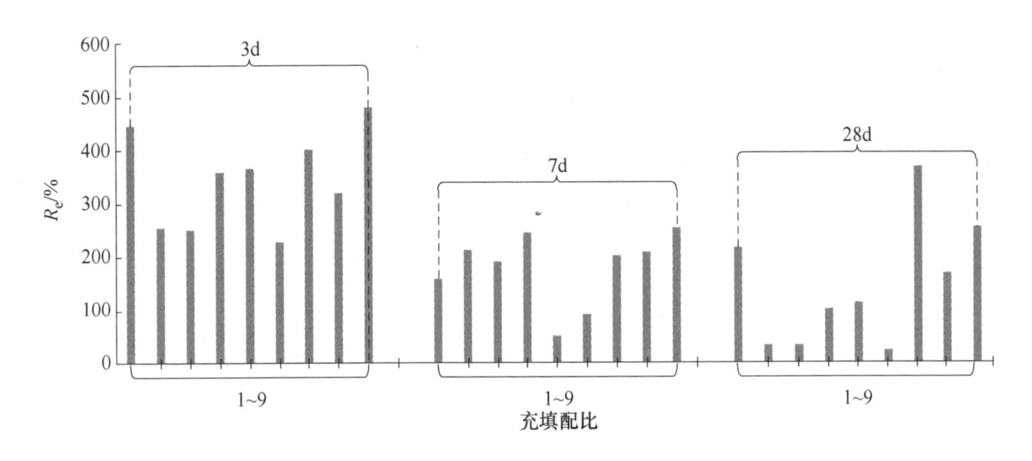

图 5-18 稻草秸秆充填体对比常规充填体抗压强度增加比例

5.4.2 抗压强度分析

5.4.2.1 正交试验分析

为进一步分析各配比参数对稻草秸秆充填体峰值抗压强度的影响，按照正交试验极差分析原则进行分析，结果见表 5-6。

表 5-6 稻草秸秆充填体抗压强度单因素分 （MPa）

灰砂比（A）	3d		7d		28d	
	均值	极差	均值	极差	均值	极差
1∶4	1.947	0.800	2.333	1.170	1.523	0.620
1∶5	1.313		1.380		1.083	
1∶6	1.147		1.163		0.903	
质量浓度（B）/%	3d		7d		28d	
	均值	极差	均值	极差	均值	极差
60	1.350	0.390	1.400	0.597	0.990	0.457
62	1.333		1.480		1.073	
64	1.723		1.997		1.447	
秸秆添加量（C）/kg·m^{-3}	3d		7d		28d	
	均值	极差	均值	极差	均值	极差
1	1.310	0.290	1.500	0.233	1.097	0.273
2	1.497		1.733		1.070	
3	1.600		1.643		1.343	
秸秆长度（D）/mm	3d		7d		28d	
	均值	极差	均值	极差	均值	极差
8~10	1.370	0.257	1.343	0.457	1.100	0.187
10~30	1.410		1.800		1.123	
30~50	1.627		1.733		1.287	

（1）3d：由表 5-6 中各因素抗压强度均值可知，各因素水平对强度大小影响的强弱顺序为 A1>A2>A3，B3>B1>B2，C3>C2>C1，D3>D2>D1。极差 $R_A=0.800$，$R_B=0.390$，$R_C=0.290$，$R_D=0.257$。由 R_j（j=A，B，C，D）值的大小推知，影响充填试块抗压强度各因素的重要顺序为：灰砂比(A)>质量浓度(B)>秸秆添加量（C)>秸秆长度(D)。

（2）7d：由表 5-6 中各因素抗压强度均值可知，各因素水平对强度大小影响的强弱顺序为 A1>A2>A3，B3>B2>B1，C2>C3>C1，D2>D3>D1。极差 $R_A=1.170$，$R_B=0.597$，$R_C=0.233$，$R_D=0.457$。由 R_j（j=A，B，C，D）值的大小

推知，影响充填试块抗压强度各因素的重要顺序为：灰砂比(A)>质量浓度(B)>秸秆长度(D)>秸秆添加量(C)。

(3) 28d：由表5-6中各因素抗压强度均值可知，各因素水平对强度大小影响的强弱顺序为A1>A2>A3，B3>B2>B1，C3>C1>C2，D3>D2>D1。极差 $R_A=0.620$，$R_B=0.457$，$R_C=0.273$，$R_D=0.187$。由 R_j（j=A，B，C，D）值的大小推知，影响充填试块抗压强度各因素的重要顺序为：灰砂比(A)>质量浓度(B)>秸秆添加量(C)>秸秆长度(D)。

综上可知，在添加稻草秸秆的情况下，各配比参数对充填体抗压强度影响重要顺序由大到小为灰砂比、质量浓度、秸秆添加量和秸秆长度。

5.4.2.2 稻草秸秆参数影响分析

根据表5-6的稻草秸秆充填体抗压强度单因素分析结果，将不同稻草秸秆添加量和长度对充填体单轴抗压强度的影响绘制于图5-19中。图5-19（a）所示为稻草秸秆添加质量对充填体峰值抗压强度的影响。可知在养护龄期3d时，充填体抗压强度随着秸秆添加量的增加不断增大；在养护龄期7d时，充填体抗压强度随着秸秆添加量的增加先增大后减小；在养护龄期28d时，充填体抗压强度随着秸秆添加量的增加先减小后增大，但减小段降低幅度不大。研究表明，秸秆添加量对充填体抗压强度的影响非单调变化，稻草秸秆添加量3kg/m³为优选配比参数。

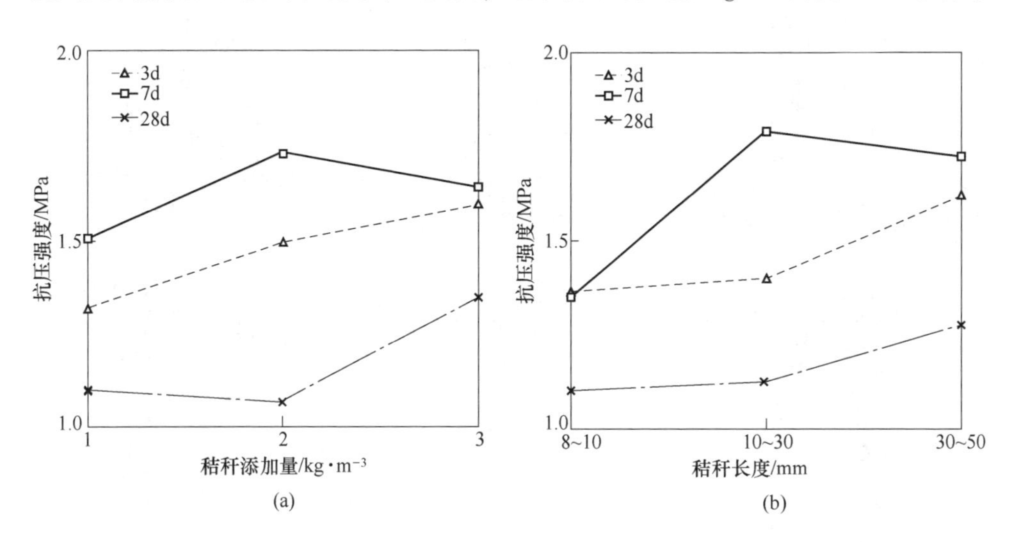

图5-19 稻草纤维对抗压强度影响

(a) 添加量；(b) 长度

图5-19（b）所示为稻草秸秆长度对充填体峰值抗压强度的影响。可知在养护龄期3d和28d时，抗压强度受不同秸秆长度的影响趋势相同，随着秸秆长度的增加，充填体抗压强度单调增加，在秸秆长度为30~50mm时抗压强度值最大。

养护 7d 时，抗压强度随着秸秆长度的增加先增大后减小，添加 10~30mm 秸秆带来的充填体强度增强效果最好，纤维长度 30~50mm 时充填体抗压强度相比秸秆长度为 10~30mm 时有小幅度下降。可见，在稻草秸秆充填体抗压试验中，秸秆长度越长，充填体抗压强度的提高效果越明显。

根据以上数据分析，本试验研究中稻草秸秆充填体的最佳稻草秸秆配比参数为秸秆添加量 3kg/m^3 和秸秆长度 30~50mm。

5.4.3 宏观破坏形态

图 5-20 所示为常规充填体和稻草秸秆充填体在单轴压缩试验过程中的宏观破坏形态，展现了充填体在外部压力作用下形成初始裂隙，并不断扩张，最终导致充填体失稳破坏的过程。在图 5-20 中，常规充填体表现出剪切和拉伸的双重破坏模式，在试件头部由于端部效应作用，形成具有代表性的锥形破坏形态，试件内部形成严重的贯通裂隙破坏，造成充填体失稳并伴有大块脱落。稻草秸秆充

图 5-20 常规充填体（CCTB）和稻草秸秆充填体（RSCTB）宏观破坏形态对比
（a）常规充填体；（b）稻草秸秆充填体

填体在受压过程中也形成了剪切和拉伸破坏形态，试件外部形成数条裂隙致使其失稳，但保持了一定的完整性。以上结论表明，稻草秸秆的加入使得充填体在抗压破坏后裂而不散，促进了充填体抗压韧性的提高。在单轴压缩过程中，当裂隙在充填体内部出现后，跨越裂隙的秸秆起到增韧阻裂的作用，促使裂隙的发育速度降缓，同时散乱分布的秸秆诱导次生裂隙的发生，阻碍了能够造成充填体失稳的贯通裂隙的产生，增加了充填体的抗压强度和抗压韧性。

5.5 稻草秸秆充填体巴西劈裂抗拉性能

5.5.1 试验结果

按照正交试验设计表 5-2 制备试样，并进行巴西劈裂抗拉试验。常规充填体和稻草秸秆充填体巴西劈裂抗拉试验峰值抗拉强度如图 5-21 所示。

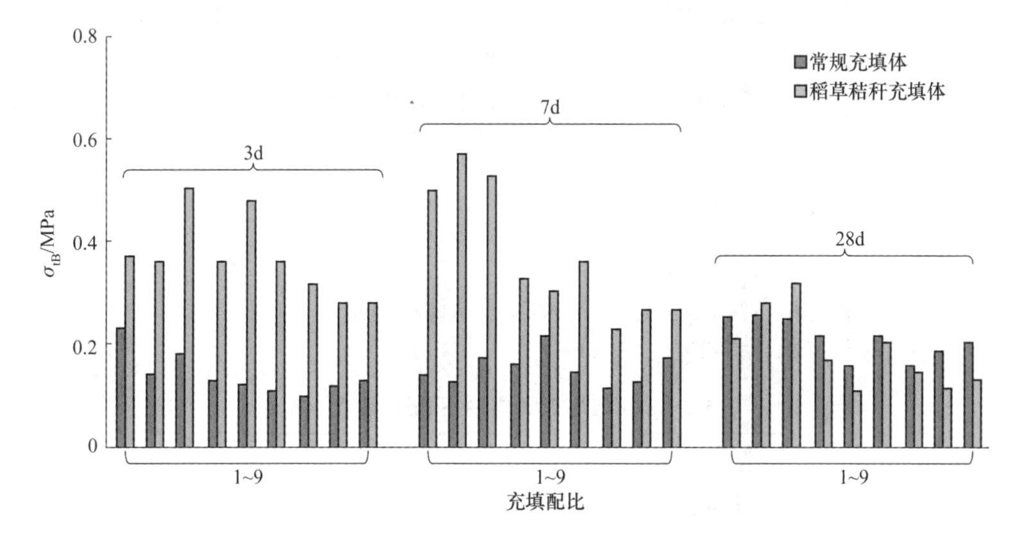

图 5-21 稻草秸秆充填体对比常规充填体抗拉强度

根据图 5-21，与稻草秸秆充填体相同灰砂比和质量浓度配比对应的常规充填体巴西劈裂抗拉性能测试结果为：养护 3d 时，常规充填体峰值抗拉强度为 0.10~0.23MPa；养护 7d 时，常规充填体峰值抗拉强度为 0.12~0.22MPa；养护 28d 时，常规充填体峰值抗拉强度为 0.16~0.26MPa。此外，养护 3d 时，稻草秸秆充填体峰值抗拉强度为 0.28~0.50MPa；养护 7d 时，稻草秸秆充填体峰值抗拉强度为 0.23~0.58MPa；养护 28d 时，稻草秸秆充填体峰值抗拉强度为 0.11~0.32MPa。

由上可知，添加稻草秸秆能够显著提高充填体峰值抗拉强度，计算稻草秸秆充填体对比常规充填体的峰值抗拉强度提高比例，如图 5-22 所示。由于充填体

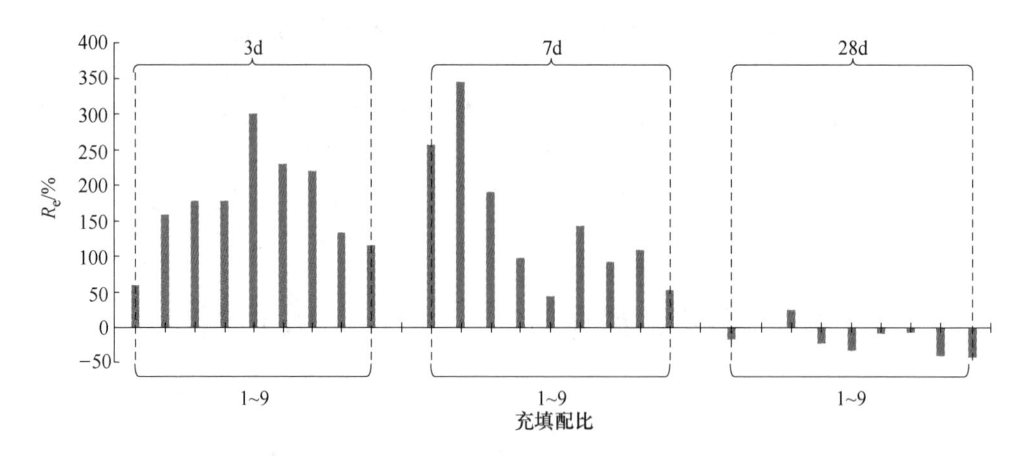

图 5-22 稻草秸秆充填体对比常规充填体抗拉强度增加比例

配比、养护龄期的不同，其提高比例从-38.10%~346.15%各不相同。根据不同的养护龄期，稻草秸秆充填体抗拉强度增加比例在 3d 时为 115.38%~300.00%；7d 时为 40.91%~346.15%；28d 时为-38.10%~28.00%。分析指出，稻草秸秆在低养护龄期对充填体抗拉强度的增强作用更为显著。

5.5.2 抗拉强度分析

5.5.2.1 正交试验分析

为进一步分析各配比参数对稻草秸秆充填体峰值抗拉强度的影响，按照正交试验极差分析原则进行分析，见表 5-7。

表 5-7 稻草秸秆充填体抗拉强度单因素分析 (MPa)

灰砂比（A）	3d		7d		28d	
	均值	极差	均值	极差	均值	极差
1∶4	0.410	0.117	0.537	0.280	0.267	0.134
1∶5	0.400		0.333		0.163	
1∶6	0.293		0.257		0.133	
质量浓度（B）/%	3d		7d		28d	
	均值	极差	均值	极差	均值	极差
60	0.350	0.030	0.353	0.034	0.177	0.053
62	0.373		0.387		0.167	
64	0.380		0.387		0.220	

续表 5-7

秸秆添加量（C）/kg · m⁻³	3d		7d		28d	
	均值	极差	均值	极差	均值	极差
1	0.337	0.100	0.377	0.036	0.180	0.013
2	0.333		0.393		0.190	
3	0.433		0.357		0.193	
秸秆长度（D）/mm	3d		7d		28d	
	均值	极差	均值	极差	均值	极差
8~10	0.377	0.033	0.360	0.030	0.150	0.060
10~30	0.347		0.390		0.210	
30~50	0.380		0.377		0.203	

（1）3d：由表 5-7 中各因素抗拉强度均值可知，各因素水平对强度大小影响的强弱顺序为 A1>A2>A3，B3>B2>B1，C3>C1>C2，D3>D1>D2。极差 R_A = 0.117，R_B=0.030，R_C=0.100，R_D=0.033。R_j（j=A，B，C，D）值越大说明所对应的因素对试块强度影响越大，所以由 R_j 的大小推知，影响充填试块抗拉强度各因素的重要顺序为：灰砂比(A)>秸秆添加量(C)>秸秆长度(D)>质量浓度(B)。

（2）7d：由表 5-7 中各因素抗拉强度均值可知，各因素水平对强度大小影响的强弱顺序为 A1>A2>A3，B3=B2>B1，C2>C1>C3，D2>D3>D1。极差 R_A = 0.280，R_B=0.034，R_C=0.036，R_D=0.030。R_j（j=A，B，C，D）值越大说明所对应的因素对试块强度影响越大，所以由 R_j 的大小推知，影响充填试块抗拉强度各因素的重要顺序为：灰砂比(A)>秸秆添加量（C)>质量浓度(B)>秸秆长度(D)。

（3）28d：由表 5-7 中各因素抗拉强度均值可知，各因素水平对强度大小影响的强弱顺序为 A1>A2>A3，B3>B1>B2，C3>C2>C1，D2>D3>D1。极差 R_A = 0.134，R_B=0.053，R_C=0.013，R_D=0.060。R_j（j=A，B，C，D）值越大说明所对应的因素对试块强度影响越大，所以由 R_j 的大小推知，影响充填试块抗拉强度各因素的重要顺序为：灰砂比(A)>秸秆长度（D)>质量浓度(B)>秸秆添加量(C)。

综上可知，在添加稻草秸秆的条件下，各配比参数对充填体抗拉强度影响重要顺序由大到小为灰砂比、秸秆添加量、秸秆长度和质量浓度。稻草秸秆对充填体抗拉强度发展具有较重要的作用。

5.5.2.2 稻草秸秆参数影响分析

根据表 5-7 的稻草秸秆充填体抗拉强度单因素分析结果，将不同稻草秸秆添加量和长度对充填体抗拉强度的影响绘制于图 5-23 中。图 5-23（a）所示为稻草秸秆添加质量对充填体抗拉强度的影响。可知在养护龄期 3d 时，充填体抗拉强度随着秸秆添加量的增加先小幅度减小，然后大幅度增大；在养护龄期 7d 时，充填体抗拉强度随着秸秆添加量的增加小幅度的先增大后减小；在养护龄期 28d 时，充填体抗拉强度随着秸秆添加量的增加小幅度的持续增大。研究表明，秸秆添加量对充填体抗拉强度的影响并非单调变化，稻草秸秆添加量 3kg/m^3 被认为是优选的配比参数。

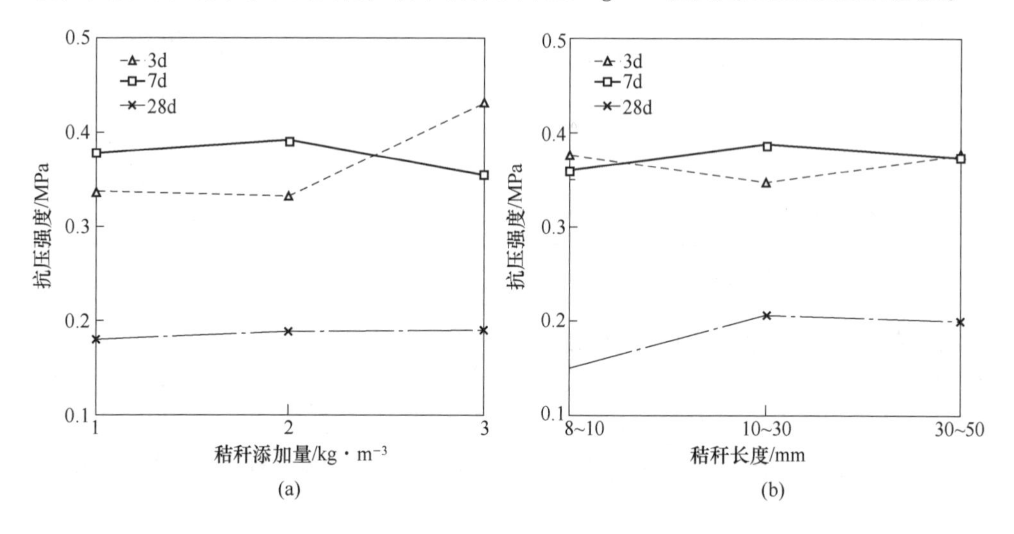

图 5-23 稻草秸秆对抗拉强度影响

（a）添加量；（b）长度

图 5-23（b）所示为稻草秸秆长度对充填体抗拉强度的影响。可知在养护龄期 7d 和 28d 时，抗拉强度受不同秸秆长度的影响趋势相同，随着秸秆长度的增加，充填体抗拉强度先增大后减小，在秸秆长度为 10～30mm 时抗拉强度值最大。养护 3d 时，抗拉强度随着秸秆长度的增加先减小后增大，添加 30～50mm 秸秆带来的充填体抗拉强度增强效果最好。

根据以上数据分析，本试验研究中稻草秸秆充填体的最佳稻草秸秆配比参数为秸秆添加量 3kg/m^3 和秸秆长度 10～30mm。

5.6 稻草秸秆充填体性能增强机理和微观特征

5.6.1 稻草秸秆材料增韧机理

秸秆增韧机理是改善水泥基材料力学性能的理论基础，是进行秸秆水泥基材料性能设计的依据，目前相对成熟的理论是复合材料力学理论和纤维间距理论[64]。

5.6.1.1 复合材料力学理论

复合材料中存在的多相材料通过某些物理、化学方式结合为充填体基体。由于各物相存在不同的性能，它们通过相互联结而发挥出叠加优势。在纤维的作用下，纤维充填体的力学性能相比常规充填体表现出更好的增强、阻裂效果，假设充填体为各向同性材料，纤维受力方向和充填体受力变形一致无相对滑移，可以得出：

$$E_{fc} = E_f \rho_f + E_m \rho_m = E_f \rho_f + E_m (1 - \rho_f) \tag{5-14}$$

式中 E_{fc}——纤维充填体弹性模量；

E_f——纤维弹性模量；

ρ_f——纤维体积率；

E_m——充填体基体弹性模量；

ρ_m——充填体基体体积率。

由于纤维和充填体的相对滑移，考虑引入纤维的有效黏结系数和方向系数，可以得出：

$$\sigma_{fc} = \sigma_m (1 - \rho_f) \eta_0 \eta_1 \tau \frac{l_f}{d_f} \rho_f \tag{5-15}$$

式中 σ_{fc}——纤维充填体基体应力；

σ_m——充填体基体应力；

η_0——纤维方向系数；

η_1——有效黏结长度系数；

τ——充填体基体和纤维之间的平均黏结应力；

l_f——纤维长度；

d_f——纤维直径。

5.6.1.2 纤维间距理论

纤维间距理论建立在线弹性断裂力学的基础上，认为通过添加纤维材料来改善充填体的脆性，减少裂隙发育程度，避免应力集中现象是提高充填体性能的重点，而研究纤维在充填体基体内部的分布情况显得尤为重要。纤维的分布密度、纤维长度、纤维分布方向和纤维有效系数等都可以反映在纤维间距理论中，当纤维体积率一定时，纤维的直径越小，平均间距就越小；当纤维直径一定时，体积率越高，纤维平均间距就越小；而当纤维体积率与长径比不变时，三维分布时的纤维间距最大，一维分布时纤维间距最小，二维乱向分布时纤维间距居于两者之间。

这两种理论说明纤维作为充填体添加材料，能够有效地与充填体基体结合在一起，从而借助自身的分布特征、抗拉特征来进一步影响充填体的性能。

5.6.2　稻草秸秆充填体脆性分析

5.6.2.1　脆性破坏模式

材料断裂的两种基本模式为：一种为材料在没有发生变形或者变形很小的情况下发生断裂的现象，称为脆性破坏；另一种为材料在受力条件下发生比较大的塑性变形，然后才发生断裂破坏的现象，称为延性破坏。充填体是一种矿用水泥基材料，其破坏模式具有明显的脆性材料破坏特征。

水泥基材料发生水化硬化反应是其重要特征，反应使得分布于材料内的含有钙、硅和氧等元素的成分发生反应而形成氢氧化钙、钙矾石和水化胶凝 C-S-H 等化合物相。其中，硅氧四面体是水泥胶凝的最基本单元，硅氧原子之间以共价键形成结合，钙等金属离子以离子键的形式附于基本单元硅氧四面体上。共价键和离子键具有较高的抗畸变和阻碍错位运动的能力，使得材料破坏时几乎不会发生共价键和离子键的变形现象，宏观上表现为材料延伸率小，脆性高。

水泥基材料由人工制作而成，其内部存在多相多孔的特征，通常在胶凝材料硬化形成的水泥基体结构中也含有大量的裂隙和微裂纹。这使得水泥基材料在受到外力作用时容易发生应力集中现象，首先是从含有大量微裂隙的试件内部开始发展，经过裂纹的稳定扩展和不稳定扩展阶段，水泥基试件产生破坏。

5.6.2.2　脆性指标计算方法与充填体脆性评估

脆性材料的脆性指标评价方法在岩石和混凝土领域已经被广泛地研究，研究认为合理的脆性指标评价方法应满足以下条件：（1）反映材料性质和外部条件对材料脆性破坏的影响；（2）用于分析材料脆性的力学参数能够较为容易地获取；（3）能够通过脆性指标直接或者结合其他指标综合来判断材料脆性特征。然而，在材料脆性的评价过程中影响其脆性的因素很多，诸如弹性模量、抗压强度、抗拉强度、泊松比、压拉比、残余强度、内摩擦角等力学参数被认为是影响材料脆性的主要参数而应得到重点考虑，一些次要的因素则被忽略。尽管如此，在一个脆性指标中考虑所有的力学参数影响显然是不现实的。经过不断的研究，目前主要用作脆性材料特征评价的指标主要见表 5-8[65-67]。

表 5-8　脆性指标方法汇总

脆性指数评价方法	公　式
基于强度（B_1-B_4）	$B_1=\sigma_c/\sigma_t$，$B_2=(\sigma_c-\sigma_t)/(\sigma_c+\sigma_t)$，$B_3=\sigma_c\sigma_t/2$，$B_4=\sqrt{B_3}$，$\sigma_c$ 和 σ_t 分别为单轴抗压强度和劈裂抗拉强度
基于材料破裂角（B_5）	$B_5=\sin\beta$，β 为材料脆性破坏的破裂角

续表 5-8

脆性指数评价方法	公　式
基于弹性模量和泊松比（B_6）	$B_6 = 0.5E_{brk} + 0.5\mu_{brk}$，其中 $E_{brk} = (E-10)/(80-10) \times 100$，$\mu_{brk} = (0.4-\mu)/(0.4-0.15)$，$E_{brk}$ 和 μ_{brk} 分别为归一化的弹性模量和泊松比
基于应力-应变曲线（$B_7 \sim B_{11}$）	$B_7 = (\sigma_p - \sigma_r)/\sigma_p$，$\sigma_p$ 和 σ_r 分别为峰值强度和残余强度； $B_8 = (\varepsilon_r - \varepsilon_p)/\varepsilon_p$，$\varepsilon_p$ 和 ε_r 分别为峰值应变和残余应变； $B_9 = \varepsilon_R/\varepsilon_P$，$\varepsilon_P$ 和 ε_R 分别为峰值应变和峰前可恢复应变； $B_{10} = B'_{10}/B''_{10}$，$B'_{10} = (\varepsilon_{BRIT} - \varepsilon_n)/(\varepsilon_m - \varepsilon_n)$，$B''_{10} = \alpha CS + \beta CS + \eta$，$CS = \varepsilon_p(\sigma_p - \sigma_r)/\sigma_p/(\varepsilon_r - \varepsilon_p)$，$\varepsilon_{BRIT}$、$\varepsilon_m$ 和 ε_n 分别为试样的峰值应变、峰值应变最大值和最小值；α、β 和 η 为标准化系数；σ_p 和 σ_r 分别为峰值强度和残余强度；ε_p 和 ε_r 分别为峰值应变和残余应变； $B_{11} = B'_{11}/B''_{11}$，$B'_{11} = (\sigma_p - \sigma_r)/\sigma_p$，$B''_{11} = \lg\lvert k_{ac}\rvert/10$，$\sigma_p$ 和 σ_r 分别为峰值强度和残余强度，k_{ac} 为材料峰后应力降的速率
基于矿物组成（B_{12}）	$B_{12} = W_{brit}/W_{total}$，$W_{brit}$ 为材料脆性矿物含量；W_{total} 为材料矿物总含量
基于断裂韧性和硬度（$B_{13} \sim B_{15}$）	$B_{13} = \sum k_i H_i / K_{IO}$，$k_i$ 为材料中某种脆性矿物的矿物组分；H_i 和 K_{IO} 分别为脆性矿物的硬度和断裂韧性； $B_{14} = \sum k_i H_i E_i / K_{IO}^2$，$k_i$ 为材料中某种脆性矿物的矿物组分；H_i、E_i 和 K_{IO} 分别为脆性矿物的硬度、弹性模量和断裂韧性； $B_{15} = \sum (H_{pi} - H_i)/K_i$，$H_{pi}$、$H_i$ 和 K_i 分别为脆性矿物的微观硬度、宏观硬度和比例常数

目前，通过开展物理试验测定材料的力学参数，并利用公式计算材料的脆性指数是最常用的得到材料脆性特征的方法。根据应力-应变曲线，材料的脆性表现总的可以分为峰前和峰后两个部分的应力表现来描述。峰值抗压强度和抗拉强度对于充填体的脆性产生重要影响，且通过峰值强度来描述峰前阶段的发展结果较为合理，为了免去脆性指标量纲的影响，峰前脆性指数 B_{pre} 用公式 B_2 描述。而峰后阶段中，残余强度的保持是材料韧性的重要体现，因此峰值应力的损失量能够描述材料的峰后脆性特征，峰后脆性指数用公式 B_7 描述。根据充填体抗拉强度的研究，可知充填体在峰后几乎都发生断裂破坏，不再保有残余强度，因此用其单轴抗压强度残余强度的降低量来描述。

$$B_{pre} = \frac{\sigma_c - \sigma_{tB}}{\sigma_c + \sigma_{tB}} \tag{5-16}$$

$$B_{post} = \frac{\sigma_c - \sigma_{cr}}{\sigma_c} \tag{5-17}$$

式中 B_{pre}，B_{post}——充填体峰前和峰后脆性指数；

σ_c，σ_{cr}——充填体单轴抗压峰值强度及其残余强度；

σ_{tB}——充填体劈裂抗拉峰值强度。

最后，用充填体峰前脆性指标 B_{pre} 和峰后脆性指标 B_{post} 之和作为充填体脆性指数的综合评价指标，即

$$B = B_{pre} + B_{post} \tag{5-18}$$

通过脆性指数 B 来评价充填体脆性程度，数值越大，表明充填体脆性程度越高，可以作为判断材料脆性的参考指标。

按照公式（5-18）计算，图 5-24 所示为常规充填体和稻草秸秆充填体脆性指数值。结果显示，在不同的养护龄期，稻草秸秆充填体的脆性表现略高于常规充填体。可见，秸秆对于充填体的脆性并无明显改善。

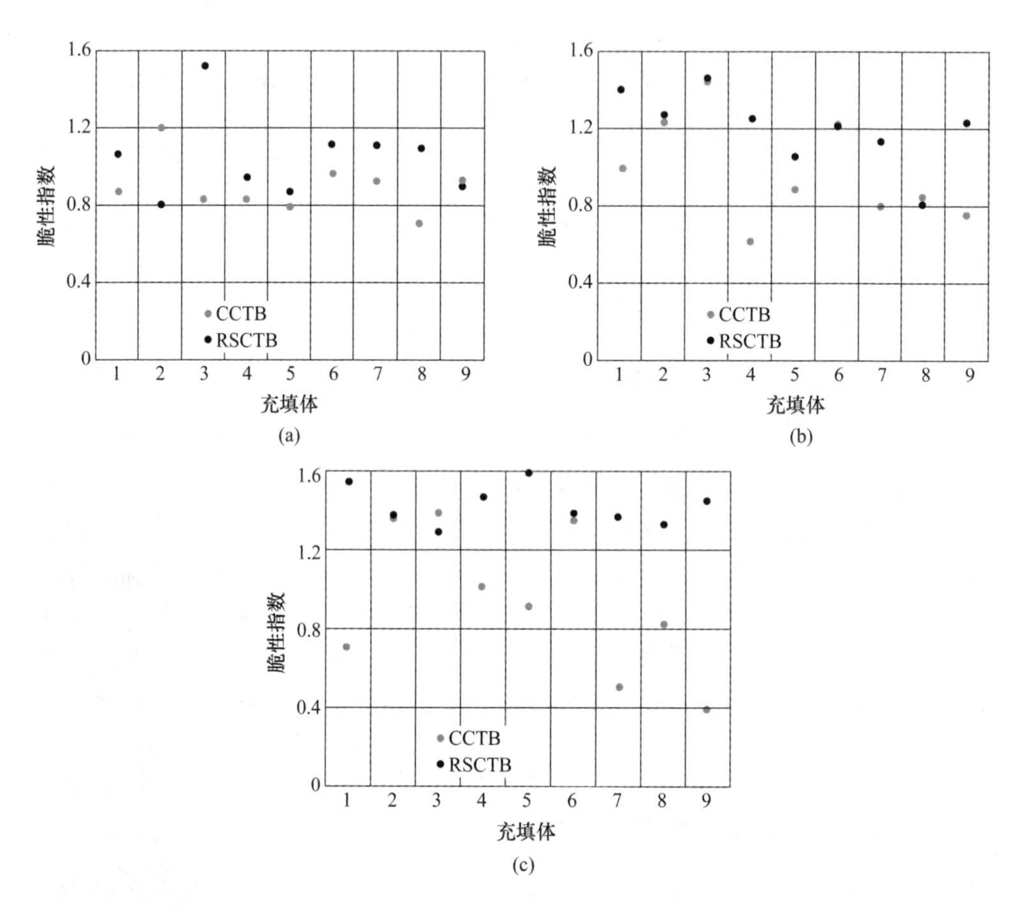

图 5-24 常规充填体（CCTB）和稻草秸秆充填体（RSCTB）脆性指数比较

（a）3d；（b）7d；（c）28d

另外，通过脆性指数来判断材料的破坏脆性仍然具有局限性，脆性指数能够体现材料在加载过程中充填体内部由 $Ca(OH)_2$、钙矾石和 C-S-H 胶凝等提供的

化学键破裂引发的结构失稳，但并不能完全描述秸秆与充填体基体之间的物理结构抗性。在抗压和抗拉强度试验中，当试件失稳、压力机卸载后，充填体基体丧失大部分承压能力，而其内部的纤维结构并未完全失效，部分纤维未被拔出或拉断，充填体破坏形态保持裂而不散的特征是秸秆对于充填体韧性增强的有利证明。因此，对于秸秆充填体脆性的判断需要结合脆性指数和充填体破坏模式、形态进行综合判断。

5.6.3 稻草秸秆对充填体微观结构影响

5.6.3.1 电镜扫描与能谱分析

SEM 电镜扫描主要是对水化反应生成的产物以及水泥集体的微观结构进行观察分析。水化反应过程及影响如下所述[68]。

A 水化反应机理

普通硅酸盐水泥包含四种熟料：硅酸三钙（C_3S）、硅酸二钙（C_2S）、铝酸三钙（C_3A）和铁相固溶体（铁铝酸四钙 C_4AF）。

a C_3S 水化

反应生成硅酸钙（C-S-H 胶凝）和氢氧化钙（CH 晶体）。

$$3CaO \cdot SiO_2 + nH_2O = xCaO \cdot SiO_2 \cdot yH_2O + (3-x)Ca(OH)_2 \tag{5-19}$$

b C_2S 水化

C_2S 的水化反应与 C_3S 类似，速度相对较慢：

$$2CaO \cdot SiO_2 + nH_2O = xCaO \cdot SiO_2 \cdot yH_2O + (2-x)Ca(OH)_2 \tag{5-20}$$

c C_3A 水化

C_3A 遇水后，迅速发生水化反应，放出热量，其水化产物一般是水石榴石（C_3AH_6），结合硅酸盐水泥中含有的石膏、尾砂中的火星氧化钙和硫酸根离子，C_3A 与这些物质生成三硫型水化硫铝酸钙，即钙矾石（AFt），反应过程如下：

$$3CaO \cdot Al_2O_3 + 6H_2O = 3CaO \cdot Al_2O_3 \cdot 6H_2O \tag{5-21}$$

$$3CaO \cdot Al_2O_3 + 3(CaSO_4 \cdot 2H_2O) + 26H_2O = 3CaO \cdot Al_2O_3 \cdot 3CaSO_4 \cdot 32H_2O \tag{5-22}$$

$$3(CaO \cdot Al_2O_3) + 9CaSO_4 + 6CaO + 96H_2O = 3(3CaO \cdot Al_2O_3 \cdot 3CaSO_4 \cdot 32H_2O) \tag{5-23}$$

d C_4AF 的水化

C_4AF 的水化速率比 C_3A 略慢，水化过程与 C_3A 相似：

$$4CaO \cdot Al_2O_3 \cdot Fe_2O_3 + 7H_2O = 3CaO \cdot Al_2O_3 \cdot 6H_2O + CaO \cdot Fe_2O_3 \cdot H_2O \tag{5-24}$$

综上所述，水化反应中期的产物主要为钙矾石（AFt），氢氧化钙（CH），水化硅酸钙（C-S-H 凝胶）。图 5-25 为充填体 SEM 和 EDS 检测结果。

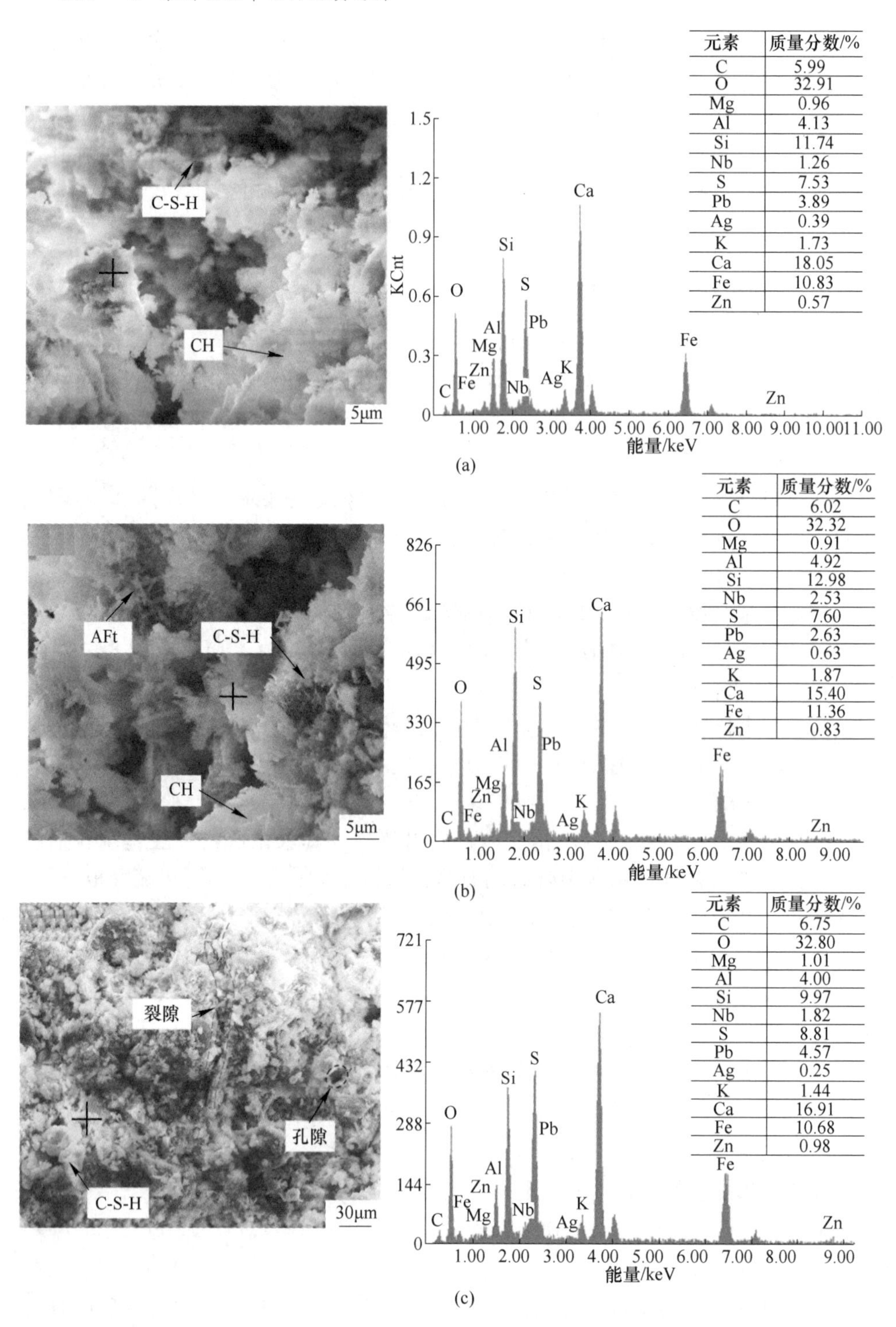

元素	质量分数/%
C	5.99
O	32.91
Mg	0.96
Al	4.13
Si	11.74
Nb	1.26
S	7.53
Pb	3.89
Ag	0.39
K	1.73
Ca	18.05
Fe	10.83
Zn	0.57

元素	质量分数/%
C	6.02
O	32.32
Mg	0.91
Al	4.92
Si	12.98
Nb	2.53
S	7.60
Pb	2.63
Ag	0.63
K	1.87
Ca	15.40
Fe	11.36
Zn	0.83

元素	质量分数/%
C	6.75
O	32.80
Mg	1.01
Al	4.00
Si	9.97
Nb	1.82
S	8.81
Pb	4.57
Ag	0.25
K	1.44
Ca	16.91
Fe	10.68
Zn	0.98

图 5-25　充填体 SEM 和 EDS 检测结果

B 水化反应产物

SEM 微观分析中水化产物的主要形态为：AFt 一般为针状、棒状无序分布的晶体；CH 多为六角形方片层状或片状晶体；C-S-H 为纤维状，棒状，球形，或网状的絮团结构。

C 充填结构变化

充填体是气-固-液三相复合材料，在水泥水化反应进行的过程中，水分子被不断消耗，原先水分子所处的空间被新生成的水化产物占据，使得水泥基材料更加密实，也有部分空间因未被填充而形成水泥基体内的孔隙结构[69-70]。

$$4FeS_2 + 15O_2 + 8H_2O \longrightarrow 2Fe_2O_3 + 8SO_4^{2-} + 16H^+ \tag{5-25}$$

$$3CaO \cdot Al_2O_3 + 3CaSO_4 \cdot 2H_2O + 30H_2O \longrightarrow 3CaO \cdot Al_2O_3 \cdot 3CaSO_4 \cdot 32H_2O \tag{5-26}$$

$$Ca(OH)_2 + SO_4^{2-} + 2H_2O \longrightarrow CaSO_4 \cdot 2H_2O + 2OH^- \tag{5-27}$$

式（5-25）表明黄铁矿经过氧化形成了硫酸盐形式产物，式（5-26）和式（5-27）表明硫酸盐易与 C_3A 和 $Ca(OH)_2$ 发生反应形成钙矾石和次生石膏。虽然钙矾石和次生石膏在某种程度也会对充填体的强度提高发挥一定作用，但是其本身为具有膨胀特性的次生产物，膨胀量分别为 120%和 140%，大量的膨胀相形成将造成充填体内部裂隙产生，最终开裂，导致充填体强度降低。另外，酸的形成也将使得水化环境酸化，使得 C-S-H 胶凝出现脱钙现象，抑制水化反应进行，造成水化反应产物生成量降低，降低充填体的力学性能。这也是造成上文中提出的充填体力学性能在养护后期降低的重要原因，在工程生产中，应尽量避免充填体材料含硫量高，以保证充填体强度稳定发展。

图 5-26 所示分别为稻草秸秆充填体 SEM 和 EDS 检测图片。图 5-26 中可以清晰地看到秸秆被锚固于由骨料和水化产物形成的充填体基体内，秸秆表面被 C-S-H 胶凝覆盖，从而与充填体基体之间形成有机的摩擦和粘接形式，相互促进结构紧密，共同对抗裂隙在充填体内部形成，这是稻草秸秆发挥其增强作用的主要形式。图 5-26 中还可以发现，稻草秸秆通常不会整体出现，而是以部分埋于充填体基体内形成牢固接触，另一端在压力作用下伸长，甚至拉断，这是稻草秸秆的主要破坏形式，稻草秸秆也正是通过这种方式促进充填体的力学性能提高。至于稻草秸秆与 C-S-H 胶凝的接触率，从图中可以看出，稻草秸秆表面凹凸不平，常常还有倒刺等结构存在，更利于水化产物在其表面附着。

5.6.3.2 核磁共振检测

在材料配比确定的情况下，充填体的孔隙结构主要受充填体内水化反应程度的影响，随着水化反应的进行，水量的减少以及水化反应产物对骨料间间隙的填充都是影响充填体孔隙结构的重要因素。为研究稻草秸秆对充填体孔隙结构的影响，排除水化反应的干扰作用，本次研究中对养护 28d 后的充填体试样进行孔隙

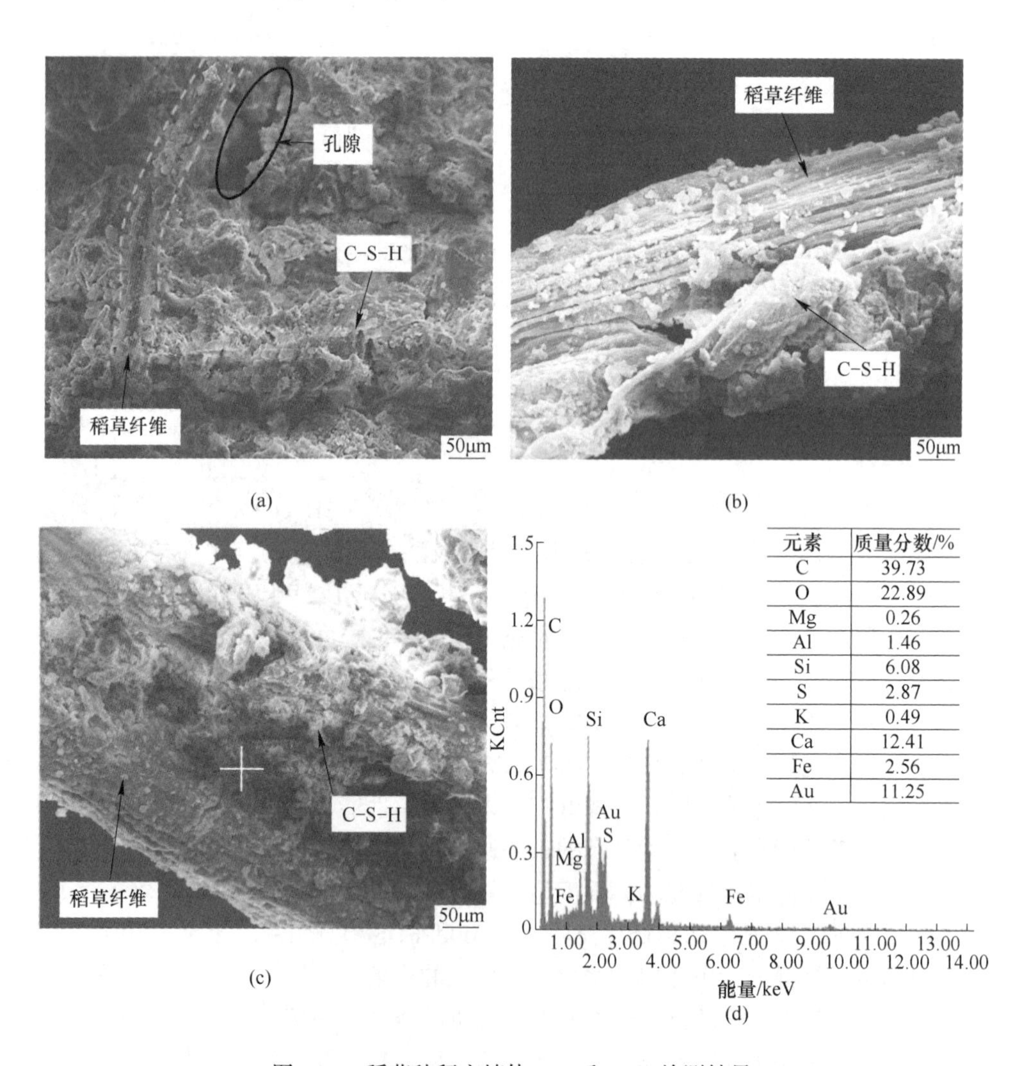

元素	质量分数/%
C	39.73
O	22.89
Mg	0.26
Al	1.46
Si	6.08
S	2.87
K	0.49
Ca	12.41
Fe	2.56
Au	11.25

图 5-26 稻草秸秆充填体 SEM 和 EDS 检测结果

结构检测。根据相关研究报告，充填体内水化反应在养护 28d 后已非常缓慢，水化反应基本结束，这个阶段的充填体内孔隙结构基本稳定。图 5-27 所示为充填体经过核磁共振后检测的孔隙率结果，分析可知细尾砂充填体的孔隙率相对较高，常规充填体孔隙率为 25. 01%～33. 03%，稻草秸秆充填体孔隙率为 23. 70%～29. 16%。可见稻草秸秆对于减小充填体的孔隙率，提高充填体的密实度作用明显，稻草秸秆对于充填体的孔隙率降低比例为 0. 78%～15. 42%，平均降低比例为 7. 74%。

研究表明，增加水泥用量或者提高固体质量分数都能有效地提高充填体的密实度，减少孔隙率。在本书的研究中也不例外，由于提高固体质量减少了充填体

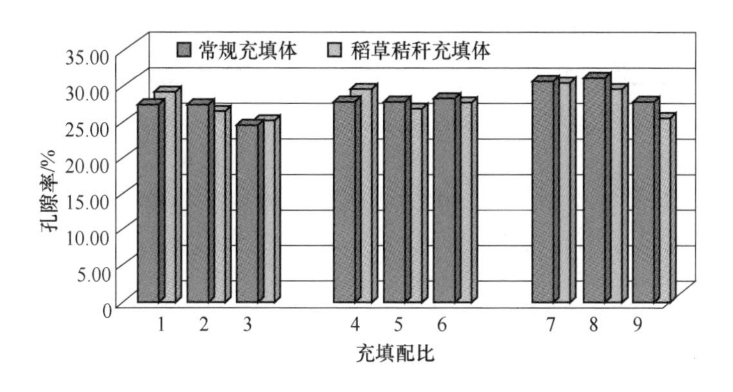

图 5-27 稻草秸秆对孔隙率的影响

内含水量，随着水量消耗而形成的孔隙随之减少，而提高水泥用量，则能有效增加水化反应产物，有利于通过填充骨料孔隙来降低充填体孔隙率。图 5-28 所示为稻草秸秆参数对充填体孔隙率的影响，可见孔隙率随着稻草秸秆添加量的增加先减小后增加，而孔隙率随着稻草秸秆长度的变化趋势则刚好相反，在秸秆添加量 2kg/m^3 和秸秆长度为 8～10mm 时，稻草秸秆充填体的孔隙率最小。

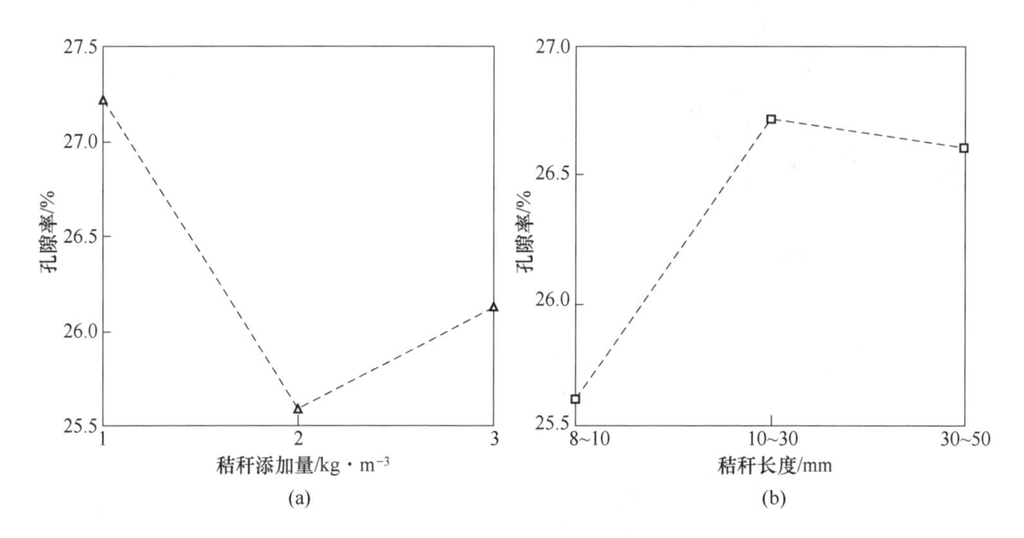

图 5-28 稻草秸秆对孔隙率影响

(a) 添加量；(b) 长度

5.6.3.3 孔隙结构 T_2 谱分布

图 5-29 所示为当固体质量浓度为 64%，灰砂比为 1∶4、1∶5 和 1∶6 时，常规充填体和稻草秸秆充填体的核磁共振检测 T_2 谱分布。由式（5-11）已知，孔隙半径与弛豫时间 T_2 的变化呈正相关，因此 T_2 值的变化可以间接反映孔隙半径

的变化，T_2 值越大，表明所代表的孔隙半径越大。图 5-29 中的 T_2 谱均存在 4 个谱峰，从左到右弛豫时间逐次减小，也代表孔隙半径逐次变小。按照 4 个谱峰将 T_2 谱分割为 4 个区域分别统计其弛豫时间 T_2 区间和对应的孔隙率，见表 5-9。

表 5-9 中所示结果指出，第 1 谱峰基本位于弛豫时间 0.046~6.368ms，值小于 10ms，占总孔隙率比例 94%以上，表明充填体内主要分布为小孔径孔隙，占主导地位。其余 3 个谱峰所代表孔径的孔隙占总量比例接近，在充填体内分布相对较少。总的来说本研究所制充填体比较密实，大量小孔径孔隙对充填体造成的危害较小。

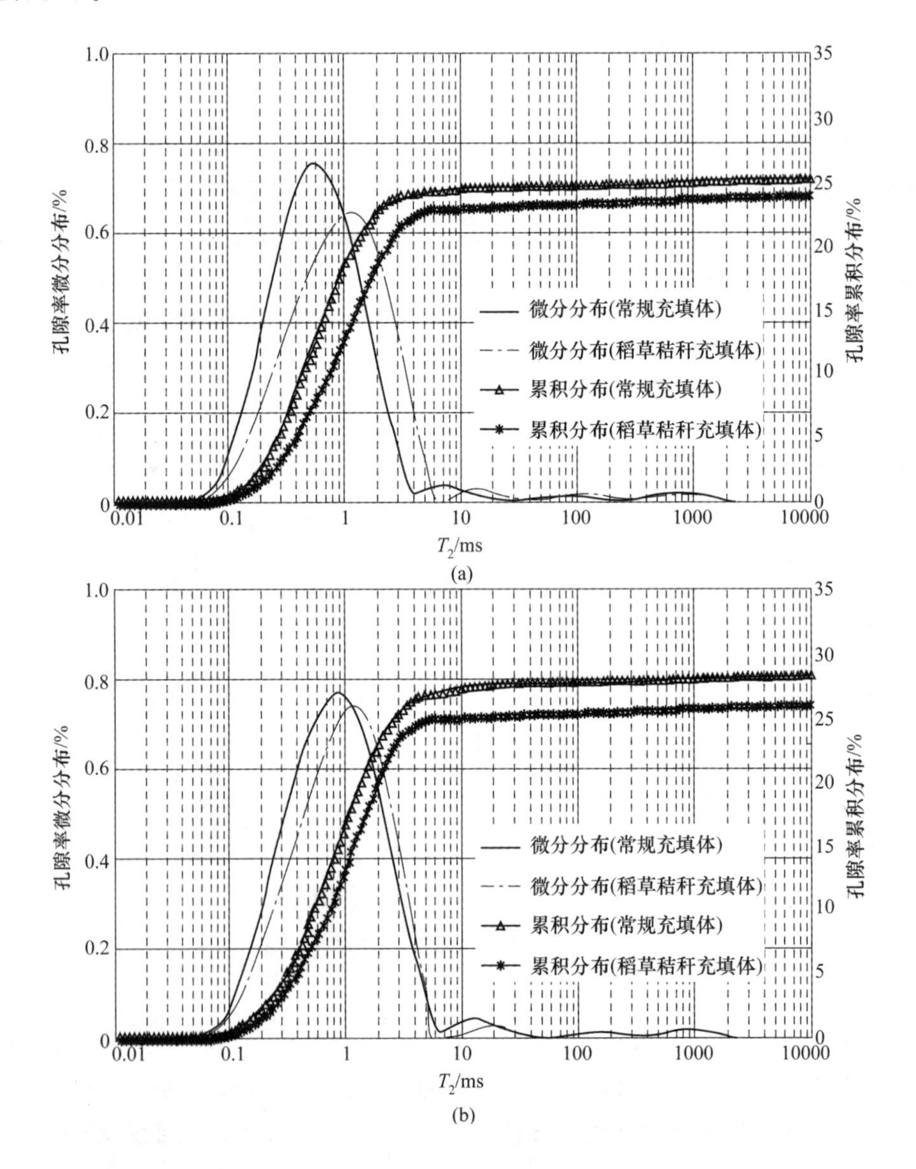

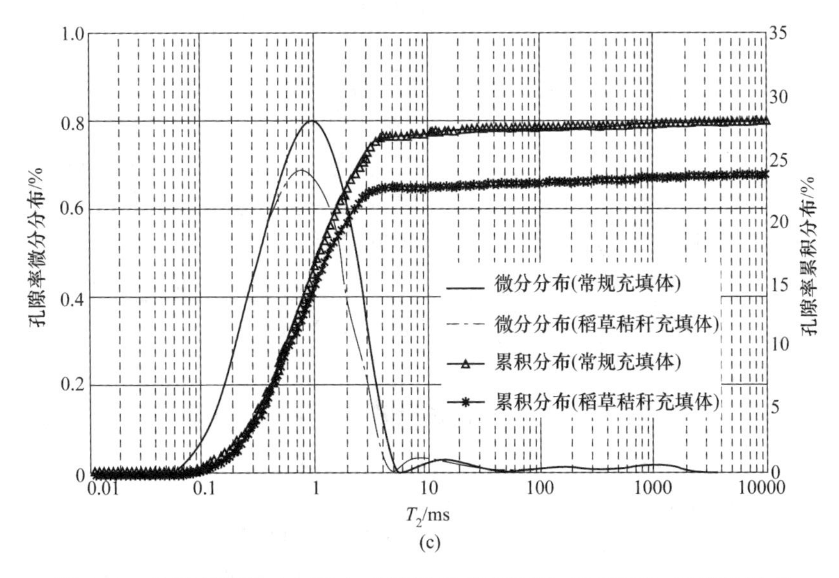

图 5-29 常规充填体（CCTB）和稻草秸秆充填体（RSCTB）弛豫时间 T_2

（a）64%质量浓度，1∶4 灰砂比（秸秆添加量 3kg/m^3，秸秆长度 30~50mm）；（b）64%质量浓度，1∶5 灰砂比（秸秆添加量 1kg/m^3，秸秆长度 10~30mm）；（c）64%质量浓度，1∶6 灰砂比（秸秆添加量 2kg/m^3，秸秆长度 8~10mm）

表 5-9 不同 T_2 谱谱峰对应弛豫时间 T_2 区间和孔隙率

类型	灰砂比	T_2/ms				孔隙率/%			
		区域 1	区域 2	区域 3	区域 4	区域 1	区域 2	区域 3	区域 4
常规充填体	1∶4	0.046~3.917	3.917~27.364	27.364~252.354	252.354~3072.113	95.1	2.34	0.99	1.47
	1∶5	0.046~6.368	6.368~51.114	51.114~333.129	333.129~3072.113	94.86	2.73	1.01	1.33
	1∶6	0.046~5.171	5.171~54.789	54.789~357.079	357.079~3072.113	96.25	1.6	0.86	1.14
稻草秸秆充填体	1∶4	0.046~6.368	6.368~54.789	54.789~357.079	357.079~3072.113	95.64	1.59	1.13	1.47
	1∶5	0.046~5.941	5.941~62.950	62.950~357.079	357.079~3072.113	96.0	1.50	0.88	1.50
	1∶6	0.046~4.501	4.501~38.720	38.720~310.787	310.787~3072.113	95.02	2.15	1.10	1.65

5.7 本章小结

本章通过添加稻草秸秆改善充填体力学性能，比较分析稻草秸秆对于充填体抗压、抗拉、流变性能，以及微观结构的影响，具体结论如下：

（1）稻草秸秆由于表面粗糙度和吸水性更高，充填料浆在较小的剪切速率区间达到更高的屈服应力和黏度收敛，表明其不利于充填料浆流动性，在充填材料的应用中，要避免秸秆过量使用和充填料浆浓度过高相结合造成的充填料浆流动性大幅降低现象。

（2）正交分析表明灰砂比和质量浓度仍然是影响充填体抗压强度的主要因素。充填体强度随灰砂比和质量浓度的增大而增大，添加稻草秸秆使充填体抗压、抗拉性能普遍增强。

（3）添加稻草秸秆后，充填体抗压强度和应变普遍提高，由于充填体配比、养护龄期的不同，抗压强度提高比例区间为31.45%~478.26%。分析表明，更有利于充填体抗压强度增长的稻草秸秆配比参数为秸秆添加量 $3kg/m^3$ 和秸秆长度30~50mm。

（4）添加稻草秸秆后，充填体抗拉强度在养护7d前普遍提高，在养护28d时多有降低。由于充填体配比、养护龄期的不同，抗拉强度提高比例区间为-38.10%~346.15%。分析表明，对于抗拉强度而言更好的稻草秸秆配比参数为秸秆添加量 $3kg/m^3$ 和秸秆长度10~30mm。

（5）充填体抗压破坏形态研究表明充填体抗压破坏形态主要是压剪和拉伸破坏，其中常规充填体更容易表现端部效应，受到拉伸作用而形成贯通裂隙导致破坏。稻草秸秆充填体往往表现为充填基体裂而不散，表明其具有更好的力学性能。

（6）稻草秸秆表面粗糙，有利于胶凝产物的附着，提高充填体密实性，降低充填体孔隙率。

6 膏体充填智能化控制系统

膏体充填工艺中，充填物料的种类繁多，物料参数的变化范围较窄。以充填浓度为例，当充填浓度较低时，会出现离析现象，引起堵塞事故的发生；当充填浓度较高时，会出现管道压头不够的问题，膏体无法顺利地输送至采场。如果采用人工来控制各设备与仪表，一方面信息反馈速度严重滞后；另一方面充填物料配比参数波动较大，难以满足膏体充填生产工艺要求。可见，膏体充填过程控制对充填效果起着至关重要的作用。随着自动控制、信息通信、人工智能等先进技术的快速发展和运用，现代采矿工业逐步向“设备智能化、生产自动化、管理信息化”的智能矿山生产模式转变，并已成为近年来各矿山企业建设的重要方向，而充填系统实现智能化管理是智能矿山建设的重要内容[71]。充填智能化自动控制系统主要包括控制充填膏体原材料上料、计量、搅拌、卸料和泵送等充填工艺流程，对充填膏体的质量影响极大。因此，使用可靠、精准和安全的充填智能化控制系统对保障环境敏感区矿山充填系统运行和充填质量的稳定性至关重要。

6.1 膏体充填工艺流程及主要设施

6.1.1 膏体充填工艺流程

全尾砂膏体充填系统典型的工艺流程如图 6-1 所示。选厂排出的低浓度全尾砂浆经渣浆泵泵送至充填制备站内的深锥浓密机中，在向深锥浓密机供砂的同时，通过絮凝剂添加系统加入絮凝剂，以提高全尾砂的沉降速度，降低溢流水含固量。全尾砂浓缩沉降后排出的溢流水自流至深锥浓密机旁设置的沉砂池，通过沉砂池沉淀细泥后溢流至清水池，用作充填生产用水，多余部分自流至选厂使用，实现废水循环利用。充填所需的胶凝材料（水泥）由水泥罐车运至充填制备站，气力输送至水泥仓内储存。充填时，深锥浓密机底流料浆通过底流循环输送系统输送至搅拌桶，胶凝材料经水泥仓底部的螺旋输送机（包括螺旋给料机和螺旋电子秤），按充填强度的配比要求向搅拌桶计量给料。充填料在搅拌桶内充分搅拌，制备成满足要求的膏体充填料浆，通过充填工业泵经充填管道泵送至井下各中段待充空区。

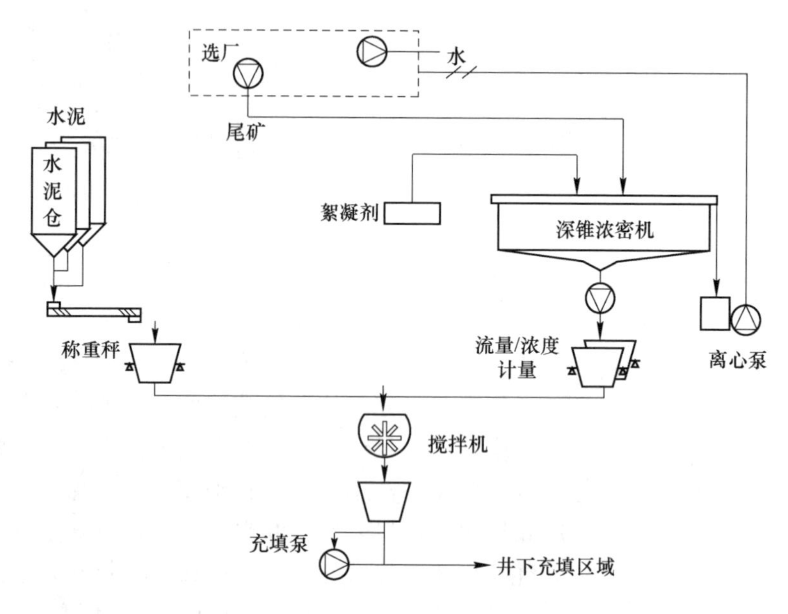

图 6-1 充填系统工艺流程图

充填智能控制系统目标及要求如下：

（1）控制系统的先进性。要求控制系统代表行业的最高水平，并在未来 5~10 年内保持引领行业的发展趋势。

（2）控制系统的智能化。智能化控制系统是智能化充填系统的标志，也是矿企“智慧矿山”建设的重要组成部分，要求控制系统具备智能化的功能与特征。

（3）一键式自动充填。充填系统设备数量多、配比复杂、充填区域和管路分散，传统的控制模式依赖人工经验干预，人工成本高，容易忙乱出错，改造后的控制系统要求实现一键式自动充填，大大减少人为影响，提高系统可靠性。

（4）高精度稳定配料。充填效果和质量与矿山后续安全生产直接相关，宝山矿充填区域分散，存在多种配方和充填强度组合，要求控制系统必须实现高精度稳定配料，以保障充填质量、满足安全生产需要。

6.1.2 膏体充填系统主要设施

6.1.2.1 深锥浓密机

作为矿山膏体充填工艺的首要环节，全尾砂深度浓密是实现膏体充填的前提条件之一，稳定高浓度的底流可为矿山连续充填开采提供有力保障。深度浓密是以深锥浓密机为核心装备的脱水工艺，但传统浓密机的底流一般不能满足膏体充填的浓度要求。深锥浓密机具有特殊的给料井、较大的高径比，以及较大的底部锥角，由此改善了尾砂颗粒的絮凝沉降效果，提升了底部料浆的压密脱水性能，可获得连续高浓度底流，是实现全尾砂深度浓密的主要装备。

深锥浓密机配置有各类仪器仪表用于监测整个浓密过程，深锥浓密机的配置示意如图 6-2 所示，常规仪器仪表见表 6-1。

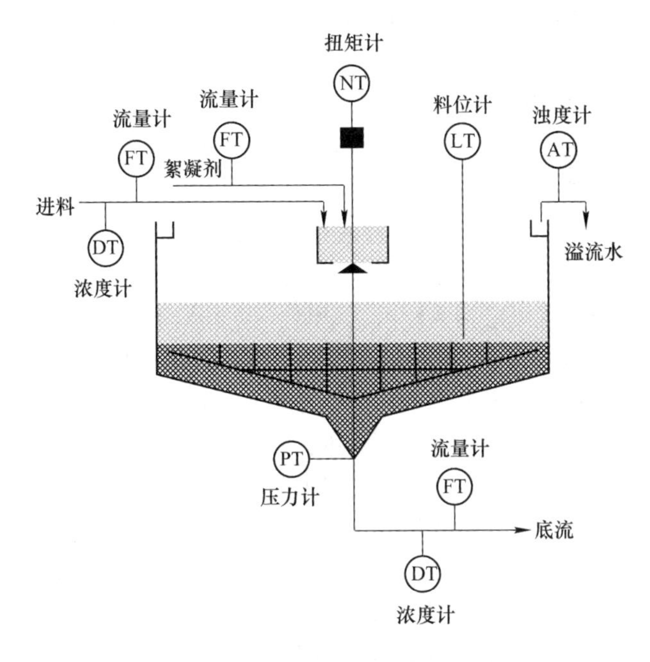

图 6-2 深锥浓密机配置示意图

表 6-1 深锥浓密机主要配置表

序号	安装位置	监测数据	仪表类型
1	进砂管	给料流量	电磁流量计
2	进砂管	给料浓度	核子浓度计
3	絮凝剂管	溶液流量	电磁流量计
4	驱动马达	压力-扭矩	压力传感器
5	桥架	泥层高度	重锤料位计/泥层界面仪
6	溢流槽	浊度	浊度计
7	锥底	泥层压力	压力传感器
8	底流管	底流流量	电磁流量计
9	底流管	底流浓度	核子浓度计

6.1.2.2 水泥储存与输送计量

水泥由水泥罐车运至现场，然后通过罐车自带压气吹入水泥仓内存储。水泥仓仓体一般由钢板制作，顶部配除尘器、安全阀，底部配气动破拱装置，通过料位计监测仓内水泥量。水泥给料输送设备一般采用螺旋输送机给料，经螺旋称重给料机计量后给料至搅拌机中。螺旋输送机自带变频调速装置，以便于根据需要调节给料量的变化。

6.1.2.3 搅拌制备

膏体搅拌制备是否均匀直接决定着膏体充填体强度是否均匀，因此，膏体搅拌工艺对于膏体充填来说尤为重要。

在膏体搅拌技术与工艺的发展过程中，首先应用的是混凝土间歇式搅拌设备，其也被称为传统式搅拌设备。这种设备是先将原材料按比例投入到搅拌机料斗中，再进行拌和，可以概括为配料、计量、搅拌依次进行。这种搅拌方式由于搅拌时间可控，容易保证得到优质混合料。但间歇式搅拌设备也存在产量相对低、结构复杂、设备大、容易发生故障、能耗高等缺点。为了消除间歇式搅拌设备的缺点，人们从工艺和结构上进行改进，发展出连续式搅拌设备。连续式搅拌设备的发展是建立在间歇式之上的，其目的是完善间歇式搅拌设备的缺陷，但连续式与间歇式搅拌设备都各有其优缺点。

连续式搅拌设备可实现连续生产，其过程可以概括为“计量、供料、搅拌和出料同时进行”。它的搅拌工艺是在连续生产的任何时间里，各种物料分别按配合比通过运输设备连续供给，并经连续称量后由搅拌机一端上部连续进入搅拌机，经搅拌叶片推进从另一端底部连续卸出的连续拌和过程。这种搅拌方式具有工艺简单、建设快、投资少、产量大、能耗低等显著特点。但是也存在搅拌时间固定、配比调整困难、计量复杂等缺点。

目前，国内连续式搅拌设备一般包括卧式连续搅拌机（见图 6-3）和立式搅拌

图 6-3 卧式连续搅拌机

桶两种形式。前者一般采用双轴叶片式高速搅拌机+双轴低速螺旋搅拌机，或双轴螺旋搅拌机+高频活化机两种配置，对于粗骨料、多骨料混合浆体或胶结性能较差的骨料搅拌效果较好；后者适合于细骨料或骨料单一且不易分层离析的浆体搅拌。

6.1.2.4 充填工业泵

膏体黏度高、阻力大，一般情况下宜采用管道泵压输送。目前，膏体泵送工艺主要借鉴于混凝土泵送的经验。但矿山充填无论在材料制备、管路长度，还是在管路的复杂程度、输送阻力、工作时间等方面均与混凝土输送存在较大差异。与传统的低浓度分级尾砂充填相比，泵压输送具有浓度高、稳定性好等优点，由此大大降低了充填的综合成本。

泵压输送是膏体管道输送的主要方式，而输送泵是该工艺的关键设备，是泵送充填系统的核心。目前，国内外膏体充填一般采用柱塞式充填工业泵，可用于长时间连续作业工况。

膏体充填工业泵（见图 6-4）由三大部分组成，即工作部分、动力部分以及电控部分。工作部分主要由料斗、输送缸、液压缸、换向阀（分配阀）、冷却槽等组成；动力部分主要由电机、液压泵及液压管路系统、液压油箱及冷却系统等组成；电控部分主要由动力柜和电控柜等组成。

图 6-4 膏体充填工业泵

6.2 智能化控制系统总体方案

智能化控制系统负责实现整个充填系统的一键式自动运行，包括全尾砂浓密系统+胶凝材料储存与输送系统+调浓水系统+搅拌泵送系统+管路阀组系统等环节的自动化控制和异常报警等环节的自动化控制。整个智能化控制系统分现场操作箱手动控制和计算机自动控制两部分。现场安装就地控制操作箱，设备现场控制可以在控制箱上完成，避免因 PLC 电气故障影响系统的正常使用。操作室远程操作和现场控制箱本地操作可以进行无扰动切换。

当矿山充填系统采用多原料多充填系统连续配料的复杂工艺，不同的充填区域、不同的强度对充填料浆的要求不同，连续稳定精确配比是保证充填质量的关键，要求控制系统更加自动化、智能化，确保生产作业流程安全高效、充填质量稳定。

膏体充填智能化控制系统以保证尾砂膏体充填的持续生产能力和充填质量为目标，针对充填系统各工艺过程设计可靠的控制方案，采用全景状态监测对工艺过程和设备运行状态进行监测和分析，持续改进工艺过程控制，发现系统和设备的异常表现并进行预案处理，形成一套智能化的充填系统。

6.2.1 系统总体架构

智能充填系统总体架构由一键充填系统、状态监测系统和生产管理系统三个子系统构成，如图 6-5 所示，各子系统之间的互联关系如图 6-6 所示。

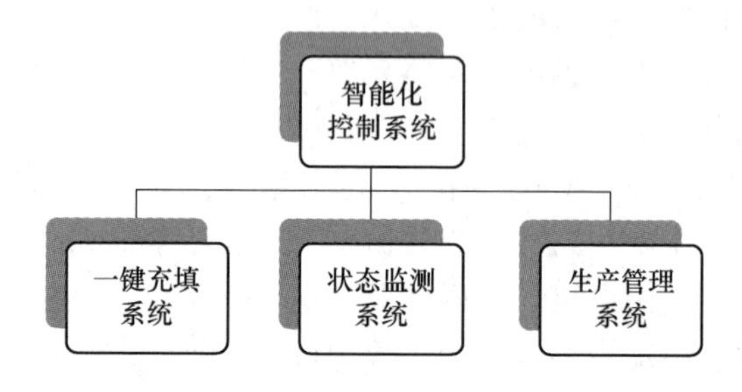

图 6-5 智能充填系统总体架构

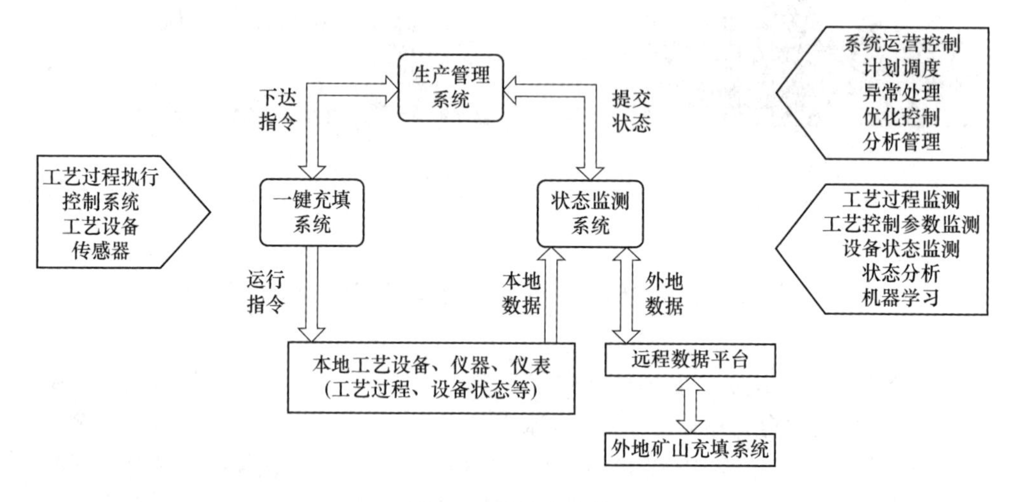

图 6-6 子系统互联

6.2.1.1 高效稳定的一键充填系统

根据生产工艺要求，实现各种工艺过程整体自动控制。根据应用场景和充填全尾砂膏体性能要求，自动确定设备运行参数及运行时序，实现自动充填。对控制目标进行实时监测，形成系统精确的配比控制和闭环控制，保证充填质量稳定。

（1）接收充填任务（配方、区域、方量）和工艺设备运行指标控制参数；

（2）根据工艺逻辑自动运行设备；

（3）接收运行异常预案指令和信息；

（4）并行闭环和主从双闭环可选模式，保持连续稳定配料。

6.2.1.2 状态监测系统

状态监测系统在一键充填系统基础上对工艺过程和设备进行实时监测和智能分析，具备以下功能：

（1）偏差修正：通过各充填工艺模型，实时采集、分析工艺过程的各个控制监测参数，监测当前工艺过程的运行状态，修正控制系统的控制参数（偏差修正），保证充填质量稳定；

（2）预测性维护：实时监测设备运行状态参数（如温度、振动、转速等），智能分析设备健康状态，预判设备故障征兆，并进行预警、报警和故障诊断，为用户提供预测性维护支持；

（3）工艺过程知识库：采用工业大数据分析技术和长期积累的专家知识，通过机器学习的方法，对各工艺过程的长期监测数据进行挖掘分析，建立工艺过程预测与诊断知识库，用于分析和预测充填系统运行状态，保证充填系统长期可靠运行；

（4）远程监控：状态监测系统联网到数据中心，专家对异常状态进行快速分析并反馈，实现异常状态的快速处理，对本地知识库升级；

（5）远程访问：用户管理人员通过 WEB 网页实时访问，监测系统和设备的运行状态。

6.2.1.3 先进的生产管理

根据生产计划，生成充填系统调度任务，对控制系统下发运行控制参数；根据异常处理预案对控制系统和相关人员下发处理指令（信息）；具备系统和设备运维管理能力，通过运营成本计算、统计，以及生产、运维等过程的成本分析，为业主分析和优化成本提供数据支持；具备远程和移动访问功能。

6.2.1.4 系统组成原理

充填自动控制系统内部控制网络为独立网络，不允许外部直接访问。系统通过 OPC 服务为运营控制系统和全景状态监测系统提供数据接口。运营控制服务器和状态监测服务器、视频服务器外部访问端组成内部网络。

内部网络与外部网络（互联网）通过硬件防火墙隔离，确保网络安全性。视频监控系统摄像头到硬盘录像机、视频服务器单独组网，构成视频监控网络。经授权的外部网络的 PC 通过全景状态监测服务器访问权限内数据。

6.2.2　系统功能目标

系统功能目标包括：

(1) 膏体充填系统实现一键式充填，对全流程工艺数据和设备运行状况进行监控，保证充填料浆的质量。

(2) 能够对生产过程稳定性进行监督控制，以满足企业的基本管理需求，如对全尾砂膏体充填工艺过程的基本参数进行检测、统计和控制。

(3) 通过过程控制优化全尾砂膏体充填工艺参数，提高设备使用效率，保证工艺过程的技术经济指标，降低消耗并提高劳动生产率，达到节能减耗目的。

(4) 提高生产车间自动化程度，减轻劳动强度，使一线操作人员由手工操作为主变为巡视检查为主，减少一线人员配置。实现尾砂膏体充填系统的大部分设备无人值守，重要设备只保留适当定期巡检人员，以减轻操作人员劳动强度，提高劳动生产率。

(5) 控制方案设计先进、合理、适用，仪表选型适合全尾砂膏体充填的工况条件，性能稳定、耐用。在线检测仪表及传感器、变送器等选择技术成熟产品，在国内金属矿山有广泛成功的应用案例。

(6) 应用状态监测系统，采集现场工艺数据、设备振动和温度等状态传感器数据，对过程数据进行智能分析，对异常状态进行预警并按预案进行相应处理，对传感器进行动态偏差修正，保证系统安全可靠运行，避免意外停机造成损失，同时减少系统运维服务人员。建设工业视频监控系统，对工艺现场进行视频监测，实现整个充填生产过程的可视化。

(7) 系统自动存档各种运行数据，为建立智能化分析模型和优化模型提供专业的数据库支持，为企业决策提供科学依据。上位机可显示各种设备运行状况，并对整个生产过程（报警、自动停车等）做出实时记录、统计，并可追溯、打印。

(8) 实现上级调度系统对充填生产历史数据的实时查询。

6.3　一键充填系统

一键充填全流程智能生产控制是建立在对充填工艺充分理解和消化的基础上，对人为操作模式通过智能化控制系统来拟人化的实现，主要包含充填生产一键启动、充填全流程正常生产稳态控制、充填生产一键停车三部分内容。

一键充填智能化控制系统可实现各生产参数的动态稳定控制，系统正常生产过程中工艺出现波动自动纠偏，充填浓度流量等各指标稳定，配灰精确，充分将操作人员解放出来，实现调度中心统一监控。出现特殊情况，自动化系统提醒操作人员进行人工干预，避免出现大的故障，保证充填生产的“安全、可靠、稳定”运行，力争实现矿山充填无人化、近无人化。一键充填运行流程如图 6-7 所示。

图 6-7 一键充填运行流程

6.3.1 一键充填工艺控制时序

6.3.1.1 一键充填的工艺过程

(1) 任务的制定和下达。充填任务包括材料的配方、充填区域、充填方量和泵送需求等。泵送能力可按时段进行不同设置，以适应物料输送过程由不稳定向稳定的状态过渡，即泵送能力可由小到大逐渐增加。配方下达包括配料前湿润管路和结束时清洗管路的泵送水量，系统根据配方和充填能力，自动计算各物料的给料能力，为各子系统的运行提供控制依据。任务制定完毕后自动控制系统下达指令并进入一键充填准备状态。

(2) 系统和管路选择。操作员选择充填系统和拟充地点后，充填控制系统自动检测当前正在运行的系统和管路，并进行充填管路分配。当充填管路已被占用时，系统自动提示待已有充填任务结束后再选择系统和管路。当充填管路空闲可用时，系统自动提示进行充填确认选项。

(3) 充填前的管路润滑。操作员点击“一键充填”后，充填自动控制系统依照充填任务单，先进行管路泵送清水湿润管路，待达到设定的泵送水量后，系统自动按配方进行各原料的计量配料。若本系统刚完成上一个充填任务的管路清洗，本次任务为追加充填任务时，可在任务单取消管路泵水湿润，直接设置配料任务。

(4) 料浆连续配制泵送。该阶段充填自动控制系统以配方和泵送能力确定各物料（尾砂底流、水泥等）的目标给料能力，实时监测实际给料能力，对比分析实际能力与目标能力的偏差，并根据模型算法自动进行设备能力调整，使得各物料实际能力与目标能力的偏差在允许误差范围内。同时系统实时监测设备自身健康参数指标，利用数据库算法预测预报设备运行状态。该阶段系统自动调整配料能力和泵送能力，使之实现能力匹配，避免物料满溢或空料停泵。待累计充填方量达到任务设定方量后，自动停止原料计量配料，进入下一个阶段充填任务。

（5）结束时的管路清洗。当充填方量达到任务设定方量后充填结束并进入管路清洗阶段，系统依照任务设定，自动延时等待料浆斗内料浆泵送完毕，自动给水至搅拌机清洗设备，清洗水经充填泵泵送进入管路同时清洗充填管路，待达到设定的泵送水量后，停止给水，充填结束。

（6）充填过程整理归档。当管路清洗完毕后，充填自动控制系统自动将本次充填任务过程中的各监测数据整理归档，分析各物料的计量偏差、配料质量和设备运行状态，生成评价报告。

6.3.1.2 一键充填的设备控制时序

总原则：逆序启、顺序停，按照先尾砂浆、后调浓水、最后水泥的顺序，保证原料同步调配。

（1）自检。检测充填计划内所有阀门是否关闭到位，设备是否处于远程操控，有无故障。若设备全部正常则启动自动充填，否则提示故障位置，待人工维护正常后再次点击方可启动。

（2）自动润管。流程：【充填三通阀换向到位】→【充填泵进料阀打开】→【搅拌机启动】→【调浓冲洗阀开】→【调浓泵进水阀】→【调浓水泵开】→【充填泵料斗高料位】→【充填泵启动】→【充填流量计方量完成】→【调浓水阀关闭】→【充填泵进料阀关闭】→【充填泵停机】。

（3）自动充填。流程：【底流冲洗阀打开】→延时（1min）→【底流冲洗阀关闭】→【底流泵出口阀打开】→【底流泵进口阀打开】→【底流泵开启】→【底流流量计有数值】→延时（可调）→【调浓冲洗阀打开】→延时（可调）→【水泥螺旋逆序启动】。

（4）自动充填结束（自动洗管）。流程：【充填流量计方量完成】→【按自动充填启动的逆序依次停止水泥、尾砂浆（保留调浓冲洗水）】→洗管（延时可调）→【调浓冲洗阀关闭】→【搅拌机料位最低位】→【充填泵进料阀关闭】→【充填泵料斗最低位】→【充填泵停机】。

6.3.1.3 精确配料控制核心算法

A 整体设计

精确配料控制系统控制流程如图 6-8 所示。

根据生产配方计算尾砂需求量；尾砂流量闭环与充填流量反馈共同控制干砂

量；砂量闭环与水泥闭环组成主副双闭环控制，实现灰砂比值固定；调浓水浓度闭环单独运行。

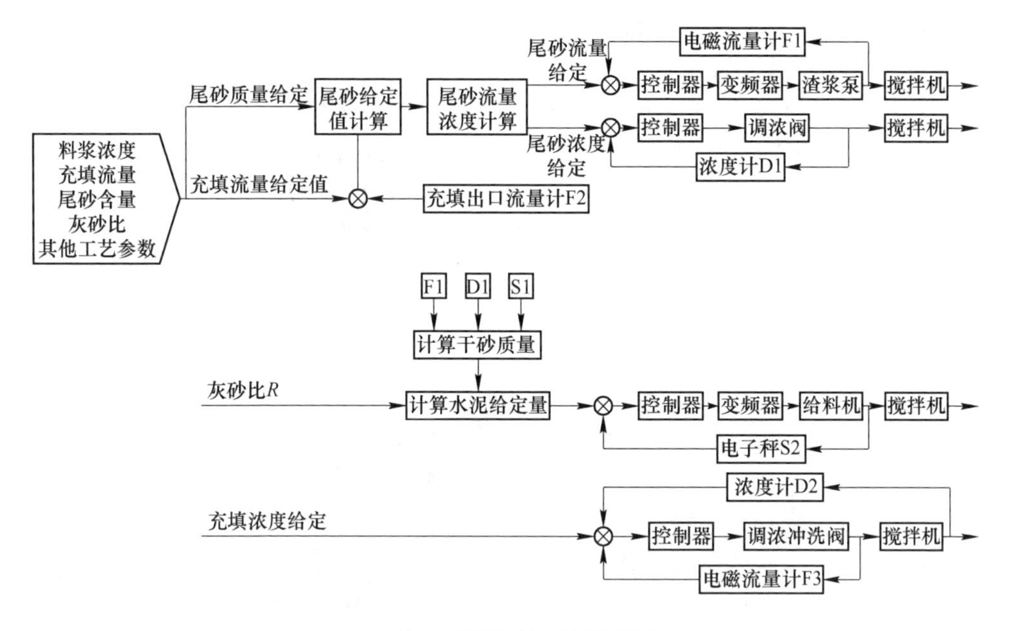

图 6-8　配料控制系统流程图

该控制模块采用多闭环比值控制，克服了采用单闭环比值控制时存在的主流量不受控制、生产负荷在较大范围内波动的不足。在单闭环比值控制的基础上，增加了主流量控制回路，实现了对主流量的比值控制，增强了主流量抗干扰能力，使主流量变得平稳，在实现精确的流量比值控制基础上，又确保了水泥、尾砂物料总量保持恒定。此外，在升降负荷时也比较方便，只需小幅度改变主流量调节器的设定值就可升降主流量，同时副流量也自动跟踪升降，并保持两者比值不变。

B　浓度控制

尾砂浓度闭环与尾砂流量闭环并行控制，保证尾砂量稳定输出。充填浓度给定值来自充填配方值，通过电磁流量计 F3、浓度计 D2 反馈控制调浓水量。

C　灰砂比控制

因实际生产中水泥供料扰动易对灰砂比产生较大影响，所以灰砂比控制需选用双闭环比值控制，以较为稳定的干砂量为主流量，水泥为副流量。双闭环比值控制克服了单闭环比值控制主流量不受控制、生产负荷在较大范围内波动的不足，水泥给定量跟随实际干砂量同比变化，确保灰砂比为定值。

D　流量控制

尾砂流量由自身闭环实现控制。充填出口流量计 F2 固定周期内统计流量与充填给定流量值的差值，用于修正尾砂需求量数值，保证输出流量稳定。

6.3.2 配料精准控制方法

6.3.2.1 尾砂配料控制方法

A 尾砂配料工艺

选矿厂将尾砂浆输送至充填站深锥浓密机，同时絮凝剂溶液经电磁流量计计量后投加至深锥浓密机，加快尾砂沉淀速度并澄清溢流水，溢流水自流至溢流水池。深锥浓密机底部高浓度尾砂底流用渣浆泵输送至搅拌机，底流泵送管路上安装电磁流量计和浓度计，显示并控制渣浆泵频率和调浓水调节阀，从而稳定浓密机出料流量和浓度。

B 尾砂配料目标检测

1）深锥浓密机底流浓度检测（Na-22 核子浓度计）；

2）深锥浓密机底流流量检测（电磁流量计）；

3）深锥浓密机底部压力检测（压力变送器）；

4）深锥浓密机泥层厚度检测（泥层料位计）；

5）絮凝剂添加量检测（电磁流量计）。

C 深锥浓密机底流流量控制

深锥浓密机至搅拌机管路上安装有电磁流量计、电动闸阀。闸阀控制底流泵进出料，出料管道安装电磁流量计，实时显示底流泵出口流量。底流流量设定值=(配方计算的尾砂质量)×(1+充填出口流量计测得的偏差百分比)，实时检测底流出口流量计反馈的尾砂流量值，通过 PID 调节器输出值调节渣浆泵频率，调节进入搅拌机的尾砂量，算法模型如图 6-9 所示。

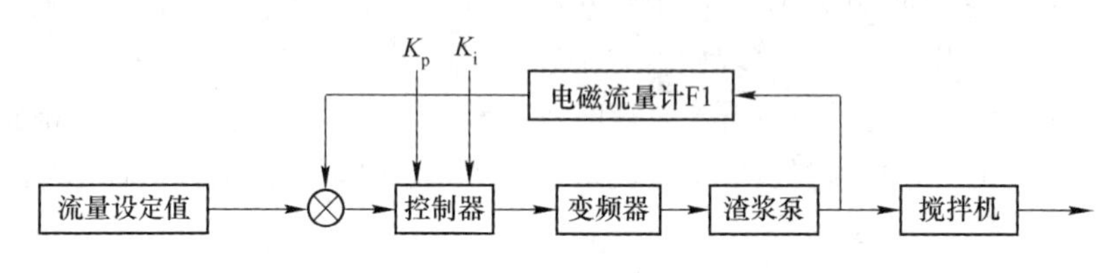

图 6-9 底流流量控制算法模型

D 深锥浓密机出料浓度控制

为保障深锥浓密机出料浓度，在深锥浓密机输出管道上安装浓度计，显示和反馈底流出口浓度值。底流浓度设定值=(配方计算的底流浓度)×(1+充填出口流量计测得的偏差百分比)，通过检测底流出口实际浓度，调节调浓阀开度，实时调整底流泵出口尾砂的浓度，算法模型如图 6-10 所示。

E 深锥浓密机冲洗控制

在使用浓密机尾砂进行井下充填时打开底流进料阀、冲洗阀和后继管夹阀，进行放砂管路清洗和润管；润管完成后，关闭底流进料阀，打开冲洗阀，向浓密

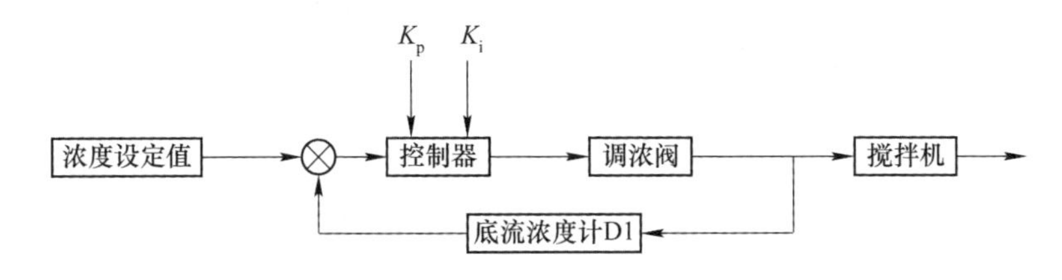

图 6-10 底流浓度控制算法模型

机反冲 1min；之后关闭冲洗阀，打开底流进料阀，使深锥浓密机的底流尾砂经底流泵进入搅拌机混料漏斗中。井下停止充填时，打开冲洗阀，冲洗底流进料阀、浓密机管路和放砂管路，完成后关闭底流冲洗阀。

F 絮凝剂添加量控制

絮凝剂添加量根据选厂全尾砂来料干重计算投加，流量由电磁流量计检测控制。

6.3.2.2 水泥配料控制方法

A 水泥配料工艺

水泥供给系统由立式水泥储仓、手动插板阀、螺旋输送机、螺旋电子计量秤等组成。水泥由螺旋电子计量称计量后输送至一级搅拌机过料斗，给料量根据料浆材料配方、设定的充填料浆浓度、流量与实际放砂流量、浓度经自动计算后实现给料量自动调节。水泥仓顶装有卸压孔、进料杂物格筛箱、袋式除尘器、导波雷达料位计等装置，散装水泥由汽车罐车运至搅拌楼旁通过压气压入仓内。

B 水泥配料目标检测

（1）水泥仓料位检测（雷达料位计）；

（2）水泥输送计量检测（电子秤）。

C 水泥配料控制

（1）双螺旋稳流器控制。输送螺旋启动后再启动，停止顺序相反，变频器驱动，频率设定值来自称重螺旋频率输出值的比值。

（2）输送螺旋变频控制。称重螺旋启动后再启动，停止顺序相反，变频器驱动，频率设定值来自称重螺旋频率输出值的比值。

（3）螺旋称重给料计控制。水泥给定量=尾砂流量×灰砂比，通过电子秤反馈的水泥流量反馈形成闭环控制，依据模糊 PID 规则库实时调整 K_p、K_i、K_d 参数，调整螺旋给料器频率。算法模型如图 6-11 所示。

（4）水泥破拱装置控制。水泥仓底部安装一套高压空气破拱装置，可与水泥秤联锁自动循环运行，也可根据需要手动单次启动。

（5）仓顶除尘器控制。仓顶安装除尘器，当水泥进料时，启动除尘器，停止进料时，停止除尘器。

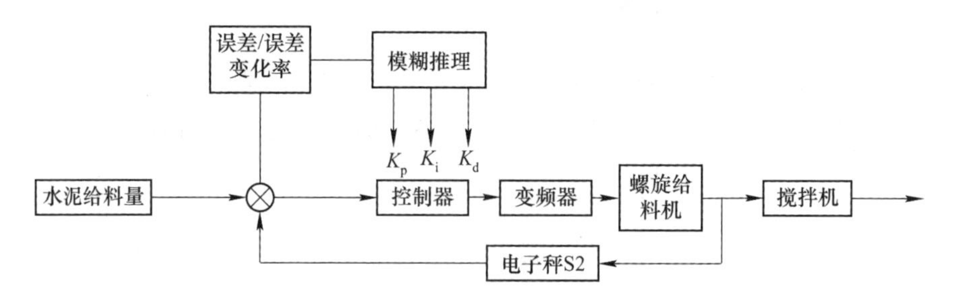

图 6-11 水泥给料量控制算法模型

(6) 水泥仓料位控制。水泥仓的进料使用水泥专用运输车将水泥通过压气压入水泥仓；水泥仓内水泥料位高度使用导波雷达料位计检测料位；当水泥仓装满时，控制系统将提示操作人员停止进料；当水泥缺料时，将报警提示工作人员进料。

6.3.2.3 调浓水配料控制方法

A 调浓水配料工艺

料浆制备用的调浓用水来自溢流水池的浓密机溢流水，由调浓水泵输送至一级搅拌机过料斗。调浓水管路上安装流量计、球阀和电动调节阀，调浓水量根据料浆配方、设定的充填浓度、实际流量等经自动计算后实现给水量自动调节。

B 调浓水配料目标检测

调浓水流量检测（电磁流量计）。

C 调浓水流量控制

调浓水泵至搅拌机管路上安装有闸阀、电磁流量计、电动调节阀。闸阀控制底流泵进出水，出水管道安装电磁流量计，用作显示和反馈。

充填浓度给定值为配方设计浓度，根据充填出口浓度计和调浓流量计反馈值计算出调浓水量，通过 PID 调节器输出值调节调浓水阀开度，调节进入搅拌机的水量。算法模型如图 6-12 所示。

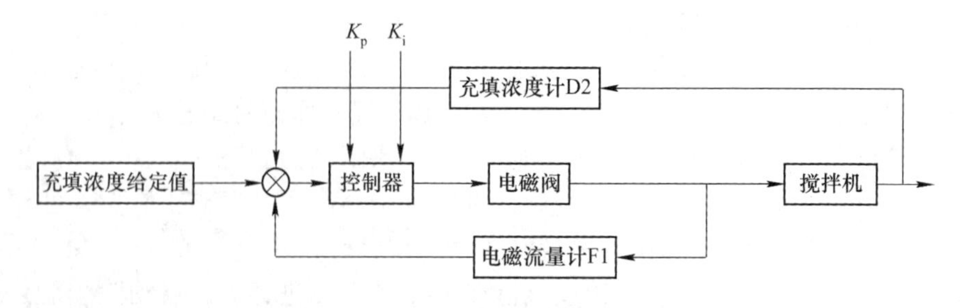

图 6-12 调浓水流量控制算法模型

6.3.3 搅拌泵送控制方法

A 搅拌泵送工艺

搅拌系统的控制采用变频控制，可根据料浆状态实时调整搅拌速度。将浓密机底流、水泥和水输入搅拌过料斗，搅拌混合均匀后根据井下充填区位置自流或经工业充填泵输送至井下充填区。

充填工业泵出口设置切换阀组系统，以实现充填工业泵与充填管路的切换功能，保证每台充填工业泵配置性能相近的备用泵，并可以实现自动切换。

B 搅拌泵送目标检测

(1) 搅拌转速和电机电流检测（4~20mA）；

(2) 充填泵排量和泵送压力检测（4~20mA/压力变送器）；

(3) 充填泵料斗料位检测（雷达料位计）；

(4) 泵送管道阀组位置检测（阀组位置反馈）。

C 搅拌泵送控制

a 搅拌料位控制

设定搅拌料位设定值，通过PID计算出夹管阀开度输出值，从而调节搅拌料位高度为某一定值。搅拌料位控制算法模型如图6-13所示。

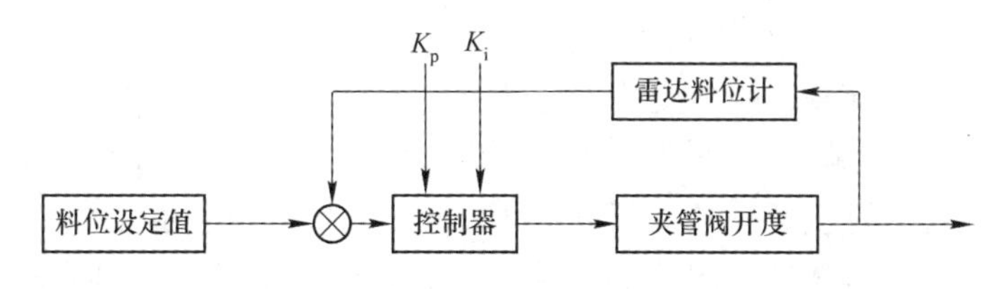

图6-13 搅拌料位控制算法模型

b 充填泵料位控制

设定充填泵料斗料位设定值，通过PID计算出充填泵排量输出值，从而调节充填泵料斗料位高度为某一定值。充填泵料斗料位控制算法模型如图6-14所示。

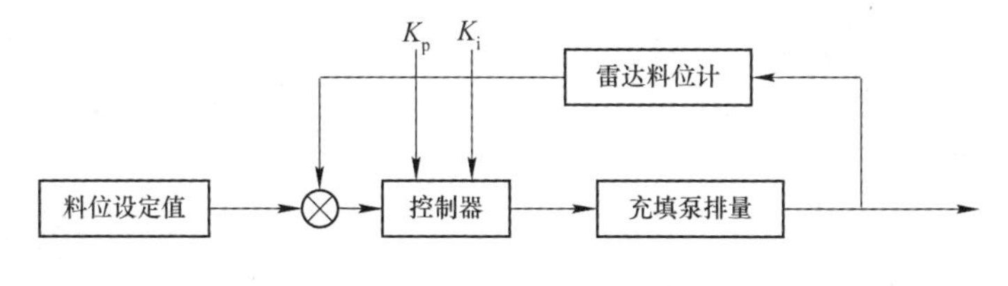

图6-14 充填泵料斗料位控制算法模型

c 泵送管道切换三通阀控制

搅拌完成后进入分料装置，如果充填倍线足够，则自流进入钻孔下料桶；如果充填倍线不够，则进入充填泵，由泵加压后通过管路阀组依照充填计划切换输送至充填目标孔。为保证充填管道按需要开启，管路阀组输出阀位状态信号实现自动控制，同时在阀门上方安装监控摄像头，实现自动检测与人工检测双保险。

6.3.4 一键充填系统自动化架构

6.3.4.1 一键充填系统自动化架构组成

一键充填系统自动化部分由监控站、S7-1500 控制主站、ET200SP/I/O 从站、S7-1200 成套机柜、S7-300 成套机柜、泵送机柜及充填过程工艺检测仪表及执行机构组成。

监控站部署于现场中心控制室内，由工控服务器、工程师站（过程运维）、操作员站（双机冗余）、工控大屏幕、视频监控大屏幕组成。监控站对控制系统进行组态监控并对过程参数进行显示、报警、记录及管理；通过核心交换机与企业数据中心进行生产运维的数据交换；通过与视频服务器交互获取视频流与现场监控摄像头的控制及视频监控大屏幕显示，工控大屏幕用于实时显示泵送工况场景。

S7-1500 控制主站、ET200SP/I/O 从站、S7-1200 主站、S7-300 主站分别就地安装于充填现场的各指定机柜中，每个机柜只安装一个站点（主站或从站）用于完成就近仪器仪表的数据采集、执行结构的过程控制及就近子系统的工艺流程控制。

按照工艺控制流程，将自动化系统分为耙架控制子系统（采用 S7-1200 成品机柜）、絮凝控制子系统（采用 S7-1200 成品机柜）、溢流水控制子系统、调浓冲洗泵控制子系统、冲洗子系统、调浓子系统、底流泵控制子系统、水泥上料子系统、搅拌子系统、调浓冲洗阀控制子系统、泵送阀测控子系统、泵送机柜（采用 S7-300 成品机柜）共 12 个子系统，所有子系统通过 ProfiNet 实现控制系统组网。

各 PLC 测控的子系统描述如下：

（1）采用 1 套 S7-1500 主站柜（1513CP+IO 扩展模块）对溢流水控制子系统和调浓冲洗泵控制子系统进行开关、模式量等信号的集中接入与动作控制及工艺流程控制；

（2）采用 1 套 S7-300 成品机柜（300CPU+IO 扩展模块）对冲洗子系统、调浓阀控子系统、底流泵控制子系统进行开关、模式量等信号的集中接入与动作控制及工艺流程控制；

（3）采用 1 套 S7-1200 成品机柜（1200CPU 扩展模块）对耙架进行控制；

（4）水泥上料子系统形成一套 ET200SP 从站并安装于一机柜中以实现开关、模式量等信号的集中接入与动作控制及工艺流程控制；

（5）搅拌子系统与调浓冲洗阀控制子系统及泵送阀测控子系统形成一套 ET200SP 从站并集中安装于统一机柜中以实现开关、模式量等信号的集中接入与动作控制及工艺流程控制；

(6) 泵送子系统采用成品机柜（S7-300CPU+扩展）以实现充填泵的开关、模式量等信号的集中接入与动作控制及工艺流程控制。

6.3.4.2 主控单元

A 主控单元

系统包括电源、CPU 和工业交换机，可以执行完全独立的操作，它主要由中央处理器、电源模块、工业交换机、数字量和模拟量模块等组成。

PLC 控制系统主要部件采用西门子 S7-1500 系统控制器和数据接口模块，通信网络采用公开的以太网标准化通信协议。PLC 系统能够进行在线组态和修改程序，包括修改方案、增删检测点、增删硬件后，均可不停机无扰安装。各类 I/O 点数按实际所需 I/O 数量再加上 20%以上的裕量进行配置，柜内预留 20%的 I/O 卡槽空间。

B 现场 I/O 站

a 控制范围

I/O 点的统计主要包括技术文件中列出的关键设备检测与控制，同时还有检测点所需仪表的信号传输及过程控制中的调节设备。主要包括：深锥全尾砂膏体浓密机、渣浆泵、螺旋输送机、螺旋称重给料机、管道增压泵、空气压缩机、强力搅拌桶、分料装置、液压柱塞工业泵、潜水排污泵、计量带式给料器、三通换向阀等。主要阀门仪表包括：γ 射线浓度计、超声波液位计、电磁流量计、雷达料位计、电动管夹阀、电动调节阀、电动闸阀。

b I/O 点数

充填自动控制系统检测控制 I/O 点数清单（实际点数）见表 6-2。

表 6-2 I/O 点统计

I/O 类型	DI	DO	AI	AO	备 注
实际点数	693	358	265	123	
按 20%裕量设计	832	432	320	148	

6.3.4.3 供电设备

A 供电方式的选择

供电系统采用 TN-S 系统，由低压配电柜供给 220V AC/50Hz 电源，通过 UPS 不间断电源后，经配电柜分配至各用电设备。

B UPS 的选择

采用 10kV · A 容量的 UPS 电源对整个控制系统的 PLC 和仪表进行供电，蓄电池续流能力为 1h。

6.3.4.4 中央控制室

充填自动控制系统在中控室设置工程师站 1 台、操作员站 2 台，实现现场生产过程的模拟显示、操作指令下达、报警显示、历史记录、数据存储等功能。

PLC 中控室监控组态画面显示的所有文字（指设备名称和操作及状态说明、报警提示等）均必须是中文，以方便于操作。PLC 系统易于组态、使用和扩展。系统软件应当能完全支持 IEC61131-3 组态语言，支持五种标准工业编程语言（即功能块图，梯形逻辑图，顺序控制图，指令列表和结构文本语言），各控制编程组态语言之间可以灵活交叉使用以满足不同的控制要求。组态软件必须支持在线修改程序，便于后期调试和不停机修改程序。

充填自动控制系统在中央控制室设置 A4 网络彩色打印机一台，用于打印报警、报表等信息。

6.3.4.5 网络交换机

在 PLC 柜设置核心交换机 1 台，采用 MOXA 的 EDS-208 型交换机，提供 2 个百兆多模光口，6 个百兆电口，以实现控制站 CPU、工程师站、操作员站、上级调度系统的信息交换。电控柜安装智能远程控制终端 YC504-W2Y1 块，实现远程数据监控。

6.3.4.6 线缆敷设

A 线缆的分类

充填自动控制系统的线缆分为现场总线、以太网以及电缆。

B 以太网

以太网分布在工程师站、操作员站之间，传输率最高 1Gbps。以太网，由传输介质、连接和传输组件以及相应的传输方法组成。传输介质选择：80m 以内选择屏蔽双线电缆，80m 以外选择光纤电缆。相应的连接和传输组件：屏蔽双线电缆选用工业交换机的电气接口，光纤电缆选用工业交换机的光接口。相应的传输方法：屏蔽双线电缆用于电气数据传输，光纤电缆用于光数据传输。

C 电缆

电缆分为控制电缆与信号电缆。控制电缆分布在 PLC 柜与电气设备的低压柜（或者操作箱）端子之间。信号电缆分布在现场 PLC 柜与仪表的接线端子之间。

6.3.5 一键充填软件功能设计

6.3.5.1 系统编程软件选择

（1）上位机编程软件：Wincc7.4。

（2）操作系统：Windows7 x64 专业版。

（3）服务器系统：Windows server2012。

（4）数据库软件：SQL SERVER 2012。

6.3.5.2 充填自动控制系统的主要功能

充填自动控制系统集成包括硬件平台、网络系统、系统软件、工具软件和应用软件，为用户提供一体化的自动化解决方案，集数据采集、过程控制传输、存储与控制为一体，包括生产工艺、生产管理、设备管理、先进技术等方面的内容。具体工作如下：

（1）信息集成：信息数据集成实现规范化、体系化，以便于信息采集、传输、交换、存储与利用，建立全局实时数据库，实现数据共享。

（2）设备集成：解决组织计算机、控制系统、检测仪表、执行器、电气控制器及第三方设备的信息收集和应用的集成。即解决设备之间的互联、互通、互操作。

（3）应用开发：选择方便、高效的开发工具和环境，提高应用软件开发功效。建立简便、快捷的信息应用系统。

本系统是基于实时数据的系统，在控制室可以对整个生产过程进行监控，生产运行监控主要功能有：

（1）系统控制方式为上位机集中控制、上位机手动控制和控制箱就地控制三种，将充填搅拌站工艺系统的所有机电设备全部纳入集控范畴。

（2）控制方式由集中控制室操作人员在上位机进行选择。

（3）系统选择功能。

（4）试车功能。

（5）具有预告和设备禁启功能。参控设备逆工艺流程启，顺工艺流程停。所有设备可实现在线启、停，所有设备均具有现场紧急停车功能。集中运行时，岗位人员只能就地停车，不能启车。

（6）事故处理功能。包括预告故障、启停车故障、运行故障以及检测信号等故障的预警和处理。

（7）故障诊断功能。借助 PLC 本身所具有的诊断功能开发对系统通信线路故障的诊断，并有声光报警和历史记录。

（8）集中控制系统对系统中所有仓/池中的液位按照工艺要求进行液位闭环控制，防止跑冒或抽干。

（9）集中控制系统对水泥量（采集微粉称秤信号）进行采集及处理。

6.3.5.3 集中控制系统的控制方式

集中控制系统共有五种运行方式：

（1）一键充填。根据运营管理系统下达的充填系统和管路、设定材料配方和充填方量任务，自动化系统自动按照充填流程完成后续各阶段的充填工作，直至充填结束。

（2）集中自动方式。集中自动方式的所有操作均可通过上位机进行操作，运行人员根据工艺要求可在显示器上调出预选流程菜单。当程序选择无误且组成一条完整的流程时，显示器上出现有效信号；当现场信号全部到位后，系统发出允许启动信号；所选设备按逆物流方向启动各台设备，设备启动前告警器发出告警音响（采用语音告警，详细说出设备的名称）；设备启动后现场告警停止音响，程序停机时顺物流逐一按预定延时停机。

（3）集中手动方式。集中手动是操作人员在上位机上通过 PLC 完成。操作人员根据运行要求在上位机上调出相应画面进行。对已选择好的流程之中的设备按联锁方式逆物流逐台地启动设备，按顺物流方向逐台停机。

（4）就地方式。就地方式是在就地控制箱上进行操作。控制系统在现场设有仅供设备检修的启、停按钮及事故紧急停机拉线开关（或按钮），控制箱应按标准设计，配有状态指示灯等。

（5）零位模式。在零位模式下禁止所有的控制。

6.3.5.4 设备故障应急预案

A 水泥仓下料不畅

充填过程中水泥给料螺旋已运行在最高频率，给料能力仍达不到目标值且在允许偏差范围之外，判定为水泥起拱堵仓。这时需开启气动破拱并辅助人工敲振料仓，直至恢复正常。若上述措施无效，需停止配料充填，防止强度不合格料浆进入采场。系统进入管路清洗阶段，待料仓处理正常后重新下达任务，恢复充填作业。

B 过料斗故障

在长期充填运行过程中，尾砂和水泥经过料斗进入搅拌机容易在过料斗壁形成粘挂板结。为防止此类故障发生，除考虑加大过料斗斗壁倾角外，建议内壁设置高压喷头，充填结束时利用高压喷头清洗。同时，外壁配置振动器，定期开启振动清除物料。

C 大型设备突发故障

在某些突发异常情况下，造成搅拌机不能继续工作，需要停机检查和处理时，控制站必须能够自动地对尾砂膏体充填的生产流程进行应急处理。

（1）立即关闭深锥浓密机的输出；

（2）关闭水泥仓下方的螺旋给料机及混料漏斗中的补加水。

在上述操作后，有些情况需要操作人员对控制站系统进行操作提示：

（1）“关闭后续流程”：在有关人员对搅拌机故障进行检查后，确认不能马上恢复生产，则可指令控制站系统按顺序、分延时地关闭后续流程；

（2）“启动生产流程”：在故障排除之后，而且通过搅拌机的控制器或者现场工人，将搅拌机正常地启动起来并进入正常运行。

D 其他设备出现的异常故障

对于其他设备出现的异常故障，都将按工艺流程的要求进行紧急处理切断给料，再视故障处理所需时间的长短，或短时间等待、或因故障处理时间较长而关闭流程等。

6.3.5.5 过程控制功能实现

工程上常用的控制算法是PID控制算法。

PID控制算法是根据一个被控对象的被调参数与设定值的偏差，利用偏差的比例、微分、积分三个环节的不同组合计算出被控对象的控制值。对于时滞小，扰动小的工程量一般使用该种方式控制。

软件中自带的PID功能块，控制带有连续输入和输出变量的工艺过程。在参数分配期间，用户可以激活或取消激活PID控制器的子功能，以使控制器适合实际的工艺过程。

模糊自适应PID控制，在充填系统浆料制作过程中，长距离输送和搅拌制浆过程等都表现出复杂性、非线性和时变性等特点。对此，常规PID控制难以获得良好的控制效果，而模糊控制不要求被控对象具有精确的数学模型，模糊PID控制器既具有模糊控制灵活而适应性强的优点，又具有常规PID控制精度高的特点，在工业控制中得到广泛的应用。在该系统中，全尾砂流量、水泥流量和充填料浆输送过程控制器均采用模糊PID控制器，模糊PID控制器结构如图6-15所示。

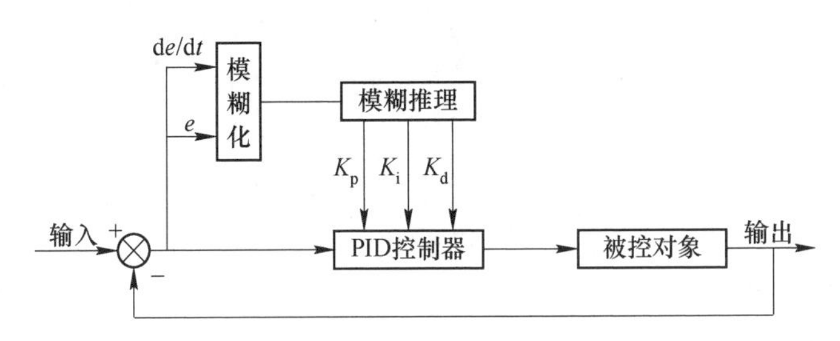

图6-15 模糊PID控制流程图

图6-15中采用的是双输入三输出的二维模糊控制器，能根据PID控制器的三个参数偏差 e 和偏差的变化ec之间的模糊关系，在运行时不断检测 e 及ec值实时变化，利用模糊推理的方法在线修改PID控制器的三个参数，实现PID参数自整定，提高控制效果。

6.3.5.6 充填智能控制组态画面系统

上位机画面包括：

(1) 过程状态显示画面。其主要包括区域显示、总貌显示、组貌显示、时间图显示、快速调用显示、报警状态显示。

（2）趋势显示画面。趋势显示分为实时趋势和历史趋势，其主要包括曲线图和棒状图。通过选择有关联的数据库点，快速、动态地生成任意时间间隔的曲线，方便用户查看、保存。提供工艺参数的历史与当前工况的对比。

（3）工艺流程动态显示画面。其主要包括工艺流程、工艺参数定时刷新，设备启/停状态。

（4）报警管理画面。系统发生故障时，系统有自动报警功能。提供设置报警级别、报警限功能。报警信息的记录、维护和管理功能。

（5）用户管理画面。系统设置用户管理功能，设置权限管理，对不同级别的用户有相应的操作权限。

（6）其他需要显示的画面。

6.3.5.7 充填智能控制系统的操作功能

在基于图形和菜单的形式上，操作人员在操作站通过键盘或鼠标下达相关指令或信息，开/停或调整设备的工作状态。

依据以上的功能要求，整个系统显示以下 6 类画面。

（1）过程状态显示画面。其主要包括区域显示、总貌显示、组貌显示、回路显示、时间图显示、快速调用显示、报警状态显示。

（2）趋势显示画面。趋势显示分为实时趋势和历史趋势，其主要包括曲线图和棒状图。选择有关联的数据库，快速、动态地生成任意时间间隔的曲线，方便用户查看、保存。提供工艺参数的历史与当前工况的对比。

（3）工艺流程动态显示画面。其主要包括工艺流程、工艺参数定时刷新，设备启/停状态。

（4）报警管理。系统发生故障时，系统有自动报警功能。提供设置报警级别、报警限功能。报警信息的记录、维护和管理功能。

（5）用户管理。系统设置用户管理功能，设置权限管理，对不同级别的用户有相应的操作权限。

（6）远程监视功能。系统组态功能应能满足用户方便地选择控制方式、构成控制系统、绘制显示图表、建立数据库、生成所需的应用软件及帮助软件。组态的应用软件应能在线重新组态而不影响系统的连续正常工作。系统组态软件功能包括系统结构组态项目、系统结构组态、测量数据组态、历史数据组态、控制功能组态、图形文件组态、显示组态。

6.3.5.8 综合信息管理功能

系统设计包括全尾砂膏体制备流程工艺的运行时间统计、水累计、全尾砂料浆累计量、水泥累计量等原料数据统计，设备故障记录及设备故障时间统计，关键生产参数的设置，关键生产数据的实时显示及历史数据归档。

6.3.6 关键仪器仪表选择

6.3.6.1 雷达料位计

A 仪表概述

E+H 波导式雷达料位计（见图 6-16）被设计用于对粉末或小颗粒固体进行连续物位测量。测量不受介质密度、温度变化及气室内粉尘堆积等因素影响。

图 6-16 雷达料位计

(1) 菜单引导现场操作，四行文本显示。

(2) 现场显示包络线进行诊断。

(3) 附送 ToF Tool 操作软件，可进行操作与诊断。

(4) 可进行远程操作和显示。

B 仪表参数

(1) 测量范围：30m。

(2) 测量精度：±2mm。

(3) 仪表电源：DC 24V 二线制。

(4) 输出信号：4~20mA/HART，一路开关控制输入和输出。

(5) 防护等级：IP65。

(6) 环境温度：-50~80℃。

(7) 过程连接：通用法兰。

6.3.6.2 浓度计

A 仪表概述

矿浆浓度计（见图 6-17）使用豁免级别的 Na-22γ 射线放射源，用户无需办理环保手续；配置 4. 3in（1in = 2. 54cm）高清液晶显示屏，中文界面、操作简单，运行流畅；高级友好的用户界面，具有详细的标定、测量、诊断信息；使用磁性开关按钮，不开仪表盖即可进行操作，尤其适用危险场合的应用；可选密度、浓度、质量流量等多种测量输出模式；智能化仪表，具备温度监测、故障自诊断、放射源衰减自动补偿等功能；强大的扩展功能，支持厂家远程诊断、远程调试。

图 6-17 浓度计

B 性能

（1）防护等级 IP65（变送器）。

（2）IP68（管道传感器）。

（3）现场环境温度：-20～45℃。

（4）传感器：-50～100℃。

（5）精度：1%。

（6）信号输出：4～20mA。

（7）通信接口：RS-485。

（8）220V（AC），小于 200V·A。

6. 3. 6. 3 流量计

A 仪表概述

E+H55S 电磁流量计（见图 6-18）专用于非均匀、粗糙和腐蚀性流体等介质。传感器采用了针对行业优化的内衬，坚固耐用。

图 6-18 电磁流量计

B 仪表参数

(1) 检测介质：矿浆。

(2) 电极：哈氏合金。

(3) 衬里：耐磨橡胶。

(4) 耐压：1.6MPa。

(5) 密封等级：IP67。

(6) 信号输出：4~20mA。

(7) 电源：220V (AC)。

(8) 结构：一体式法兰安装，含支架及底座。

6.4 状态监测系统

在自动控制系统之外，状态监测系统对工艺过程和设备进行实时监测，采用工业大数据分析方法进行智能分析，实现以下功能：

(1) 偏差修正：实时采集分析工艺过程的各控制监测参数，通过各工艺模型，实时分析当前工艺过程的运行状态，修正控制系统的控制参数（偏差修正），保证充填系统输出质量稳定。

（2）预判工艺参数异常征兆，并进行预警、报警、预案处理。

（3）预测性维护：实时监测设备运行状态参数（如温度、振动、转速等），智能分析设备健康状态，预判设备故障征兆，并进行预警、报警和故障诊断，为用户提供预测性维护支持。

（4）工艺过程知识库：采用工业大数据分析技术和长期积累的专家知识，通过机器学习的方法，对各工艺过程的长期监测数据进行挖掘分析，建立工艺过程预测与诊断知识库，用于分析和预测充填系统运行状态，保证充填系统长期可靠运行。

（5）设备运行标准：机器学习分析各种工况下设备状态监测数据，建立设备在实际运行状态下异常和故障的判断标准。

（6）工艺过程工业视频监控。

6.4.1 监测系统架构组成

状态监测系统由现场设备传感器网络、智能终端、自动化系统接口、网络网关、监控中心及应用组成。系统各组成部分之间的信息交换如图 6-19 所示，图中设备及功能描述如下。

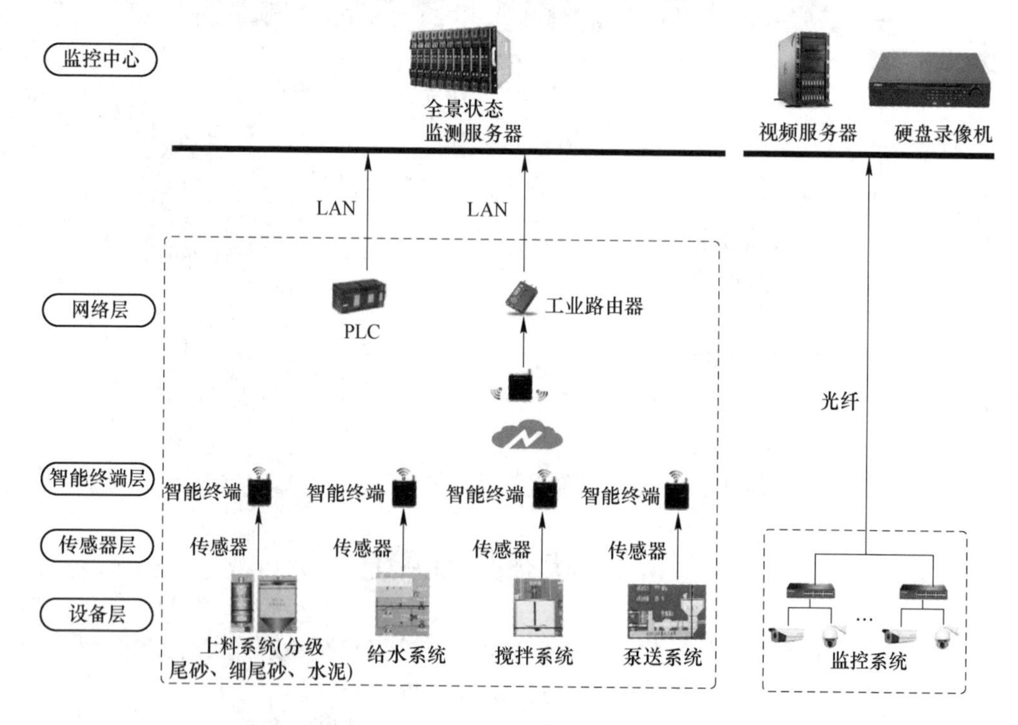

图 6-19 系统架构

现场设备：现场被监测的设备群体，如电机、水泵、浓密机等。

传感器网络：传感器包括振动传感器、温度传感器、电量传感器等。

智能终端：在每台机组附近，就地安装一套智能终端（通道按照实际设备测点选择），智能终端作为现场设备数据从站，采用无线 LoRa 通信组网方式，对各设备状态数据进行实时采集、状态特征实时计算、机械设备实时故障诊断、远程数据通信。

自动化系统接口：采用工业以太网口或 RS485 通信获取 PLC 数据。

网络通信：通过交换机将各现场智能终端的监测数据和报警诊断数据进行汇聚并传输至大数据平台（企业数据中心）。

6.4.2 监测系统功能设计

6.4.2.1 设备状态总视图

可查看各个子系统的关键设备的监控情况，设备总览数量，设备报警台数，设备运行数量以及设备故障情况等。

6.4.2.2 设备状态详细视图

能远程、实时查看各被监测设备的运行状态信息（设备状态、温度、振动、启停、健康指数等），充填系统工艺相关的各种数据，控制参数和监测参数，流量压力传感器监测管道状态数据。

6.4.2.3 设备报警与推送

所有被监测设备各状态数据超限报警状态的提示、分级推送。

(1) 报警分级：按照预警、警告两种方式，按需发送。

(2) 报警模式：低限值超标、高限制超标。

(3) 报警方式：设置时间段内累计瞬时报警次数达到设置次数。

6.4.3 监测对象及监测方式

6.4.3.1 监测对象

对充填站的上料子系统、给水子系统、搅拌子系统、泵送子系统关键设备机组实施物联网智能诊断，拟监测设备见表 6-3。

表 6-3 充填站各子系统关键设备机组统计

子系统名称	设备名称	数量	备 注
上料子系统	深锥浓密机	1	
	渣浆泵	1	
给水子系统	水泵	1	
搅拌子系统	强力搅拌机	1	功率 45kW
泵送子系统	填充工业泵	2	功率 320kW

A 工业活塞泵动力机组

图 6-20 为工业活塞泵机组传感器监测点位置示意图

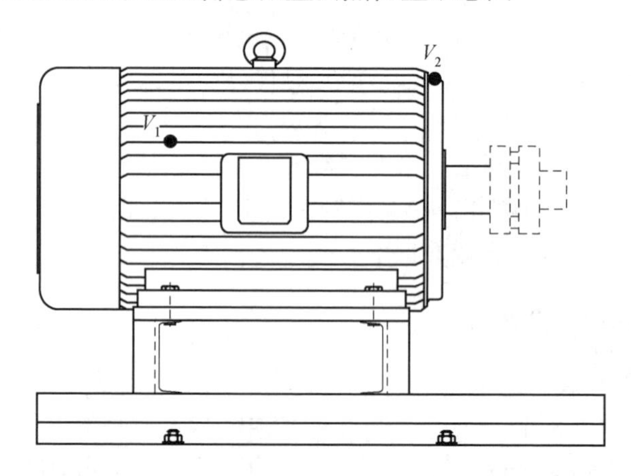

图 6-20 工业活塞泵机组传感器监测点位置示意图

工业活塞泵机组监测点配置见表 6-4。

表 6-4 工业活塞泵机组监测点配置

对 象	测点名称	安装点	安装位置与方向	传感器类型
工业活塞泵动力电机	电机本体	V_1	斜 45°方向	中频加速度传感器
	电机驱动端轴承	V_2	垂直（V）	中频加速度传感器 温度传感器
室内	环境温度	—	—	温度传感器
机组	电流	—	—	电流互感器
物联网智能终端：VTall-U-2000 系列 5 套； 中频加速度传感器：10 个；温度传感器：6 个；电流互感器：10 个				

B 搅拌桶

搅拌桶传感器监测点配置见表 6-5。

表 6-5 搅拌桶传感器监测点配置

对 象	测点名称	安装点	安装位置与方向	传感器类型
电机	电机驱动端轴承	V_1	垂直（V）	中频加速度传感器 温度传感器

续表 6-5

对　象	测点名称	安装点	安装位置与方向	传感器类型
减速机	输出端	V_2	垂直（V）	低频加速度传感器 温度传感器
转轴 1	驱动端	V_3	垂直（V）	低频加速度传感器 温度传感器
	自由端	V_4	垂直（V）	低频加速度传感器 温度传感器
物联网智能终端：VTall-U-2000 系列 1 套； 中频加速度传感器：1 个；低频加速度传感器：3 个；温度传感器：4 个				

C　深锥浓密机驱动机组

图 6-21 为深锥浓密机驱动机组传感器监测点位置示意图。

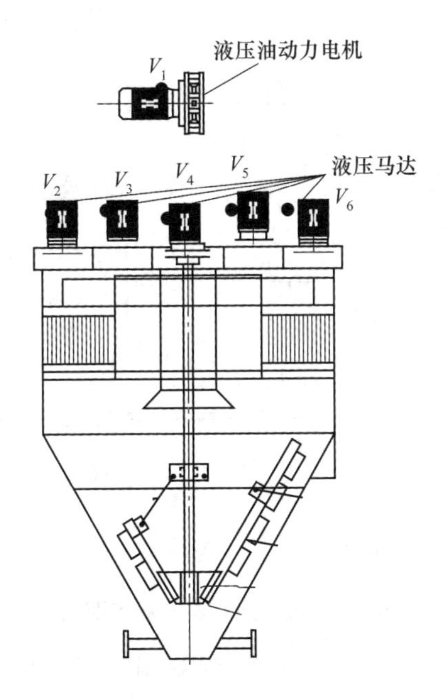

图 6-21　深锥浓密机驱动机组传感器监测点位置示意图

深锥浓密机驱动机组监测点配置见表 6-6。

表 6-6 深锥浓密机驱动机组监测点配置

对　象	测点名称	安装点	安装位置与方向	传感器类型
深锥浓密机驱动电机及液压马达	油泵动力电机	V_1	垂直（V）	中频加速度传感器 温度传感器
	液压马达 1	V_2	垂直（V）	中频加速度传感器 温度传感器
	液压马达 2	V_3	垂直（V）	中频加速度传感器 温度传感器
	液压马达 3	V_4	垂直（V）	中频加速度传感器 温度传感器
	液压马达 4	V_5	垂直（V）	中频加速度传感器 温度传感器
	液压马达 5	V_6	垂直（V）	中频加速度传感器 温度传感器
物联网智能终端：VTall-U-2000 系列 1 套； 中频加速度传感器：6 个；温度传感器：6 个				

D 渣浆泵机组

图 6-22 为渣浆泵机组传感器监测点位置示意图。

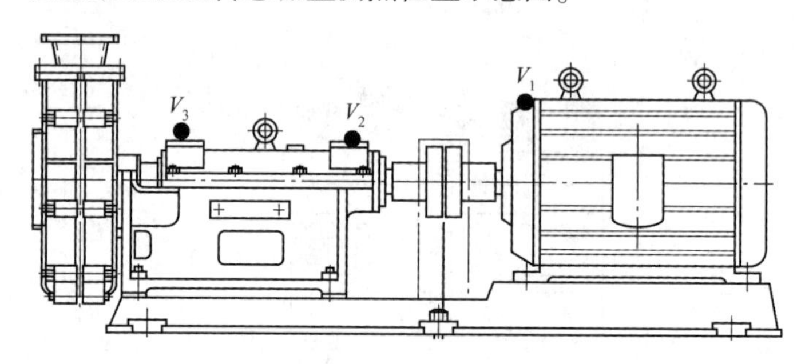

图 6-22 渣浆泵机组传感器监测点位置示意图

渣浆泵机组监测点配置见表 6-7。

表 6-7 渣浆泵机组监测点配置

对　象	测点名称	安装点	安装位置与方向	传感器类型
电动机	电机驱动端	V_1	垂直（V）	中频加速度传感器 温度传感器

续表 6-7

对　象	测点名称	安装点	安装位置与方向	传感器类型
轴箱	轴箱输入端	V_2	垂直（V）	中频加速度传感器 温度传感器
	轴箱输出端	V_3	垂直（V）	中频加速度传感器 温度传感器
机组	电流	—	—	电流互感器
物联网智能终端：VTall-U-2000 系列 5 套； 中频加速度传感器：3 个；温度传感器：3 个；电流互感器：6 个				

E　供水泵机组

图 6-23 为供水泵机组传感器监测点位置示意图。

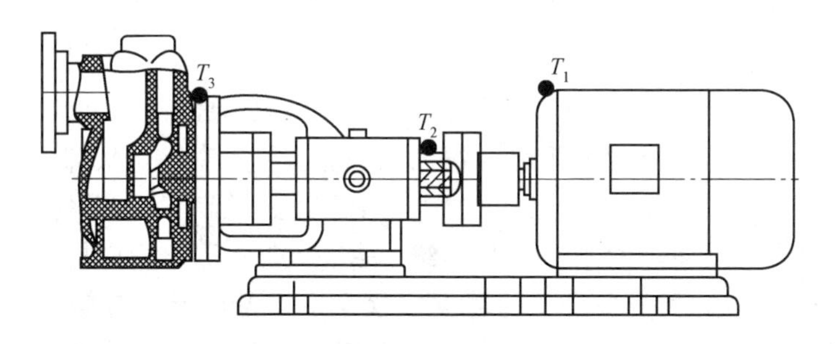

图 6-23　供水泵机组传感器监测点位置示意图

供水泵机组监测点配置见表 6-8。

表 6-8　供水泵机组监测点配置

对　象	测点名称	安装点	安装位置与方向	传感器类型
电动机	电机驱动端轴承	T_1	垂直（V）	温度传感器
泵	泵输入端轴承	T_2	垂直（V）	温度传感器
	泵输出端轴承	T_3	垂直（V）	温度传感器
机组	电流	—	—	电流互感器
物联网智能终端：VTall-U-1000 系列 3 套； 温度传感器：6 个；电流互感器：3 个				

6.4.3.2 监测方式

将充填站各子系统的关键设备组成一个区域，每块区域部署一套 LoRa 无线网关，对各区域的关键设备进行状态数据和诊断结果采集，并通过有线网络方式传送至企业局域网或者通过无线移动网络进行传输，将数据汇总至企业数据中心。

每块区域内，所有被监测设备分别配备一套智能终端，每台智能终端固定安装在 AE 箱内，AE 箱直接安装于被监测机组附近的地面支架上。同一区域内的智能终端通过无线网络将数据传输至对应的 LoRa 网关，各子系统的工艺过程监测数据与管道监测数据通过工业通信终端从 PLC 中获取，将数据传输至大数据平台。

6.4.3.3 设备和系统状态分析

结合系统运行工况对设备状态进行分析，发现设备故障征兆，并进行预警、报警和故障诊断。为用户提供预测性维护。分析管路压力流量监测数据，发现管路异常（堵塞、跑漏浆等），产生相应的报警信息，按处理预案进行处理。

A 状态评估

机械设备的实际运行健康状况可由多个状态参数指标表征，而随着设备服役时间的变化，设备的工况数量和各工况的状态也会发生变化，状态评估模块基于设备的历史工况状态统计与挖掘分析并以系统实时运行工况，设备各部分温度、振动、电流等工况数据为依据，采用多维、多态数据关联分析，提供设备的综合健康状况分析。以同类设备群运行数据（横向多设备运行状态信息）对同类设备运行状态进行综合评估，对相同型号设备相同特征值进行数据挖掘分析，对同类设备健康运行特征值门限范围进行分析，设置设备群体运行趋势报警门限以提高系统的运行效率。图 6-24 为多维、多态、多变量关联分析与诊断示例。

B 故障诊断功能

（1）终端设备自诊断：包括传感器是否正常、终端是否正常、不正常信息（时间+部件名称+设备描述信息）显示；

（2）设备故障诊断：电机故障，电压不平衡、电流不平衡、缺相、短路、过载、定子绕组温升异常、转子不平衡、定转子铁芯错位、轴承温升异常、振动异常、轴承故障；

（3）减速机故障：轴承温升异常、振动异常、轴承故障、齿轮磨损严重、断齿；

（4）水泵故障：轴承温升异常、振动异常、轴承故障、压力异常、叶轮异常、转子不平衡；

（5）机组故障：转子不对中故障，系统松动；

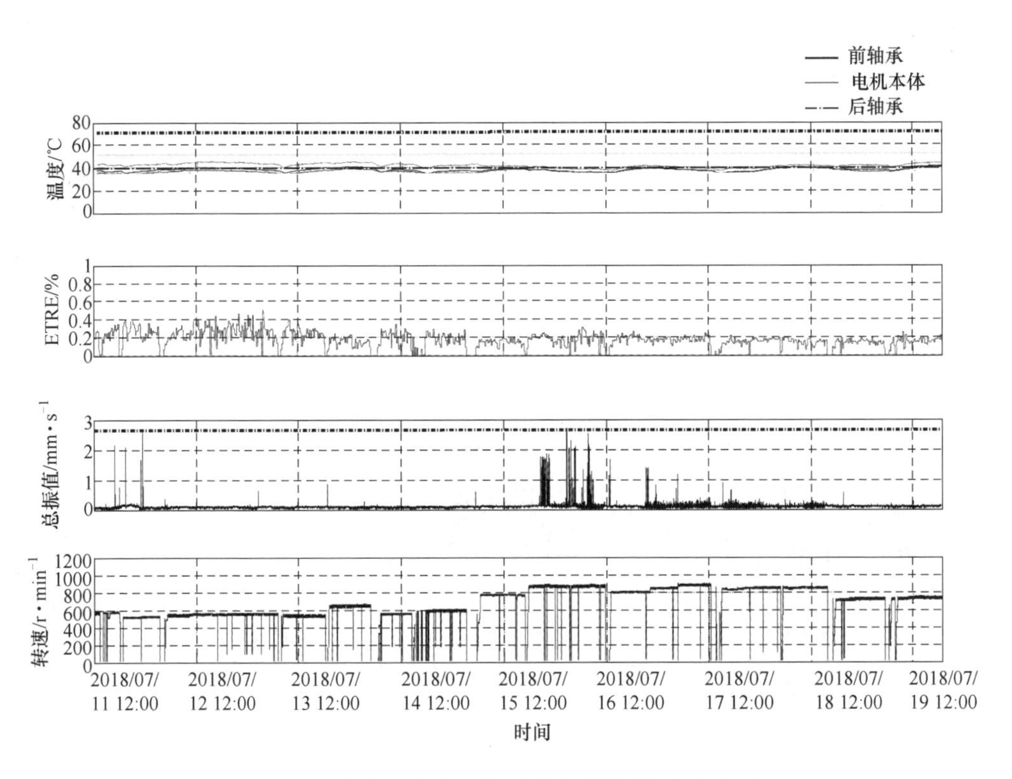

图 6-24 多维、多态、多变量关联分析与诊断示例

（6）诊断信息表征：实时振动诊断数据（数据与谱线体现），具体故障类型及相应的故障定位信息提示与推送。

C 趋势诊断

根据后台趋势分析结果（等时间间隔内的参数变化率情况）进行诊断，执行参数相对应的故障类型和相应的故障定位信息提示和推送。趋势诊断包括单参数趋势诊断和多参数纵向联合诊断、多设备横向联合诊断（可随机选择预期关联参数类别和关联法则）。

D 预测性维护

根据反映设备状态的特征参量变化趋势进行预测性维护。在特征参数（振动值）尚未发生显著变化前，监测系统分析信号的统计特征，当发生显著变化时发出设备故障预警信号，设备修复后监测系统显示设备状态恢复正常。通过预测性维护，能够减少设备意外停机损失，制定维护维修计划，降低维护维修成本。

E 远程监控

状态监测系统联网到数据中心，专家对异常状态进行快速分析并反馈，实现异常状态的快速处理，并对本地知识库进行升级。

6.4.4 状态监测系统硬件配置

6.4.4.1 物联网智能诊断终端

VTall-U-2000 系列物联网在线智能诊断及预测性维护终端具有温度信号和振动信号接口（通道数根据实际需求选择型号）、2 路电流信号接口、1 路转速接口。主机自带一路 RS485 接口以用于其他仪器仪表的现场总线接入（如 Modbus 协议）。图 6-25 为 VTall-U-2000 系列智能终端功能与接口示意图。

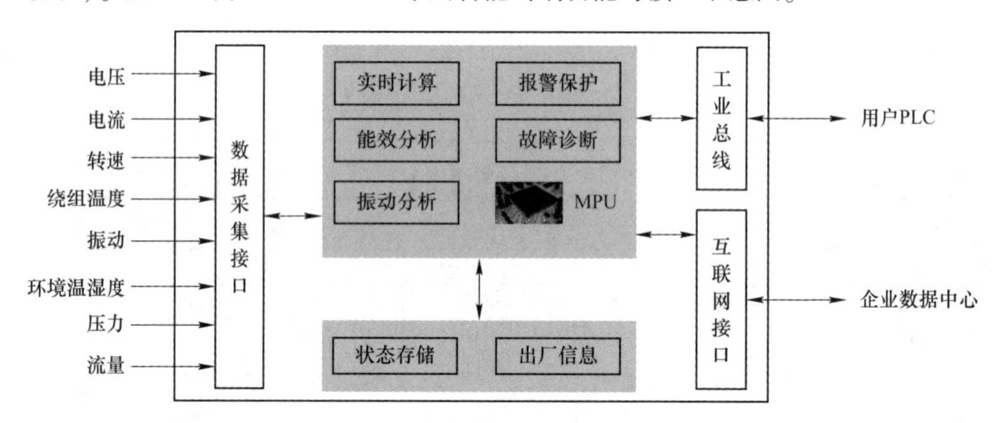

图 6-25 VTall-U-2000 系列智能终端功能与接口示意图

A 智能终端规格

(1) 振动数据接口：4 路加速度传感器（通道数可选）。

(2) 温度接口：6 路 PT100（通道数可选）。

(3) 电流接口：2 路（0~5A）。

(4) 转速接口：1 路脉冲信号。

(5) 网络接口：1 路 RS485，1 路 LoRa 通信。

(6) 工作电压：交流 220V。

(7) 工作温度：20~55℃。

(8) 信号接口方式：接线端子。

(9) 安装方式：螺栓固定，挂壁式安装，一般固定于 AE 箱中。

B 功能特点

a 数据采集处理性能

(1) 采样频率：≥20kHz，N 通道（4，8，12，16），16Bit 同步采样。

(2) 模拟滤波器：抗混叠滤波。

(3) 数字滤波器：低通、高通、带通滤波器（可配置）。

b 时域分析性能

(1) 同步分析：N 通道同步分析。

(2) 时域分析：有效值、峰值、翘度系数。

c 频域分析功能

频域分析：FFT、共振解调谱分析、阶次谱分析（根据变速情况配置）。

d 故障诊断功能

VTall-U-2000 系列提供的故障诊断功能包括传感器故障和设备状态故障：

(1) 传感器故障：传感器无信号，传感器异常。

(2) 轴承故障：外圈异常，内圈异常，保持架异常，滚动体异常，油膜振荡，油膜失稳。

(3) 机组故障：转子不平衡故障，转子不对中故障，系统松动故障。

6.4.4.2 物联网网关

LoRa 网关（VTall-U-1002-L）也称为 Lora 基站，是低功耗广域网的关键节点设备，可以实现多频点、多信道的同时接收及其他通信接口的数据转发，如图 6-26 所示。

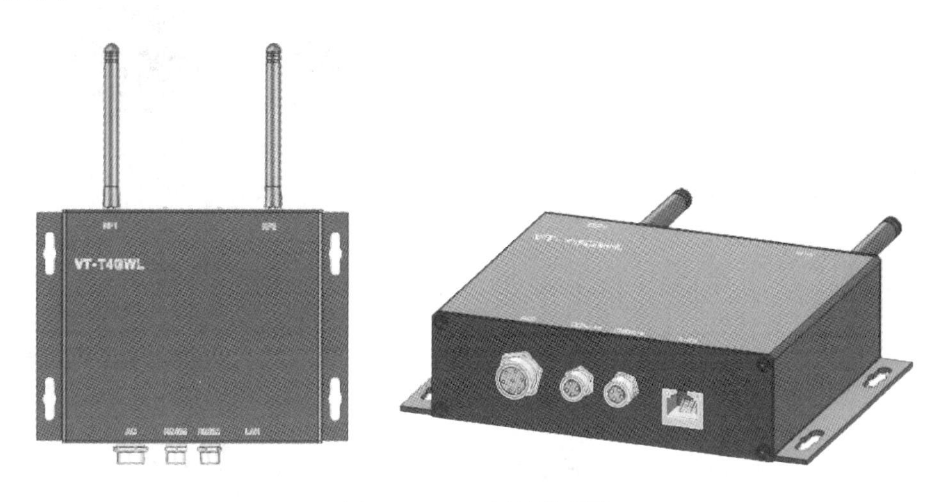

图 6-26 LoRa 网关外观图

6.4.5 辅助视频监控

6.4.5.1 视频监控框架

本系统采用基于 IP 的网络视频监控系统，采用 IP 网络作为视频、音频以及数据的传输手段，可以在网络覆盖的任意地点实施视频监控及存储。核心组成包括网络摄像机、网络、网络存储、视频管理平台软件等。采用数字网络视频监控系统可以提供传统模拟视频监控系统无法提供的优点和高级功能，包括远程访问、高质量的图像、事件管理、智能视频处理、易于集成以及更好的可伸缩性、灵活性、成本效益。

网络视频产品都是基于开放的标准，因此很容易与计算机、基于以太网的信息系统、音频或其他数字设备、视频管理以及应用软件集成。

采用 IP 的网络摄像机，直接连接到 IP 网络。在保证视频清晰度的同时，也降低了采用转换设备而可能产生的故障率，提高了系统的可靠性。图 6-27 为监控系统拓扑图。

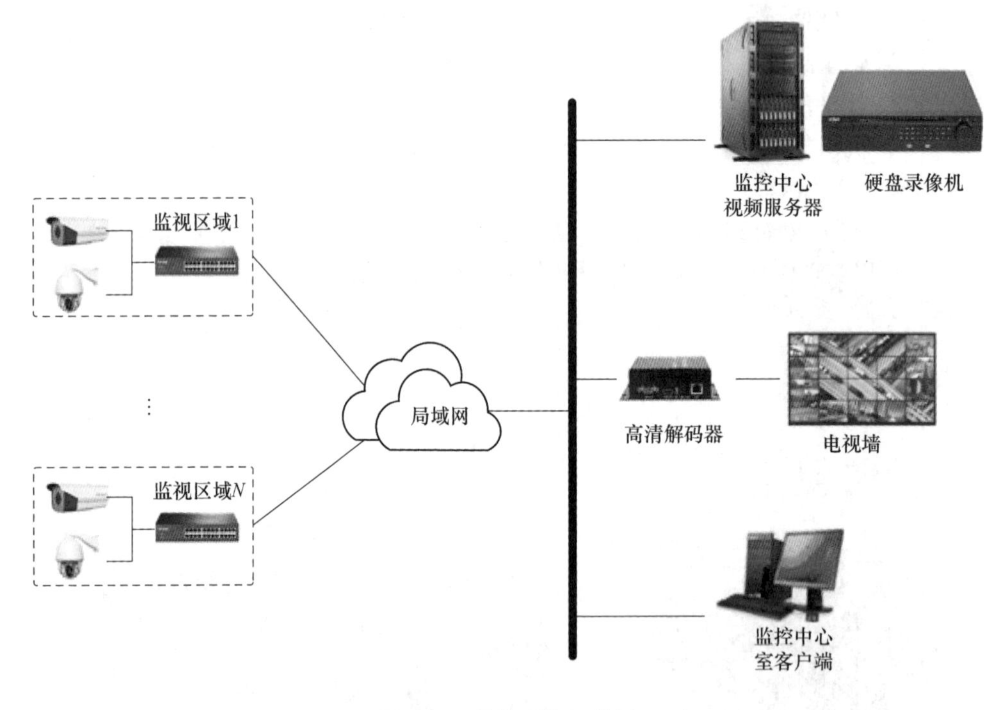

图 6-27 监控系统拓扑图

6.4.5.2 监控系统功能与特点

A 系统特性

（1）采用高清网络摄像机，保证图像质量；

（2）采用光纤传输通道，抗干扰能力强；

（3）具备高度可扩展性，便于新增监控点，不会对系统架构造成影响。

B 系统功能

（1）使矿区的各安全防范区域得以有效地显示和监控；

（2）全面有效地录制、保存各监视现场图像信息，为生产提供有效的视频证据；

（3）被授权的系统操作人员可以设置授权范围内各系统的操作控制权限、监控范围和系统参数；

（4）摄像机的视频和控制信号最终连接到监控中心，在设定的监控范围内能够对监控对象实施连续不断的跟踪监视；

（5）系统可完成对任一视频图像信息的录像、回放。

6.4.5.3 系统组成

A 前端视频设备

前端摄像机是整个视频监控系统的原始信号源，主要负责各个监控点现场视频信号的采集，并将其传输给视频处理设备。本方案采用摄像机的防护等级达到IP65级，图像传输采用光缆（单模）传输，并根据环境要求采用阻燃综合光缆。

B 存储子系统

本系统采用网络存储方式，对前端网络摄像机采集的数字图像进行统一保存。采用24h连续、定时录像，采用中心集中存储的存储架构，可实现单路视频独立管理，如图6-28所示：

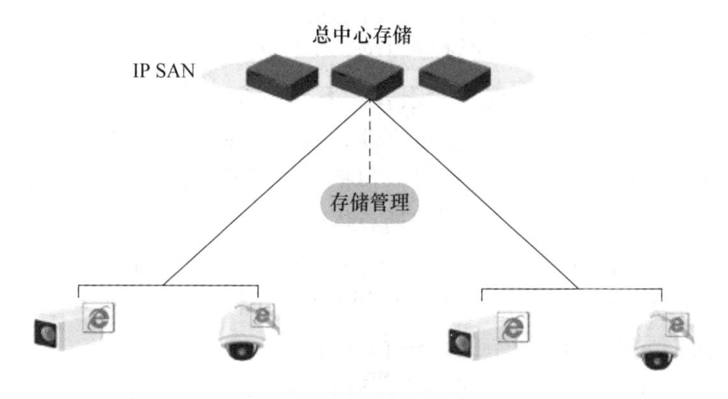

图6-28 存储架构示意图

选用DH-DSS7024D作为存储设备，通过网络存储设备能提供丰富的存储策略。网络存储集合相应的软件可管理存储设备，监控其工作状态，对存储设备产生的报警进行录像失败、磁盘坏等提示，管理和分配录像任务，部署录像计划以及设定录像参数等。

C 视频监控平台软件

网络视频监控系统是一个面向行业应用的数据集成的整合型网络视频管理平台，将视频、音频、各种数据集中至管理平台进行统一管理，使用户的视频监控工作事半功倍。单台服务器系统同时支持150路cif分辨率视频图像或75路D1分辨率视频图像实时存储、不低于400路图像转发、2000个监控点的管理。系统支持多服务器的级联扩展，可实现浏览、录像及管理通道的无限扩展，更能满足客户全方位监控的要求。

网络视频监控系统基于用户熟悉的Windows操作习惯、一目了然的菜单及功能区域、强大的人机交互方式、随心所欲的鼠标拖拽方式，提高了软件的易用性及便捷性。软件功能如下：

（1）实时、全天候、全方位画面监视功能。对监控目标进行实时、直观、清晰地监视，监视界面分为16、13、12、10、9、8、7、6、5、4、单画面显示，并且在观看视频的时候可以进行图像的抓拍；可自定义窗口浏览布局、浏览巡视组；支持多种云台控制（PC键盘、模拟键盘、PTZ控制）。

（2）即时回放功能。实时浏览状态下，可立即回放前10min内的视频内容，在没有事先录像的情况下发生突发事件时，用户能立即回看到事情发生经过，并且该回放视频可保存作为证据。

（3）录像存储及回放功能。系统授权用户可以任意设置及更改录像计划及录像空间，系统支持报警后的联动录像功能，可采用硬盘、磁盘阵列多种存储介质，支持DAS、NAS、SAN等多种存储架构；支持基于时间、镜头、事件的多种录像检索方式，采用VOD引擎技术，查询到的录像文件即点即播放，无需下载；支持实时录像、计划录像、移动侦测录像、开关量报警录像、客户端单独录像。

（4）完善的权限管理系统。权限管理系统对用户有着严格的、完善的权限管理机制，保证了系统的安全性及可靠性。权限管理分多级（100级）权限管理与控制，细化到用户的不同功能定义，包括可以观看的摄像头的点位也可以严格地控制，高权限用户相对低权限用户拥有优先级。

（5）有效的设备管理。对于一个大的监控系统，监控的点位分散，数量巨大，因此对前端设备的有效管理是系统的必备功能。系统具备完善的设备管理，通过左侧设备区清楚地显示监控镜头所属的位置。

（6）日志管理。用户登录到客户端软件后，在自动日志查询窗口会自动显示系统当前使用情况，包括用户的登录、退出，设备的使用情况（丢失、发现、恢复），报警信息，子服务器运行情况等信息。当服务器向登录的客户端发送这些系统状态变化的消息后，客户端就会分析此消息并且在客户端的自动日志网格内添加这条消息的内容，向用户展示某天某时某服务器上面发生了什么样的事件，这样用户对系统的状态就能有最清楚的掌握。同时，系统所有的时间日志全部会保存在后台数据库中，用户可以通过系统的日志查询功能，按照时间、事件等索引方式查询日志。

D 大屏幕显示

本项目采用大屏幕高清电视显示，具有高亮度、高分辨率、高清晰度、高智能化控制、操作先进的大屏幕显示系统，能够很好地集中显示整个充填系统的图像画面。系统的安全性、可靠性、可维护性满足远期扩展的要求。

6.5 生产管理系统

生产管理系统由生产调度、异常处理、系统和设备管理、成本分析、其他统计分析、远程访问等模块组成，能够完成充填系统的计划管理、生产调度、设备和系统管理、运营成本分析等工作，为充填系统高效运营提供数据支持和决策支持。

生产管理系统的主要功能包括：

(1) 根据异常处理预案对自动控制系统和相关人员下发处理指令（信息）；

(2) 系统和设备运维管理；

(3) 运营成本计算和统计，并通过对生产、运维等过程进行成本分析，为业主分析和优化成本提供数据支持；

(4) 运营控制系统远程和移动访问。

6.5.1 生产调度与管理

根据生产计划，完成充填系统生产调度功能。

(1) 根据生产计划和设备状态，确定充填区所用的充填系统（充填区对应的充填系统或备用系统）、充填管路。

(2) 根据充填区域对料浆的（配方、方量）要求确定充填系统工艺流程，自动生成工艺设备运行控制参数。

(3) 根据充填系统工艺，确定设备、阀门的启动时序。

(4) 向控制系统下达运行控制参数和设备、阀门启动时序、充填管路选择，实现一键充填。

建立充填系统树状设备模型和运维档案，可视化显示当前系统中各设备的状态；根据设备厂家定期维护建议时间线形成维护维修任务，并将维护维修任务通过消息推送到运维管理人员；根据全景状态监测系统的分析，对设备进行预测性维护，并将消息推送到运维管理人员；运营控制系统 APP 提供人工点巡检移动服务。

(1) 系统设备模型和运维档案。形成系统-子系统-设备的树状模型，链接全景状态监测系统对各设备状态的分析结果，通过可视化界面能够直观显示当前系统/子系统/设备的状态（正常、预警、报警）和状态指数，管理者实时掌控系统状态，建立设备的运维档案，包括设备基本信息、维护手册信息、维护维修日志等与设备运维相关的信息。

(2) 维护决策。根据设备运维手册的定期维护时间线（如 3 个月/6 个月/12 个月的维护任务）、全景状态监测系统分析的设备状态（正常/预警/报警）、维护维修成本，综合分析后形成维护维修工作任务，达到减少系统停机时间、降低维护成本的目的。

(3) 消息推送。维护维修任务推送给运维管理（服务）人员，提醒相关人员进行维护维修作业。

(4) 点检与巡检。运营控制 APP 支持运维人员的点巡检移动服务。

6.5.2 异常处理

在充填系统工作过程中，全景状态监测系统始终对工艺过程和设备进行监测和分析，当发现异常时，全景状态监测系统向运营控制系统发送预警、报警信息，运营控制系统对这些系统信息进行预案处理。图 6-29 为运营控制系统异常处理流程。

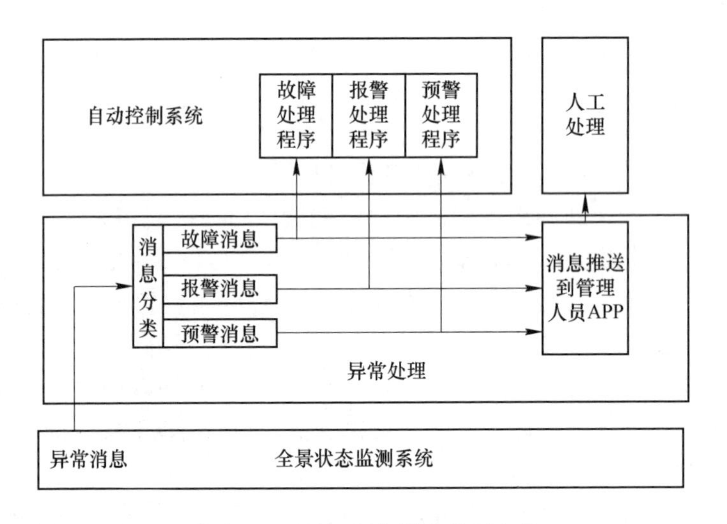

图 6-29 系统和设备异常处理流程

当全景状态监测系统发现工艺过程或设备状态异常时向运营控制系统中异常处理模块发送异常消息；异常处理模块鉴别消息类型，向自动控制系统发送异常处理指令（故障、报警和预警消息代码）；自动控制系统根据异常消息代码进入相应的处理程序；异常处理模块同时向设定的管理人员推送异常消息，根据消息类型进行人工检查、维护维修等处理。

6.5.3 运营成本分析

自动分析充填站运营成本，统计各类原材料用量、用电量、库存量等与运营成本相关的数据，计算和统计包括原材料、用电、库存、人工等运营成本，以柱状图/饼状图显示成本分布，为降低运营成本提供支持。

6.5.4 其他统计分析

提供统计分析工具，对与运营管理相关的各类数据进行统计分析、关联分析，以曲线、图表等形式可视化显示，为管理者运营决策提供数据支持。

6.5.5 远程访问

支持用户通过WEB网页和手机APP访问运营控制系统。为保证系统的安全性和保密性，设计多级用户权限管理。用户根据权限能够访问本系统部分模块，包括全景状态监测数据、设备状态监测数据、设备管理（维护维修任务）等，WEB网页和手机APP能够接受运营控制系统推送的各类信息（预警报警、运维任务等）。

6.6 本 章 小 结

“智慧矿山”“智能矿山”是国家产业规划指出的发展方向，智能化的充填系统也是当前矿山建设的重要内容。智能充填系统利用先进的工业大数据采集、传输、存储和分析应用技术，实现了充填系统全景状态监测，保证系统和设备安全可靠运行，能够持续提升充填系统自动化和智能化水平，采用多维多态数据分析技术、信息化技术，能够提高充填系统运营管理水平，实现充填系统安全生产、降本增效、节能环保。本章的主要结论如下：

（1）充填智能化控制系统具备一键充填的功能，同时具有集中自动、集中手动、就地等多种控制方式，能够满足高度自动化的要求。

（2）充填智能化控制系统硬件及仪器仪表等主体配置选择国际一流品牌，满足系统硬件的先进性要求。

（3）充填智能化控制系统软件开发平台采用配套国际品牌，采用适应工艺特点的多种控制算法保证配料精准、连续稳定，满足系统软件的先进性要求。

（4）充填智能化控制系统采用了智能化远程专家数据库支持技术，该数据库将对其他工程项目应用数据进行专家模型分析，提供持续的在线诊断支持和实时更新。

（5）充填智能化控制系统采用三级网络控制，各级网络独立，网络间通过核心交换机进行数据安全交换，并配备防火墙以保证系统不受外部网络干扰，安全性好。

7 工 程 案 例

7.1 湖南宝山有色金属矿业有限责任公司

7.1.1 工程背景

宝山矿业坐落在著名的“有色金属之乡”湖南省郴州市境内，公司总部位于桂阳县城关镇宝山路30号，与“千年古郡”桂阳县城融为一体。公司注册资本2.36亿元，固定资产6.2亿元，属大型Ⅱ类矿山企业。

公司目前以生产铅精矿、锌精矿、硫精矿为主，铅锌精矿中富含金、银等贵重金属，是湖南省主要的铅锌原料生产基地之一。公司经营范围包括：黑色、有色金属采矿、选矿、冶炼及贸易，机械加工，汽车运输，货场出租，货物储运，修理，土石方施工，计量、化验，货物中转、运输代理等服务。另外还拥有一家控股子公司和一家分公司，均以铅锌矿采选为主营业务。

宝山矿业目前主要采用上向水平分层充填法和浅孔留矿嗣后充填法，主要充填方式为废石非胶结充填。随着生产水平逐步下降，矿山当前存在的如下技术、经济和安全等方面的难题，成为制约矿山深部矿体安全高效开采和可持续发展的重要瓶颈：

（1）宝山矿区已开采至深部-230m中段，深部开采技术条件复杂，顶底板稳固性变化大，在顶板围岩或者矿体不稳定区段，必须进行适当的胶结充填，以控制地压活动，提高资源回采率，确保作业安全。但当前所采用的干式充填无法满足深部矿体开采需求，因此需要重新建立完善的胶结充填系统。

（2）随着新箕斗井的建成，矿山生产能力将从现在的30万吨/a提高至49.5万吨/a，并逐渐扩能至82.5万吨/a，产能的大幅提高必然要求多水平多矿块同时生产，为控制围压释放能量，保证回采作业安全，必须提高充填质量。

（3）废石不具自立能力，需留设保护矿壁，造成宝贵资源的损失，而且充填与采矿之间不能实现有序衔接和配合，影响作业循环时间，制约生产能力的提高。

（4）随着开采深度和开采范围的不断扩大，其崩落界线范围也不断扩大，若继续采用废石充填，造成地表沉降将直接威胁到地表工业场地，尤其是472m罐笼井的安全。同时，湖南宝山国家矿山公园已于2013年9月建成，井下开采作业不能对矿山公园造成任何安全影响，建设先进的充填系统进行充填采矿，防止地表移动与变形更是当务之急。

鉴于膏体充填料浆不须脱水、充填料泵送输送不易堵管、水泥耗量低，同时可以提高充填体质量，降低矿石损失率和贫化率，而深锥浓密机可提高全尾砂稳定放砂浓度、降低溢流水含固量，因此，经与公司反复研究、讨论和考察，确定宝山矿业采用深锥浓密机全尾砂膏体充填系统。

7.1.2 充填工艺

7.1.2.1 充填材料

宝山矿全尾砂产出率高，成本低，如果能有效加以利用，不仅可以提高充填效率和充填质量，增加作业安全性和资源回收率，还可以减轻尾矿排放压力，实现绿色可持续发展，具有良好的经济、社会和环境效益。因此，选择宝山矿区全尾砂作为主要充填骨料。其主要物理化学性质见表7-1~表7-3。

表7-1 宝山矿全尾砂物理力学性能

充填料名称	比重	松散干密度/g·cm^{-3}		渗透系数/cm·s^{-1}	水下休止角/(°)	水上休止角/(°)
		松装法	水中沉积法			
全尾砂	2.83	1.30	1.95	1.3×10^{-5}	37.7	28.4

表7-2 宝山矿全尾砂粒径性状表

充填料名称	土粒比重 G_s	控制粒径 d_{60}/mm	中值粒径 d_{50}/mm	d_{30}/mm	有效粒径 d_{10}/μm	不均匀系数 C_u	曲率系数 C_c
全尾砂	2.83	0.061	0.049	0.020	0.005	12.7	1.3

表7-3 宝山矿全尾砂化学成分测定结果 (%)

成分	SiO_2	CaO	Al_2O_3	MgO	Fe_2O_3	S
含量	29.11	32.65	0.37	13.02	1.14	—

7.1.2.2 充填体强度及配比参数

根据初步设计，宝山矿深部主要采用两步回采的留矿嗣后充填法、上向水平分层充填法和分段空场嗣后充填法。第一步矿房矿柱交替布置，先采矿柱，高标号充填体胶结充填形成人工矿柱，第二步在人工矿柱保护下回采矿房，并进行非胶结充填或低标号胶结充填。为提高下阶段资源回采安全性，第二步矿房底部仍然采用高标号胶结充填，俗称“打底充填”。对于上向水平分层充填法，为降低矿石损失和贫化，第二步矿房分层充填时，每分层表面也采用高标号胶结充填，俗称“胶面充填”。对于两步采场充填体强度指标没有一个统一标准，根据宝山矿开采技术条件，综合考虑安全和经济两个方面，确定采用如下强度指标：

（1）打底或胶面，28d 抗压强度≥2MPa；

（2）一步采人工矿柱，28d 抗压强度：1～1.5MPa；

（3）二步采矿房充填及嗣后充填，28d 抗压强度≥0.3MPa。

宝山全尾砂膏体充填料配比及性能参数设计见表 7-4。

表 7-4 宝山全尾砂膏体充填料配比及性能参数设计

充填用途	灰砂比	质量浓度/%	28d 强度/MPa	体重/t	泌水率/%	坍落度/cm
打底、胶面	1∶6	73±1	2.2～2.36	1.84～1.93	2.55～2.47	24.0～18.5
一步人工矿柱	1∶10	73±1	1.02～1.20	1.81～1.90	2.06～1.99	26.7～20.1
二步（或嗣后）	1∶20	73±1	0.30～0.34	1.70～1.72	3.51～3.03	27.5～20.5

注：上述配比中胶凝材料采用 PC42.5 水泥，正式生产后矿方为进一步降低充填成本，胶凝材料改为了矿渣基胶凝材料。

7.1.2.3 充填系统组成

膏体充填系统包括地面充填制备系统（尾砂输送系统、深锥浓密机系统、胶凝材料储存与输送系统、搅拌系统、溢流水回水系统、电气控制系统等）和充填输送管路系统（泵送系统、充填管道）两部分。

7.1.2.4 主要工艺流程

选厂排出的低浓度全尾砂浆经渣浆泵泵送至充填制备站内的深锥浓密机中，加絮凝剂沉降浓缩后形成全尾砂膏体料浆，经管道输送至搅拌桶，与来自水泥仓中的水泥经强力搅拌后形成合乎要求的膏体充填料浆，通过充填工业泵加压，经 330m 主平窿和斜井管道输送至井下各中段待充空区，如图 7-1 所示。

7.1.3 运行情况

宝山矿全尾砂膏体充填系统项目于 2019 年 6 月建设调试完成，自投入运行以来，系统小时充填能力 80～120m^3/h，年平均充填方量超 20 万立方米，各项技术经济指标（充填浓度、充填流量、充填体强度等）达到国际领先水平，解决了宝山矿实际生产中的技术难题，也为类似矿山提供了成功的范例。宝山矿运行情况如图 7-2～图 7-4 所示。

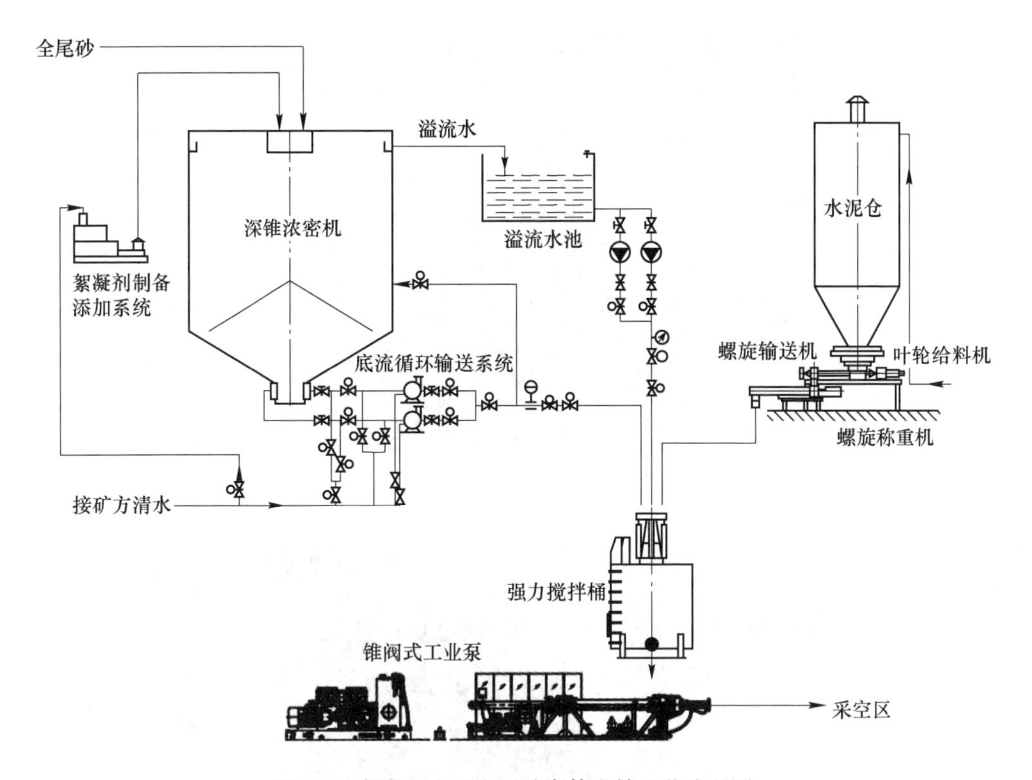

图 7-1　湖南宝山矿全尾砂膏体充填工艺流程图

图 7-2　充填站整体外貌图

图 7-3 中央集中控制室

图 7-4 15 万吨/a 胶固粉生产线

7.2 江西铜业集团银山矿业有限责任公司

7.2.1 工程背景

江西铜业集团银山矿业有限责任公司（以下简称“银山矿”）是江西铜业集团公司旗下主力矿山之一，为露天地下联合开采多金属矿山，主要生产铜精矿、铅锌精矿、硫精矿以及金和银。矿区由北山区段、九龙上天区段、银山区段及九区区段、西山区段、银山西区区段组成。露天开采对象为九区区段铜金矿，设计生产能力 5000t/d；地下开采对象为北山区、九龙上天区、银山区及银山西区的铅锌银矿体，深部铜金硫资源地下开采设计生产能力 8000t/d。深部主体采矿方法为分段空场嗣后充填法和浅孔留矿法。其中，矿体厚度 6~20m 的矿段采用留设间柱的分段空场嗣后非胶结充填法，厚度 20m 以上的矿段采用两步骤回采的分段空场嗣后充填法，一步矿柱胶结充填，二步矿房非胶充填，两者合计占比 93%；厚度 6m 以下的矿段采用浅孔留矿法，空区不充填。

银山矿浅部由于采用空场法回采，形成了约 180 万立方米的采空区，遗留了大量高品质矿柱资源。按照国务院安委会办公室关于印发《金属非金属地下矿山采空区事故隐患治理工作方案》的通知（安委办〔2016〕5 号）要求，2018 年全国要基本完成历史上形成的、危险性大的金属非金属地下矿山采空区事故隐患治理任务。银山矿如能利用新建充填系统进行采空区充填，不仅可以完成采空区治理任务，而且可以最大限度地回收宝贵的残矿资源。因此，新建充填系统应既满足深部采场充填的能力，又能兼顾浅部采空区充填的需要。

银山矿 8000t/d 深部充填采矿能否成功应用的关键之一在于所选择的充填配比参数和质量指标是否合理，所设计的工艺流程是否顺畅，所设计建设的充填系统运行是否稳定、可靠，需通过大量相关实验和科学的分析计算，使充填系统设计的依据更加合理和完备，保证所建设的充填系统更加符合生产实际的要求。

7.2.2 充填工艺

7.2.2.1 充填材料

尾砂是金属矿山最主要的固体废弃物，亦是充填矿山优先考虑使用的充填骨料。不同矿山尾砂物理力学性质、矿物与化学成分各不相同，因此其作为充填骨料的管道输送性能及力学性能差别较大。现场取样测定其物理力学性质和矿物成分及化学成分组成，见表 7-5~表 7-7，进而对其作为充填骨料的性能进行科学评价，是最重要的基础工作之一。

表 7-5 银山矿全尾砂物理力学性能

充填料名称	相对密度	密度/t·m^{-3}	渗透系数/cm·s^{-1}	水上休止角/(°)	水下休止角/(°)
全尾砂	2.85	2.71	3.86×10^{-6}	38.5	28

表 7-6 银山矿全尾砂粒径性状表

充填料名称	土粒比重 G_s	控制粒径 d_{60} /μm	中值粒径 d_{50} /μm	d_{30}/μm	有效粒径 d_{10} /μm	不均匀系数 C_u	曲率系数 C_c
全尾砂	2.85	31.65	19.62	8.93	4.47	7.08	0.57

表 7-7 银山矿全尾砂矿物成分测定结果 (%)

成分	石英	黄铁矿	云母	高岭石	叶蜡石	石膏	长石
含量	30.04	7.41	8.35	37.26	3.44	0.87	12.63

7.2.2.2 充填体强度及配比参数

充填体质量是影响充填效果和充填成本的关键因素，其衡量指标包括充填体单轴抗压强度和整体性两个方面。由于充填体整体性受充填料浆特性、充填次数、采场脱滤水方式等众多因素影响，难以定量评价，因此，充填体质量一般采用充填体单轴抗压强度来简单表征。充填体强度指标是充填矿山充填系统设计及充填过程管理的主要依据，不仅影响充填体的承载性能和地下开采作业（尤其是两步矿房开采）安全，而且与充填成本密切相关。《金属非金属矿山安全规程》和《有色金属采矿设计规范》对下向进路充填法人工假顶有明确要求：如采用混凝土构筑，混凝土标号不得低于 50 号，如加钢筋网则不得低于 40 号；如采用充填体构筑，则充填体强度不低于 4~5MPa。但对于上向水平分层充填法和嗣后充填法充填体强度指标没有统一标准和硬性规定。安庆铜矿采用大直径阶段空场嗣后充填采矿法，二步矿房回采揭露一步人工矿柱宽度 60~80m，高度 60m，根据模拟计算，一步人工矿柱充填体强度达到 1.3~1.5MPa，侧壁充填体不会发生明显片帮破坏，矿山现场实测充填体强度 1.15MPa；冬瓜山铜矿所进行的研究成果表明，分段/阶段空场嗣后充填采矿法当充填体自立高度达到 110m 时，充填体强度要达到 0.76MPa；白银深部铜矿采场长度 50~80m、宽度 20m、高度 60m，充填体侧向暴露面积达到 3900m^2，要求充填体强度 1~5MPa。

银山矿未来主要采矿方法是分段空场嗣后充填法。矿房矿柱交替布置，一步先采矿柱，高标号胶结充填形成人工矿柱，二步在人工矿柱保护下回采矿房，并进行非胶结充填或低标号胶结充填。

根据银山矿开采技术条件，并参考类似条件矿山充填体强度经验，综合考虑安全和经济两个方面因素，建议采用如下强度指标：

（1）一步采人工矿柱充填，28d 抗压强度：≥1.2MPa；

（2）二步采矿房充填，28d 抗压强度：≥0.2MPa。

银山矿胶凝材料推荐配比见表 7-8。

表 7-8 银山矿胶凝材料推荐配比

充填用途	灰砂比	质量浓度/%	28d 强度/MPa	体重/t·m^{-3}	泌水率/%
一步胶结充填	1:8	63	1.28	1.70	2.86
二步（或嗣后）	1:20	62	0.38	1.68	3.72

7.2.2.3 充填系统组成

银山矿充填料浆制备站共设 3 套能力为 120m³/h 的充填系统，主要设施包括：两台 ϕ18m 深锥浓密机及底流输送系统；三套水泥存储给料计量系统；三套两段连续搅拌机；两台膏体输送泵及三条充填料浆输送管；一套集中控制系统及供电、供水、供气等辅助设施。

7.2.2.4 主要工艺流程

充填料浆采用尾砂、胶固粉和水为原料进行制备。选厂产出的尾砂经尾砂管路送至深锥浓密机顶部。充填料浆制备站需要制备充填料浆充填采空区时，进入深锥浓密机顶部的尾砂经浓缩沉降后由装置底部管路输送至连续搅拌机内，需要胶结充填时启动螺旋给料机按一定配比将胶固粉送入搅拌机内，并按浓度配比要求添加定量的水，搅拌均匀后通过充填钻孔自流或者泵送至井下各中段采空区进行充填。图 7-5 为银山矿全尾砂膏体充填工艺流程图。

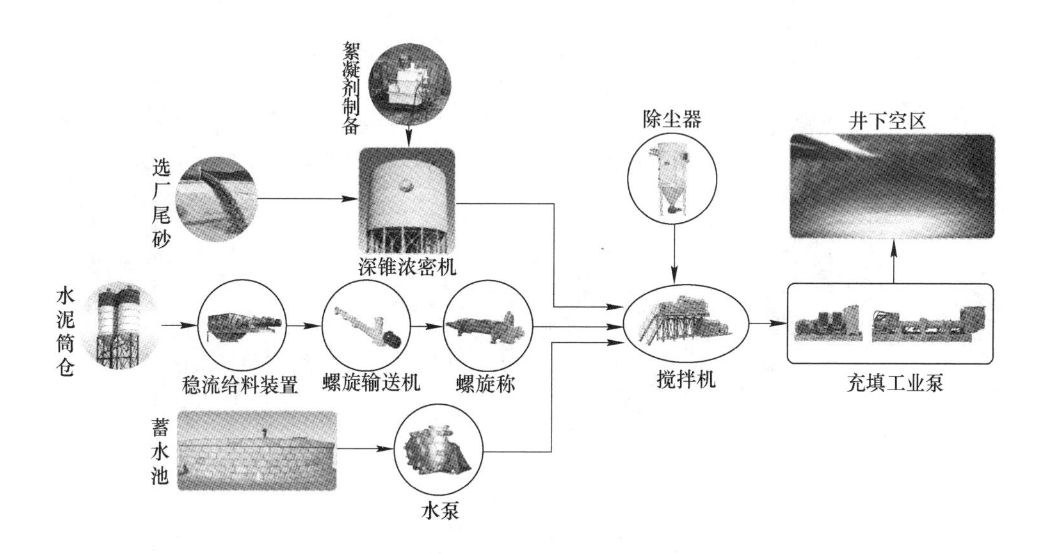

图 7-5 银山矿全尾砂膏体充填工艺流程图

7.2.3 运行情况

银山矿全尾砂膏体充填系统自 2020 年 6 月建设完成并启动全负荷联机运行，可实现 24h 连续充填，质量浓度 62%~64%，单套充填能力可达 120m³/h，总充填能力达到 360m³/h。银山矿采用膏体充填后，大幅度提高了矿体的回采率，并有效保障了井下采空区的稳定性，经济、社会和环境效益显著。银山矿运行情况如图 7-6~图 7-10 所示。

图 7-6 银山矿膏体充填站外貌图

图 7-7 絮凝剂制备添加系统

图 7-8 卧式双轴搅拌机组

图 7-9 HGBS120 充填工业泵

图 7-10 充填站智能控制系统

7.3 金川集团股份有限公司二矿区

7.3.1 工程背景

金川集团股份有限公司是采、选、冶、化配套的大型有色冶金、化工联合企业，生产镍、铜、钴、铂、稀有贵金属和硫酸、烧碱、液氯、盐酸、亚硫酸钠等化工产品以及有色金属深加工产品，镍和钴族金属产量占中国的90%以上，是中国最大的镍钴生产基地，第三大铜生产基地，被誉为中国的“镍都”。二矿区是金川集团股份有限公司的二级单位，是金川集团股份有限公司的主力矿山，矿山于1966年开工建设，1982年试生产，1983年正式投产。目前，二矿区生产能力维持在400万吨以上，已成为我国有色金属地下矿山年生产能力最大、机械化、现代化程度较高的充填采矿法矿山。

金川硫化铜镍矿床埋藏深，地应力高，不仅表现在自重应力高，而且近似水平方向的构造应力最大达到50MPa。矿体厚大，矿区内最大矿体全长1600m，平均厚度98m。矿岩体破碎，矿区内断裂构造极其发育，使得矿岩异常破碎，表现出岩石强度高而岩体稳定性差的特点，生产实践证明下向分层进路胶结充填工艺可应对该矿的复杂开采条件，然而，依然存在充填体失稳风险，严重影响矿山生产安全。2014年6月，金川二矿区978分段V盘区，发生充填体顶板大面积无破碎整体性垮塌（长8m，宽6m，厚1.2m，体积57.6m^3）事故，造成人员伤亡；2016年3月，龙首矿发生充填体大面积垮塌，造成矿山停产。

为改善金川二矿充填体质量，对充填系统现状进行分析，存在以下问题需要解决：

（1）充填工艺复杂。目前，细砂胶结充填浓度为78%~80%，就当前所用的物料粒径而言，该浓度偏低，泌水率达29.5%~34.7%。现行充填过程中，每条进路需经三次充填、三次脱水，造成井下排水工作量大、作业繁杂，并且充填体分层、脱层现象严重，致使充填体失去整体强度优势。

（2）充填体强度分布不匀。由于充填物料级配不合理，泌水率高，采场多次充填过程，料浆分层离析明显，导致充填体接顶效果不佳且强度分布不均。已有研究表明，充填体强度进路方向差值最大可达1.82MPa，变化幅度达23%；竖直方向差值最大4.33MPa，变化幅度达98%，降低了充填体整体稳定性。此外，物料细颗粒组分含量太少，对当前充填物料进行分析，物料中小于20μm颗粒组分含量不足5%，致使料浆保水性差，脱水量大，离析严重。物料细颗粒组分偏少，导致骨料堆积密度偏低（为0.68），没有达到最优值，物料孔隙率高，影响充填体强度。

（3）充填管道磨损严重。粗颗粒物料含量较多，为避免堵管，料浆流速达

3.5~4.2m/s，且管道内料浆呈非满管流状态，管道磨损严重。现有统计数据表明，单个钻孔每输送 50 万立方米料浆便报废，充填量 140 万立方米/a，需新打钻孔 3 个/a，增加充填钻孔费用。并且，受到工业场地限制，还将面临“无孔可打”的局面。

（4）充填材料成本高。充填料浆泌水量大，脱水离析严重，导致水泥大量流失（或上浮至顶层），为保证充填体强度，必须加大水泥用量。二矿的充填体水泥消耗量高达 310kg/m^3，超过国内同类矿山的 30%以上，国外同类矿山的 100%以上，水泥成本占充填成本的 60%左右。

造成以上问题的根本原因在于充填料浆物料级配不合理，保水性差，充填料浆浓度低，泌水离析严重，膏体充填是解决这些问题的有效途径，该技术具有尾砂利用率高、浆体流动性好、充填体强度高且水泥耗量小、接顶率高等优点，是充填技术发展的主要方向。

7.3.2 充填工艺

7.3.2.1 充填材料

根据金川二矿区充填条件、现场情况以及充填材料运输问题，二矿区全尾砂废石膏体充填项目主要采用选厂全尾砂、废石作为充填骨料。

A 全尾砂

金川矿山尾砂年产量约 700 万吨，以浓度为 35%~40%浆体湿排至尾矿库，金川尾矿库为典型的平地形尾矿库，四周向中心排放，低浓度排放占地面积大，尾矿库利用率低，且后期尾矿坝构筑费用高。全尾砂-0.074mm 含量占 88%，粒级极细，二期尾矿库已经闭库，由现场考察可知，细粒尾矿扬尘污染严重，对当地环境构成较大威胁，因此，有必要为尾矿找到高效的处理途径，尾矿膏体充填是一个重要的技术方案，具有突出的环境效益和社会效益。尾砂粒度细，具有一定保水性，适宜于制备矿山充填膏体。经过室内实验，金川尾矿浓度可以经过深锥一段浓密至质量浓度 60%以上，满足膏体系统工艺要求。通过配比试验证明，以全尾砂、废石、棒磨砂为骨料的水泥胶结充填膏体，具有良好的力学强度，满足金川充填体强度要求。由经济分析可知，充填材料中尾矿成本约 4~6 元/t，仅为废石成本的四分之一，采用尾矿用于充填具有较大的经济效益。对于降低金川镍矿开采成本，提高企业竞争力具有重要意义。金川二矿全尾砂粒径分布见表 7-9。

表 7-9 金川二矿全尾砂粒径分布

粒径/μm	+250	-250~+150	-150~+75	-75~+45	-45~+38	-38
区间占比/%	0.31	0.28	8.27	28.06	11.38	51.70
累积占比/%		99.69	99.41	91.14	63.08	51.70

B 废石

废石为目前二矿充填站采用的充填材料之一，实践证明废石具有很好的骨料性能，且经济性良好，废石成本约 17.5 元/t。目前，充填用废石材料的加工生产已有完整的生产系统，技术工艺成熟，作业流程清晰，也可以为膏体系统提供高质量、充足的膏体用废石材料。金川矿区的废石产量约 80 万吨/a，地表堆存量 1400 万吨，目前矿区范围内废石堆放场地受限，也需要找到合理途径处置。废石作为粗骨料，有利于提高充填体强度。粗骨料改善充填物料的级配，可形成更高浓度的膏体，同时有利于管道输送。添加废石使充填系统的浓度更容易保证在膏体范围内，充填工艺更加可靠。

C 胶凝材料

金川集团二矿高浓度充填工艺采用的胶凝材料为金昌水泥集团有限公司生产的 37.5 复合硅酸盐水泥，长期的充填实践证明，该产品性能稳定，满足充填体强度要求，具有更好的性价比。

7.3.2.2 充填体强度及配比参数

金川二矿主要采用下向进路胶结充填法，采用表 7-10 中强度指标。

表 7-10 金川二矿膏体充填料配比参数

项目	尾砂/kg	废石/kg	水泥/kg	质量浓度/%	R_{3d}/MPa	R_{7d}/MPa	R_{28d}/MPa
指标	501	752	310	77~79	1.5	2.5	5.0

7.3.2.3 充填系统组成

金川二矿于 2021 年建成全尾砂废石膏体泵送充填系统，目前已建设施包括：一台 ϕ16m 深锥浓密机及底流输送系统；两套水泥存储给料计量系统；废石转运系统、站内废石存储仓及一台定量皮带机；一套两段连续搅拌机；一台膏体输送泵及一条充填料浆输送管；一套集中控制系统及供电、供水、供气等辅助设施。充填站内预留另一套废石定量皮带机、两段连续搅拌机、膏体输送泵、充填料浆输送管及配套设施，从而形成两套可独立运行的膏体制备输送系统并形成 50 万立方米/a 的充填能力。

7.3.2.4 主要工艺流程

根据膏体组成类型，充填站系统原料包括：尾砂、絮凝剂、破碎碎石、水泥、调浓水。每种物料都有上料储存、计量给料的工艺过程，并按照给定的配比能力连续计量、给料，进入搅拌机后混合成合格膏体，通过充填工业泵向井下泵送充填，结合场地条件和物料特性初定地面充填站系统工艺流程如图 7-11 所示。

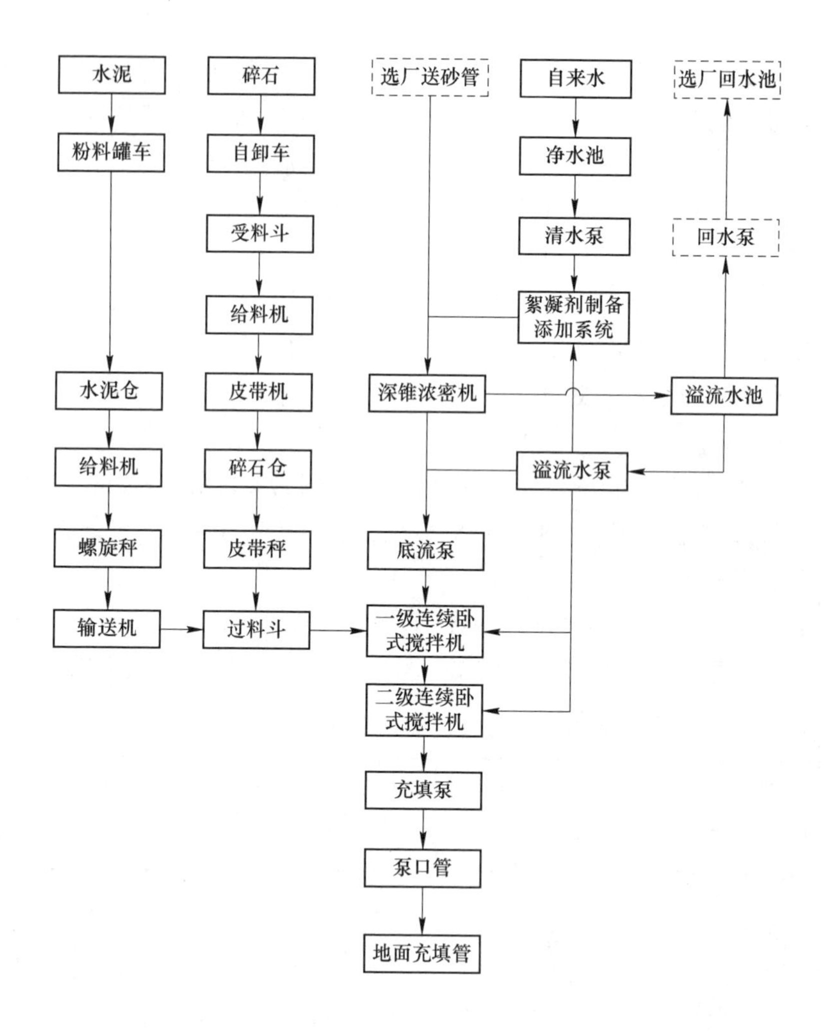

图 7-11　金川二矿膏体充填工艺流程图

7.3.3　运行情况

金川二矿全尾砂废石膏体充填系统自建成以来，年处理尾砂超过 50 万吨，最大限度地将尾矿输送至地下，减少了尾矿地表排放，减轻了环境污染。全尾砂深锥浓密、均质搅拌、泵压输送、膏体外加剂等方面取得技术突破，在保证高充填体品质的前提下，实现充填综合成本至少减低 20%，体现了膏体技术优势，提高了我国充填采矿技术水平，该方法的成功应用为国内外其他矿山起到技术示范引领作用，具有极大的推广应用前景。金川二矿运行情况如图 7-12 ~ 图 7-14 所示。

图 7-12　金川二矿充填站整体外貌图

图 7-13　JS6000 双卧轴连续搅拌机

图 7-14 HGBSQ140. 12. 400 充填工业泵

8 环境敏感区资源开采发展趋势

环境敏感区复杂破碎资源精细化开采存在的共性难题包括：（1）环境敏感区分布自然景区、矿山公园、城镇区和工业园区等，易受矿山开采影响，对于复杂破碎资源的规模化高效充填开采技术要求高，资源开发与安全环保的平衡难度大；（2）冶炼渣等固废排放量大，细粒级尾砂充填性能差、充填利用难度大，环境敏感区地表环境受影响；（3）充填体质量受充填计量和制备系统的影响而产生波动，如何实现充填系统的精准智控，是提高矿山智能化水平、充填质量和采空区稳定性的重要难题。本书研究围绕复杂破碎资源低扰动精细化开采、进路采场充填结构强化工艺、细粒级尾砂高性能绿色充填材料研发、尾砂膏体充填成套精准计量技术、尾砂膏体充填智能化控制系统等 5 个方面开展创新性科研攻关，达到了复杂破碎资源高效开发与安全环保的和谐统一目标。研究成果对环境敏感区复杂矿体充填开采起引领示范作用，有利于推动传统矿山的绿色化、智能化转型，对提高全国类似条件矿山绿色开发利用技术水平具有重要的实践意义。最后，从矿业长远发展而言，作者认为环境敏感区资源开采技术有以下几个发展趋势。

8.1 低扰动破岩开采技术

环境敏感区复杂破碎资源开采难度大，传统高强度爆破作业对参数优化要求高，对矿体顶板和边帮扰动大，容易进一步破坏邻近采场矿岩的结构完整性。为有效控制矿山工程爆破造成的扰动影响，同时达到理想的工程效果，谢先启院士等一批科研工作者不断优化爆破破岩手段，提出精细爆破这一指导性理念[72]。除此之外，非爆破岩是一种新型、环保、非爆炸形式的矿山开采施工方式，具有安全性高、噪声小、扰动低、无污染等显著优点。非爆低扰动破岩技术主要有：机械切割破岩、高压水射流冲击破岩、CO_2 相变致裂破岩、微波破岩等[73]。

8.1.1 精细爆破

精细爆破是在传统控制爆破基础上的一次创新，主要是指通过定量化的爆破设计和精心的爆破施工，进行炸药爆炸能量释放与介质破碎、抛掷等过程的控制，既达到预定的爆破效果，又实现爆破有害效应的有效控制，最终实现安全可靠、绿色环保及经济合理的爆破作业。

精细爆破所包含的是关于爆破工程的一种技术体系，主要内容有爆破的设计、施工和管理三个方面。定量化的设计能使炸药的化学能量有效地释放，转变为使被爆破物体发生破裂、移动的爆破能。精心的爆破施工是产生良好爆破效果的基础，需要机械设备和人员的协同。爆破的管理包括设备和工作人员的管理，是为了控制、降低爆破成本，实现安全可靠的爆破作业。精细爆破的最终目的是在取得良好爆破效果的情况下，尽可能地降低爆破成本、减小爆破有害效应，实现安全有效、环保及经济合理的爆破作业。此外，精细爆破与我国的可持续发展战略、低碳经济等政策不谋而合，是可持续发展战略、低碳经济在爆破行业的实践应用，可以说精细爆破必将会是未来爆破工程领域的新标杆。

8.1.2 机械破岩

8.1.2.1 机械破岩机理和破岩刀具

机械破岩是最典型的非爆开采方法，通过机械冲击、切削或冲击-切削复合作用，使矿岩发生拉伸破坏或剪切破坏[74]，如图 8-1 所示。针对软岩塑性破坏特征，一般可采用切削破岩方式。截齿齿尖挤压岩体诱发的剪切应力和拉伸应力达到岩石极限抗剪强度或抗拉强度时岩石产生裂纹，进而裂纹扩展形成岩石碎块。针对中硬和中硬以上的岩石，根据其脆性大、不耐冲击的特点，可采用冲击或冲击-切削复合破岩方式，将传统的剪切碎岩变为冲击+剪切碎岩，以提高破岩效率。根据以上机械破岩机理，地下非煤矿床可根据其矿岩具体力学特性选择合适的破岩方式，进而采用与之匹配的破岩装备。

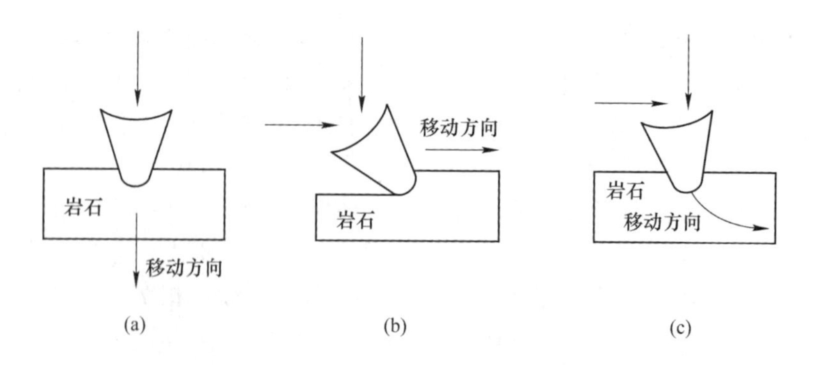

图 8-1 HGBSQ140. 12. 400 充填工业
(a) 冲击破岩；(b) 切割破岩；(c) 冲击-切削破岩

破岩刀具是将破岩装备的能量传递到岩石的重要工具，选择合适的破岩刀具对破岩效率及经济效益至关重要。根据破岩方式和用途，可将破岩刀具分为：截割刀具、滚压刀具、冲击刀具。截割刀具是在岩石表面侵入然后进行切割，可以破碎单轴抗压强度低于 120MPa 的岩石，但在高接触应力和高温下刀具极易磨损，适用于破碎低磨蚀性的岩石。其中，镐型截齿的刀柄是圆柱型，破岩过程中截齿可以在齿座中旋转而可保证均匀磨损，与其他截割刀具相比使用寿命更长，可以用于破碎中度磨蚀性的岩石。滚压刀具是通过绕轴旋转，与岩石表面循环接触，可以破碎单轴抗压强度达到 250MPa 且具有高磨蚀性的极坚硬硬岩。冲击刀具通常与冲击（液压）破碎机一起使用，通过高频循环冲击岩石表面破碎岩石，一般适用于破碎单轴抗压强度低于 100MPa 的裂隙岩体。

8.1.2.2 机械破岩设备

A 滚筒式采矿机

美国久益公司（Joy Manu-facturing Co.）于 1968 年推出滚筒式采矿机（见图 8-2），是广泛应用于综合机械化采矿工艺的核心装备，主要用于采煤和抗压强度小于 60MPa、厚度 2.0m 以上的软矿岩采掘，平均台班落煤效率达 90～320t，最高可达 900t。破岩机构由滚筒刀头、电动机、减速器、悬臂升降机构组成。由于滚筒式采矿机通过滑靴安装于平直导轨上，因此一般适用于较为平整的缓倾斜工作面，要求矿体底板连续稳定，不能有较大起伏，且与刮板输送机、液压支架配套推进，设备群较为庞大，灵活性相对不足。

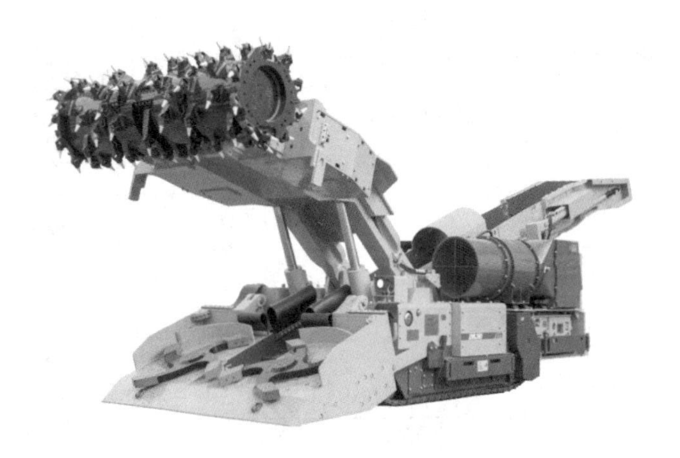

图 8-2 滚筒式采矿机

B 螺旋钻式连续采矿机

螺旋钻式连续采矿机（见图 8-3）破岩机构为周边镶有硬质合金齿的两个方向相反的螺旋体，前端装有大直径切削钻头，依靠旋转体旋转，钻臂用机内绞车牵引，绕底盘中心左右弧形摆动和液压缸推进钻削矿岩。

图 8-3 螺旋钻式连续采矿机

C 悬臂式掘进机

悬臂式掘进机是取代凿岩爆破法掘进巷道的主要方法，既用于地下连续采矿，也用于平巷掘进，可切割抗压强度达 100MPa 的矿岩。按机重分为特轻型、轻型、中型、重型和超重型五类，参数范围见表 8-1。

表 8-1 悬臂式掘进机分类表

技术参数	单位	机型				
		特轻	轻	中	重	超重
切割煤岩最大单向抗压强度	MPa	≤40	≤50	≤60	≤80	≤100
生产能力	煤，m^3/min	0.6	0.8	—	—	—
	半煤，m^3/min	0.35	0.4	0.5	0.6	0.6
切割机构功率	kW	≤55	≤75	90~132	>150	>200
适应工作最大坡度（绝对值）不小于	(°)	±16	±16	±16	±16	±16
可掘巷道断面	m^2	5~12	6~16	7~20	8~28	10~32
机重（不包括转载机）	t	≤20	≤25	≤50	≤80	>80

悬臂式按破岩刀头形式分为纵轴式（见图 8-4）、横轴式（见图 8-5）和冲击式三种，国内应用较多的是纵轴式。纵轴式掘进机刀头为圆锥台形，表面镶有硬质合金截齿，由电动机或液压马达、减速器串联传动，绕悬臂中心线旋转；主切削力侧向作用于矿岩上，在悬臂上下或左右运动配合下从工作面铣切下矿岩，落入底板的破碎矿岩由铲板星轮机构装到刮板输送机上，转运到后续运输设备内。工作中采用喷水降尘，也可配套除尘风机降尘。设备采用履带行走。

图 8-4 纵轴悬臂式掘进机

图 8-5 横轴悬臂式掘进机

D 摆轮式连续采矿机

摆轮式连续采矿机是美国罗宾斯公司（Robbin Co.）于 20 世纪 80 年代末推出的一种新型硬岩连续采矿机，适用于薄矿脉开采，厚矿体分层充填法和房柱法采矿，斜坡道和平巷掘进。破岩机构为一横轴旋转轮，周边装有滚刀，由水冷电动机经行量减速器驱动旋转，由两侧液压缸推动左右摆动，如图 8-6 所示。破碎的岩碴由摆轮周边的刮板集中到输送机上。整个机头坐在履带车上，顶部有稳定滚轮。

图 8-6 摆轮式连续采矿机

8.1.3 水力破岩

水力破岩主要包括水力压裂技术和水射流技术。

8.1.3.1 水力压裂技术

水力压裂技术是利用地面的高压泵站以超过地层吸液能力的排量向封闭的钻孔中注入压裂液，使钻孔受到超过岩石抗拉强度与断裂韧性的高压使之出现裂缝，从而改变地层结构，形成裂缝网络系统的技术，如图 8-7 所示。水力压裂破岩机理主要包括裂缝起裂机理和裂缝延伸机理，其主要特征是微裂隙的形成、生长、交互，以及宏观破坏的出现和发展。水力压裂技术是一种高效的破岩方法，始见于 1947 年，主要用于非常规天然气开采，并逐渐在煤岩层增透、卸压控制等方向推广应用，目前也是硬岩非爆破岩的研究方向之一[75]。

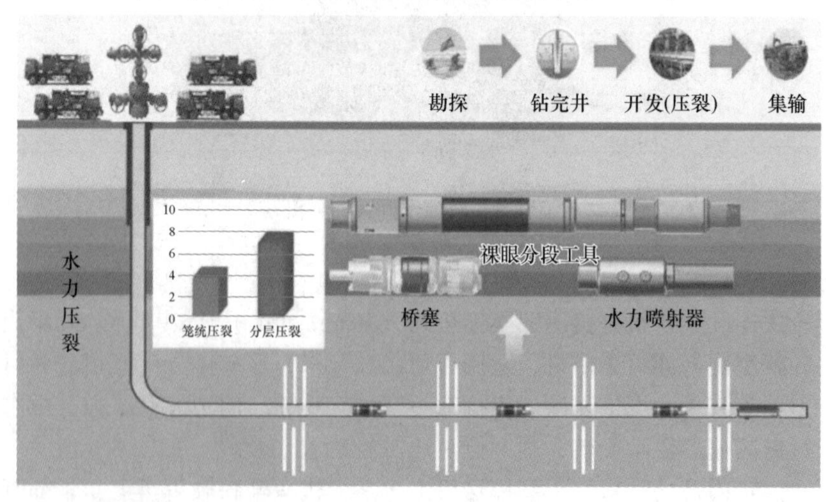

图 8-7 水力压裂破岩示意图

为了对水力压裂技术进行深入研究，必须了解水力裂隙起裂及扩展形态。理论上讲，水力裂隙的扩展方向垂直于最小主应力方向，具体表现为轴向裂隙和径向裂隙，如图 8-8 所示。轴向水力裂隙常见于石油开采领域。在煤矿中，一般采用多段后退式封孔压裂使钻孔内部产生径向裂隙。利用水力压裂技术处理坚硬顶板时通常分为常规水力压裂和定向水力压裂：（1）常规水力压裂即非定向水力压裂，是指对钻孔不做任何处理，选择合适的压裂段后，进行封孔、注水压裂；（2）定向水力压裂类似于制造轴向裂隙时所用的射孔技术，是指在压裂孔端利用切槽钻头预置径向切槽，注水后，在径向切槽端部会产生拉应力集中，钻孔在切槽尖端处优先起裂，并沿着径向切槽的方向扩展[76]。

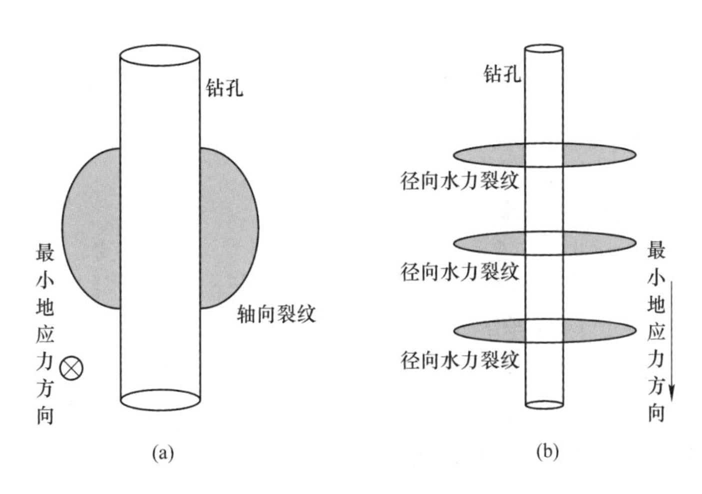

图 8-8 水力裂隙两种扩展形态
（a）轴向裂隙；（b）径向裂隙

8.1.3.2 水射流技术

水射流技术是以液态水或者夹杂球形钢材、陶瓷等材料的粒子流体为工作介质，通过增压设备加压到数百兆帕后通过特定形状的喷嘴，形成高速射流束，以高度集中的能量冲击、切割岩石的技术[77]。水射流技术使用高压软管进行动力传输，钻头结构简单、小巧，转向容易、能量损失小，并且水射流在破岩过程中具有不产生火花、无粉尘、低振动、对切割对象适应性强等优点。该技术在 19 世纪中叶最先被开发用于金矿开采及土壤冲蚀，20 世纪 50 年代，苏联和我国在煤矿用水射流进行落煤、运煤，实现水力采煤。之后，随着高压力泵源的研制以及射流介质、方式的改进，水射流破碎效率大大提高，水射流技术已经在采矿、冶金、石油、建筑等领域得到了广泛应用。

水射流技术涉及流体、固体、气体和流固耦合，破岩机理存在以下理论：冲击应力波破碎理论、空化效应破碎理论、准静态弹性破碎理论、裂纹扩展破碎理论和渗流-损伤耦合破碎理论等。现有水射流钻进技术多采用组合射流、旋转射流、直旋混合射流等形式，由于组合射流钻头结构简单的特点，在超短半径转向钻孔方面更具优势。如图 8-9 所示，组合射流钻头由前、后喷嘴组成，结构简单，射流冲击能力强，单射流冲蚀深度较深，破岩效率高。

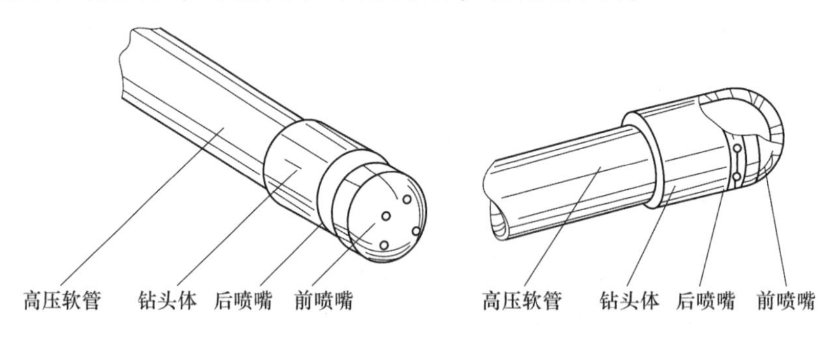

图 8-9 组合射流钻头

8.1.4 CO_2 相变致裂破岩

CO_2 破岩技术是在英国 CARDDOX 公司于 20 世纪 70 年代提出的 CO_2 致裂破岩技术的基础上，经众多研究学者改进而来的一种非爆破岩技术，凭借其安全性与稳定性，被英国、德国等国家广泛应用于井下岩石破碎、提高煤矿块煤率、清理煤仓口堵塞等领域。20 世纪末，随着钻井技术的快速发展，超临界 CO_2 射流凭借其环保、高效及安全等特点被美国、加拿大、澳大利亚等国广泛应用于非常规油田气开采、页岩储层改造等。在当前中国大力倡导绿色生产和全力实现“碳达峰”“碳中和”战略目标的时代背景下，如何对捕集的 CO_2 有效利用并循环回收是行业需要解决的关键重大技术难题。采用 CO_2 爆破致裂代替工业炸药爆破采矿，是行之有效的科学技术途径。因此，可以预见，随着绿色发展理念不断深入人心，安全环保的 CO_2 相变致裂采矿技术将迎来新的更大发展机遇。

8.1.4.1 CO_2 相变致裂破岩机理

CO_2 在常温下是一种无色无味、不助燃、不可燃的气体，在不同的环境下，存在 3 种不同的相态，即气态、液态和固态，其临界温度为 31.1℃，临界点压力为 7.38MPa，CO_2 加压到 5.1 个大气压（1 个大气压 = 101.325kPa）以上会以液态存在，此时其液化点为 -56.55℃。除此之外，CO_2 还存在另一种特殊的相态，当压力高于临界压力且温度高于临界温度时，CO_2 进入超临界状态，此种状态下的 CO_2 是一种特殊的流体，具备类似气态的分子扩散性，同时其密度又接近于液态。正是由于 CO_2 的这种特殊性质，使其在相变破岩方面得到了成功应用。

CO_2 相变致裂破岩属于膨胀破岩[74]。液态 CO_2 相变破岩时，将液态 CO_2 密封于一高强度容器内，激发器激发后释放出大量热能使 CO_2 在密闭容器内呈现一种高能状态，当高能量状态的 CO_2 突破泄能头定压破裂片的封堵作用时，CO_2 快速发生液-气相变，体积迅速膨胀，形成高压气体从卸能头侧面出气口卸出，对周围岩石产生冲击和膨胀挤压作用，使岩石产生径向裂隙，随后 CO_2 气体侵入岩石裂隙，使裂隙进一步发育，从而破碎岩石。

8.1.4.2 CO_2 相变破岩设备

二氧化碳致裂器设备主要分为充装设备、致裂装置和检验启动设备。

A 充装设备

二氧化碳致裂器的充装系统是整个系统的初始部分，液态二氧化碳通过灌装设备进入二氧化碳致裂器膨胀管内，该部分主要由旋头机，旋头架，过渡台，灌装机，灌装架等组成。

B 致裂装置

二氧化碳液-气相变膨胀破岩装置主要由膨胀管、激活器、充气头、泄能头及其他连接辅助组件组成，如图 8-10 所示。膨胀管为一根高强度钢管，内部充满液态二氧化碳；激活器由化学药剂组成，可通过电能激发释放大量热能，使膨胀管内液态二氧化碳加热瞬间汽化；充气头用于填装二氧化碳；泄能头用于泄出液态二氧化碳汽化时产生的高压气体[78]。

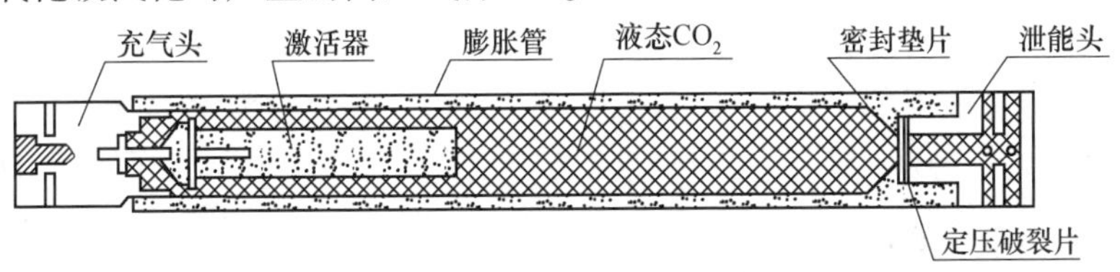

图 8-10 二氧化碳液-气相变膨胀破岩装置

C 检验启动设备

检验和启动是二氧化碳致裂器装孔并连接完毕后需要做的工作，启动设备为专门的起爆器，提供电流激发燃烧棒，进而激发整个系统。

检验设备主要是利用万能表，由于二氧化碳致裂器不能进行分段起爆，因此二氧化碳致裂器通常进行串联，当多管同时起爆时，检查每根二氧化碳致裂器是否连接正常是保证正常起爆的关键步骤之一，主要是用万能表测量连线的燃烧棒电阻，每根二氧化碳致裂器燃烧棒的电阻为 1.7~3.7Ω，当总电阻符合要求时方可起爆。

8.1.5 激光破岩

激光破岩是通过高能激光束对岩石表面快速加热，导致局部岩石温度瞬间升高，产生局部热应力，由于矿物颗粒之间线膨胀系数、熔点不同，致使岩石内出现晶间断裂和晶内断裂，甚至可能诱导矿物颗粒由固态瞬间相变成熔融和气态，并形成高温等离子体，然后借助辅助气流或其他方式破碎岩石，是一种非接触式的物理破岩方法。激光破岩大致有以下三种破坏形式：在激光辐照产生的热应力大于岩石自身强度时，出现热裂解现象；在岩石受到的激光辐射温度高于其熔点时，发生熔融；在激光辐照岩石能量足够大时，岩石可能直接由固态直接相变为气态，如图 8-11 所示[79]。

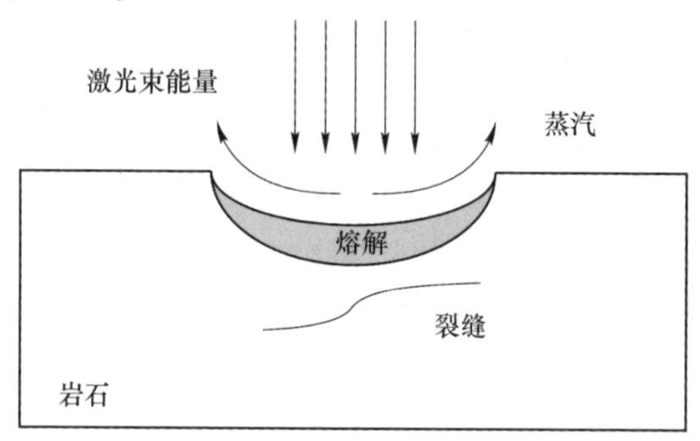

图 8-11　激光破岩时岩石破坏形式

8.1.6　微波破岩

微波是一种波长为 0.001～1m，频率为 0.3～300GHz 的超高频电磁波。在微波照射作用下，岩石矿物自身的介电特性会消耗微波能量，并将该能量转化为热能，使介电特性较强的矿物在短时间内迅速升温，在岩石内部形成“热点”。微波破岩是将微波作用于岩石上，将电磁场的能量传递给岩石，岩石介质分子由于反复的极化现象，在物体内部发生“内摩擦”，将电磁能转换为热能，使岩石温度升高，从而导致岩石在水分蒸发、内部分解、膨胀的共同作用下发生破坏，其过程如图 8-12 所示。微波破岩过程中存在着多物理场耦合问题，包括电磁场、温度场和应力场。

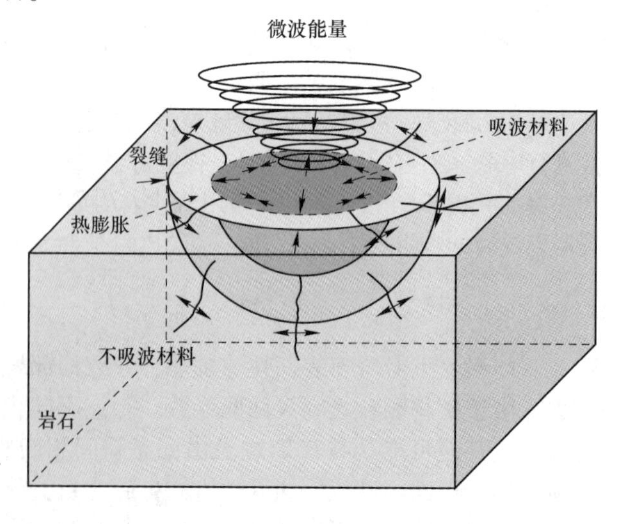

图 8-12　微波破岩过程

8.2 矿业固废全链条充填处置技术

矿产资源开发推动经济发展的同时，产生的大量矿业固废是制约环境敏感区资源开发的重大环保问题。2021 年国务院发布《关于“十四五”大宗固体废弃物综合利用的指导意见》提出，大力推进大宗固废源头减量、资源化利用和无害化处置，强化全链条治理[80]。充填采矿技术是以废物就地利用和资源安全高效回收为特征的绿色开采技术，是环保部明列的固废处理处置领域示范技术，推动矿业固废在充填领域的全链条治理，对促进矿产资源开发全面绿色转型具有重要意义。主要包括三个方面：资源化充填利用、无害化充填处置和智能化充填决策。图 8-13 为矿业固废资源化利用示意图。

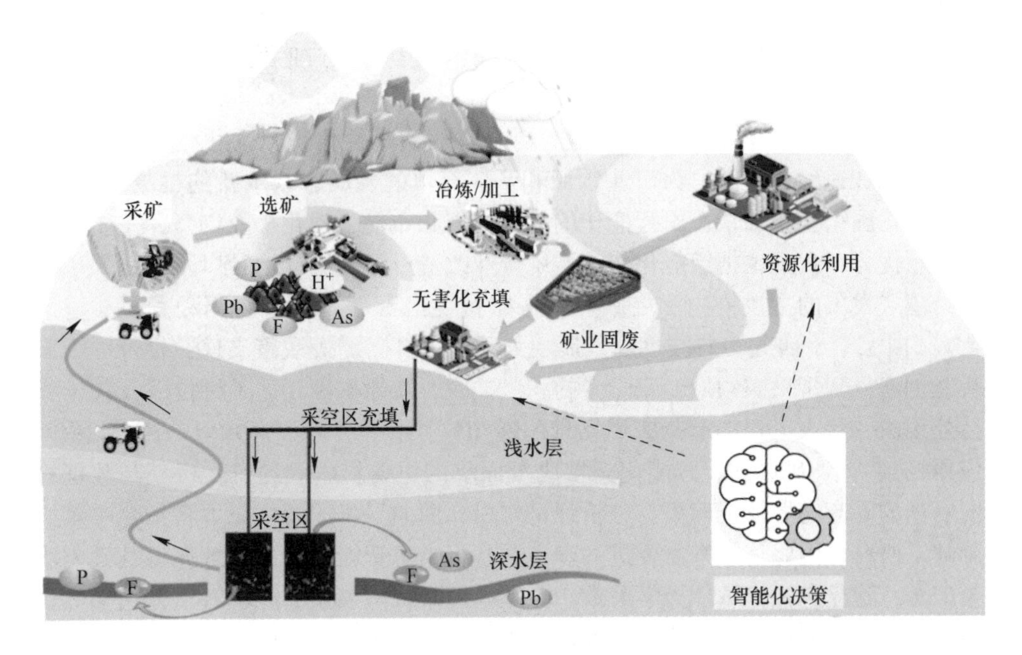

图 8-13 矿业固废资源化利用示意图

（1）矿业固废资源化充填利用。普通硅酸盐水泥是当前矿山充填应用最广泛的胶凝材料，但生产过程伴随着巨大的能耗和碳排放，价格居高不下，且对细粒级材料胶结效果不理想，成为制约固废充填技术发展的瓶颈。碱激发胶凝材料在矿山充填中得到应用和推广，但原料以矿渣、粉煤灰等高活性原料为主，针对有色冶炼渣等低活性原料的研究严重滞后，面临的主要科学问题包括：低活性冶炼渣玻璃相结构与水化活性的量效关系尚未厘清，化学-高温-机械激发对富铁型胶凝体系的反应机理尚未阐明，基于物质组分、原子结构、电化学性质的充填胶凝材料水化活性机理基本空白。因此，亟须发展低活性冶炼废渣的活化重构方法，研发性能可控、成本低廉的矿业固废充填胶凝材料，发展矿业固废资源化充填利用途径。

（2）矿业固废无害化充填处置。矿业固废回填至井下采空区可视为地表固废堆场的地下转移，随着环保监察力度的加大，矿山充填的地下水污染隐患引起矿业工作者的广泛关注。谢和平院士将“近零生态损害的开采理论与方法”列为“十四五”期间我国矿业学科应加强的优势方向和优先发展领域[81]。《关于“十四五”大宗固体废弃物综合利用的指导意见》也明确提出，要在确保环境安全的前提下，探索磷石膏等固废在井下充填材料领域的应用[82]。发展矿业固废无害化充填处置主要存在以下科学问题亟待解决：充填胶凝体系物相动态转化机理不明、兼顾充填性能的靶向固定材料及作用机制尚且空白。因此，亟待以典型矿业固废充填材料为研究对象，在揭示污染元素物相动态分配与结构转化机理的基础上，研发充填体特征元素的靶向控制技术，为大宗矿业固废的无害化充填处置提供理论与技术支撑。

（3）矿业固废智能化充填决策。当今时代，绿色化与自动化、工业化与智能化呈现加速融合趋势，为矿业领域和膏体充填的发展带来了新的挑战和机遇。矿业发达国家正在加快矿山智能化的战略规划和布局，强化矿业创新，重塑矿业技术新优势，我国也把智能化作为传统产业改造升级的最佳途径以及实现采矿技术跨越式发展的主攻方向和突破口。国家相继出台《国家创新驱动发展战略纲要》《国家“十四五”科技创新发展规划和远景目标》等政策文件，提及的人工智能创新得到了采矿领域专家学者的积极响应，智能矿山入选了科技部《关于支持建设新一代人工智能示范应用场景的通知》（以下简称《通知》）中十大示范应用场景[83]。矿业固废智能化充填决策面临的主要科学问题有：机理与数据协同驱动的固废充填智能建模与分析理论空白、面向采场的膏体充填精细化决策机制缺乏研究。因此，未来需要进一步开展基于人工智能的矿山智慧充填基础方法与应用，建立包括充填体力学参数、全尾砂絮凝沉降参数、充填管道输送参数在内的智能膏体充填基础理论，推动矿山固废充填的智能化发展。

8.3 InSAR 矿区地表沉降变形监测技术

8.3.1 概念与优势

矿区地表沉降通常指在资源开发过程中，破坏矿区岩层原始应力平衡状态，造成地下松散及地层压缩，导致地面高程降低、地表发生变形。地表沉降危害了位于沉陷区的地质公园、建构筑物、原始植被等，影响了人们的生命安全，制约了社会及经济的发展。因此，监测矿区的地表形变是矿山，尤其是环境敏感区资源开发的重要内容。传统的水准测量作业效率低、周期长、耗费大、监视区域小。近年来，合成孔径雷达干涉测量（interferometric synthetic aperture rader, InSAR）技术高速发展[84]。作为一种新兴遥感监测技术[8]，具有全天时、全天候、面积广、节省人力、观测精度好、时空分布率高等特点[8-10]，弥补了传统变形监测手段大面积监测的不足之处[85]。

InSAR技术开展地表形变监测主要有差分合成孔径雷达干涉测量（D-InSAR）及基于时间序列分析的短基线集干涉测量（SBAS）2种方法[86]。D-InSAR技术主要应用在地震、崩滑等突变型灾害的监测上，监测精度一般为厘米级；SBAS采用线性模型进行回归分析，主要应用于监测缓慢性地面沉降，监测精度在毫米级。

8.3.2 InSAR技术基本原理

InSAR技术实质是对同一区域多景SAR影像对进行干涉处理，利用传感器参数与影像相位信息反演出地表高程信息及形变信息的过程[87]。简单来说是使用覆盖同一地区的至少两幅SAR影像，获取SAR影像上所提供的相位信息，利用天线与目标间的几何关系，利用SAR信号的相位值相减进行干涉处理得到相位差图，从而获得比单一SAR影像更多的信息。InSAR技术主要是对干涉相位进行处理，从而提取有用信息。干涉相位就是相位的差异性，由于传感器与目标之间存在许多影响因素，因此干涉相位与两者间的距离相关，是InSAR数据处理与信号提取的重点。

如图8-14所示，两副雷达天线的位置分别用A_1、A_2表示，平台高度为H，基线长度为B，基线与水平方向夹角为α，地面点P到两天线间的斜距分别用R和$R+\Delta R$表示，第一副雷达天线到地面P点的视角为0。则干涉相位可以用式（8-1）表示：

$$\varphi = \frac{4\pi}{\lambda}\Delta R \tag{8-1}$$

式中 λ——雷达的波长；

ΔR——雷达波单程传播的距离差。

雷达干涉测量的相位主要由地形相位、形变相位、大气相位、平地相位和相位噪声组成，即用式（8-2）表示：

$$\varphi = \varphi_{flat} + \varphi_{topo} + \varphi_{defo} + \varphi_{atm} + \varphi_{noi} \tag{8-2}$$

式中 φ_{flat}——平地相位，由参考球导致的传播距离差；

φ_{topo}——地形相位，由地形起伏导致的传播距离差；

φ_{defo}——形变相位，由地表形变导致的传播距离差；

φ_{atm}——大气相位，由大气扰动导致的传播距离差；

φ_{noi}——噪声相位，由各种噪声导致的传播距离差。

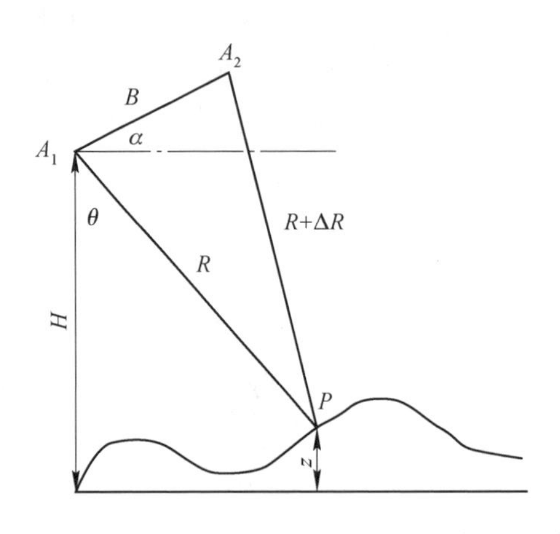

图 8-14 InSAR 成像示意图

差分合成孔径雷达干涉测量 D-InSAR（differential interferometric synthetic aperture radar）通过差分除去两次相位中共有量，从而反算形变量。D-InSAR 有 3 种方法：两通法、三通法、四通法。雷达干涉测量数据处理流程主要有影像配准和重采样、干涉图和相干系数图生成、干涉图滤波、相位解缠、地理编码等。

8.3.3 InSAR 技术数据处理流程

基于 SAR Space 等软件实现 SBAS 和时序 D-InSAR 技术通过影像配准、去平地效应、地理编码、DEM 相位差分等一系列步骤得到形变图[88]。图 8-15 所示的 SBAS 技术流程主要包括小基线组合选择生成连接图，生成差分干涉图，Delaunay MCF 解缠，选取 GCP 点，线性估算位移速率和 DEM 校正系数，大气相位屏的估计和减法，总形变量估计等。

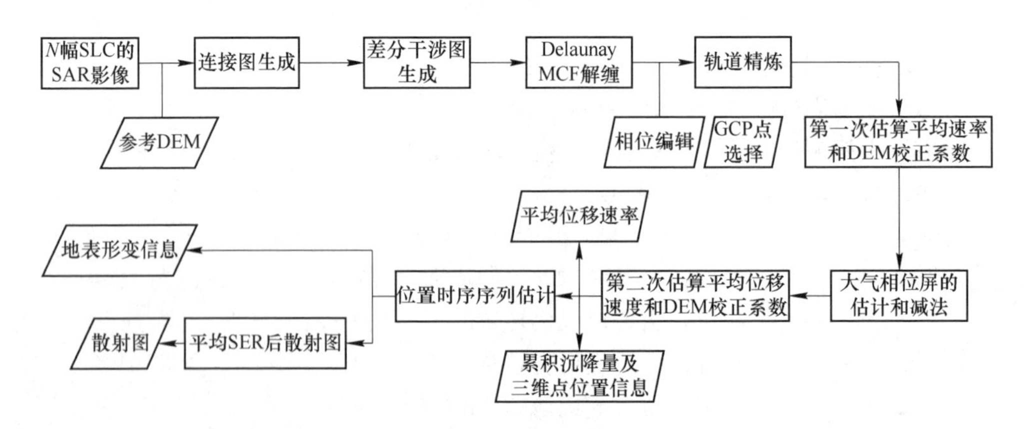

图 8-15 SBAS 技术处理流程图

8.4 数字采矿技术

数字采矿是由数字矿山概念延伸而来，是智能采矿的关键环节，主要是以计算机及其网络为手段，使矿山开采对象与开采工具的所有时空数据及其属性实现数字化存储、传输、表述和深加工，并应用于采矿各个生产环节与管理决策中，从而达到生产方案优化、管理高效和科学决策的目的[89]。

8.4.1 数字采矿技术目标

数字采矿的目标是针对矿山资源与开采环境以及生产过程控制的全过程，采用先进的数字化与信息化技术，对矿山生产和管理进行控制，实现资源与开采环境数字化、生产过程数字化、信息传输网络化、生产管理与决策科学化，其具体体现在品位均衡、安全高效、绿色环保、管理科学。

（1）地质建模与储量计算通过计算机软件实现；

（2）开采规划、开采设计在地质模型基础上通过计算机辅助实现，并达到优化的目的；

（3）测量验收通过数字化工具和手段获取数据，通过信息化手段处理、传输与管理数据；

（4）计划编制、任务分解与生产组织管理通过数据库、互联网、移动互联网等技术进行；

（5）计量系统、监测监控与自动化系统数据实现数字化采集与存储、管理与应用。

8.4.2 数字采矿技术与方法

数字采矿技术与方法主要包括矿山空间信息获取、处理与应用；矿山信息模型（mining information modeling，MIM）理论与技术；矿山地质建模与空间插值技术；基于空间数据的采矿系统工程理论与方法；矿山开采方式与参数优化方法；数字化采矿设计技术与方法；基于可视化技术的矿山生产计划编制技术；采矿模拟仿真与虚拟现实技术；矿山数字化采矿生产与安全管控技术等[90]。

（1）矿山空间信息获取、处理与应用：利用水准仪、经纬仪、全站仪、GPS测量、雷达遥感测量以及三维激光扫描仪等装备与仪器，获取矿山空间数据；为了建模的准确性，需对采集的矿山空间数据进行有效处理，如坐标系与坐标的转换、数据预处理与误差处理；最后将处理后的数据用于矿山建模（地形模型、露天填挖模型、井巷模型与采空区模型）。

（2）矿山信息模型理论与技术：MIM 是指在矿山资源开发相关对象数字化

建模的基础上，通过对矿山全生命周期业务流程数字化再造，实现业务处理信息化及业务主体信息互联互通、协同作业。它是数字矿山建设与发展的新理念，包括数字模型、业务模型及方法模型三个方面的内容。其中数字模型，即地理信息、地质与工程对象的几何和空间关系、资源数量与品质及其分布；业务模型，即矿山在全寿命期内建立和应用矿山数据进行资源勘探、开采设计、基建施工、开采过程管理等业务过程；方法模型，即指利用矿山信息模型支持矿山全生命期信息共享的业务流程组织和控制过程。MIM 是一种指导矿山行业数字化与信息化建设的新理念。

（3）矿山地质建模与空间插值技术：该技术的核心是地质建模与插值，地质建模的地质数据一般通过钻探、坑探、槽探、物探、化探、工程勘探等手段获得，再将各种勘探手段获得的三维地质属性数据进行统计与分析，它是属性插值的前提；而空间数据插值方法有反距离加权插值法、双线性多项式插值法、趋势面插值法以及克里格插值法等；该技术主要用于空间属性的查询与分析、勘探辅助设计与成矿预测以及地质模型的展现等。

（4）基于空间数据的采矿系统工程理论与方法：系统工程理论主要包括矿山设计优化、矿山生产工艺优化与矿山生产管理优化；采矿系统工程的主要方法有多目标线性规划、神经网络、模糊数学、灰色理论、遗传算法、蚁群算法、支持向量机以及群集拟生态算法等。

（5）矿山开采方式与参数优化方法：主要包括露天矿开采三维可视化优化、地下矿开拓运输系统三维可视化优化、地下矿通风系统三维可视化优化以及矿山工程结构稳定性分析及参数优化。

（6）数字化采矿设计技术与方法：由露天矿开采设计、地下矿开拓系统设计和地下矿开采设计三部分组成。其中，露天矿开采设计有露天矿台阶设计、道路设计、排土场设计与台阶爆破设计；地下矿开拓系统设计主要包含主要开拓工程、辅助开拓工程与掘进爆破设计；地下矿开采设计则主要包括三维环境采矿设计流程、采切工程设计、底部结构设计、回采爆破设计。

（7）基于可视化技术的矿山生产计划编制技术：一是露天矿采剥计划编制，按周期长短可分为中长期采剥顺序优化和短期采剥计划；二是地下矿采掘计划编制。

（8）采矿模拟仿真与虚拟现实技术：主要包括矿山虚拟环境生产系统自动化建模技术、矿山生产系统工况可视化模拟与仿真，以及矿山虚拟现实技术。

（9）矿山数字化采矿生产与安全管控技术：该技术主要包括矿山数字通信与组网技术、露天矿可视化生产管控一体化技术与地下矿可视化生产管控一体化技术。

参考文献

[1] 古志宏．绿色矿业——矿产资源开发与环境保护协调发展的必由之路［C］//2007 中国可持续发展论坛暨中国可持续发展学术年会论文集（4）2007：289-291.

[2] 刘鹏飞．矿山公园：修复地球的“创伤”［J］．资源导刊，2017（4）：10-11.

[3] 张兴，王凌云，郭琳琳．矿业城市发展的经济地位与提升路径［J］．中国矿业，2016，25（2）：58-62，68.

[4] 李红鹏，陈秋松．银山矿千枚岩破坏特征及地压分布规律分析［J］．黄金，2021，42（9）：47-51.

[5] 朱青山，陈秋松．姑山矿区大水软破多变铁矿床开采技术［M］．北京：冶金工业出版社，2020.

[6] 郭明明，刘福春，谭荣和，等．湖南宝山有色矿业绿色设计创新综述［J］．采矿技术，2020，20（5）：21-23.

[7] 朱和玲．松软破碎型复杂矿体开采技术优化与过程控制研究［D］．长沙：中南大学，2014.

[8] 陈嘉生．水域动载荷条件下复杂矿体开采安全技术［D］．长沙：中南大学，2010.

[9] 唐亚男．深部缓倾斜破碎金矿体顶板失稳机制及控制技术［D］．北京：北京科技大学，2021.

[10] 常庆粮．膏体充填控制覆岩变形与地表沉陷的理论研究与实践［D］．北京：中国矿业大学，2009.

[11] 王新民，古德生，张钦礼．深井矿山充填理论与管道输送技术［M］．长沙：中南大学出版社，2010.

[12] 吴爱祥，杨莹，程海勇，等．中国膏体技术发展现状与趋势［J］．工程科学学报，2018，40（5）：517-525.

[13] 吴爱祥，姜关照，王贻明．矿山新型充填胶凝材料概述与发展趋势［J］．金属矿山，2018（3）：1-6.

[14] 王永智．上向进路式尾砂胶结充填采矿法采场结构参数优化研究［D］．昆明：昆明理工大学，2005.

[15] Chen X，Shi X，Zhou J，et al. Compressive behavior and microstructural properties of tailings polypropylene fibre-reinforced cemented paste backfill［J］．Construction and Building Materials，2018，190：211-221.

[16] Deng X，Li Y，Wang F，et al. Experimental study on the mechanical properties and consolidation mechanism of microbial grouted backfill［J］．International Journal of Mining Science and Technology，2022，32（2）：271-282.

[17] Chen X，Shi X，Zhou J，et al. Determination of mechanical，flowability，and microstructural properties of cemented tailings backfill containing rice straw［J］．Construction and Building Materials，2020，246：118520.

[18] 吕世武，史采星．阿舍勒铜矿充填自动化控制系统应用［J］．中国矿业，2018，27（S1）：226-231.

[19] 李兵. 全尾砂膏体充填系统模糊 PID 控制器仿真设计 [D]. 衡阳：南华大学，2014.

[20] 郭科伟. 充填膏体制备及泵送自动监控系统 [D]. 邯郸：河北工程大学，2013.

[21] 中南大学. 一种纤维编织网增强尾砂固化充填结构及其充填工艺：CN202011324118.1 [P]. 2021-03-19.

[22] 阎铁群. 纤维编织网增强混凝土加固 RC 梁受剪性能研究 [D]. 大连：大连理工大学，2011.

[23] 吴爱祥，王勇，王洪江. 膏体充填技术现状及趋势 [J]. 金属矿山，2016（7）：1-9.

[24] Schlesinger M, Sole K, Davenport W G, et al. Extractive metallurgy of copper [M]. Elsevier, 2021.

[25] 刘占华，陈文亮，丁银贵，等. 铜渣转底炉直接还原回收铁锌工艺研究 [J]. 金属矿山，2019（5）：183-187.

[26] 周占兴，周春芳. 铜渣的新型资源化处理工艺 [J]. 冶金设备，2015（1）：24，51-54.

[27] Obe R, De B J, Mangabhai R, et al. Sustainable construction materials: copper slag [M]. Elsevier Science, 2016.

[28] 朱茂兰，王俊娥，陈杭，等. 铜渣熔融还原回收铁试验研究 [J]. 有色金属（冶炼部分）. 2019（1）：16-18.

[29] 张林楠. 铜渣中有价组分的选择性析出研究 [D]. 沈阳：东北大学，2005.

[30] 沈慧明，吴爱祥，姜立春，等. 全尾砂膏体小型圆柱塌落度检测 [J]. 中南大学学报（自然科学版），2016（47）：204-209.

[31] Potysz A, Kierczak J, Fuchs Y, et al. Characterization and pH-dependent leaching behaviour of historical and modern copper slags [J]. Journal of Geochemical Exploration, 2016（160）: 1-15.

[32] Kuterasińska A, Król J. Mechanical properties of alkali-acivated binders based on copper slag [J]. Architecture Civil Engineering Environment, 2015（3）: 61-67.

[33] Tsuyuki N, Koizumi K. Granularity and surface structure of ground granulated blast-furnace slags [J]. Journal of the American Ceramic Society, 2004（82）: 2188-2192.

[34] Ben Haha M, Le Saout G, Winnefeld F, et al. Influence of activator type on hydration kinetics, hydrate assemblage and microstructural development of alkali activated blast-furnace slags [J]. Cement and Concrete Research, 2011（41）: 301-310.

[35] Wei Y, Yao W, Xing X, et al. Quantitative evaluation of hydrated cement modified by silica fume using QXRD, 27Al MAS NMR, TG-DSC and selective dissolution techniques [J]. Construction and Building Materials, 2012（36）: 925-932.

[36] Dweck J, Mauricio P, Carlos A, et al. Hydration of a Portland cement blended with calcium carbonate [J]. Thermochimica Acta, 2000（346）: 105-113.

[37] Alarcon-Ruiz L, Platret G, Massieu E, et al. The use of thermal analysis in assessing the effect of temperature on a cement paste [J]. Cement and Concrete Research, 2005（35）: 609-613.

[38] TAYLOR H F W. Proposed structure for calcium silicate hydrate gel [J]. Journal of the American Ceramic Society, 1986（69）: 464-467.

[39] Kriskova L, Pontikes Y, Cizer Ö, et al. Effect of mechanical activation on the hydraulic

properties of stainless steel slags [J]. Cement and Concrete Research, 2012 (42): 778-788.

[40] Taher M A. Influence of thermally treated phosphogypsum on the properties of Portland slag cement [J]. Resources, Conservation and Recycling, 2007 (52) : 28-38.

[41] Lee T C, Wang W J, Shih P Y. Slag-cement mortar made with cement and slag vitrified from MSWI fly-ash/scrubber-ash and glass frit [J]. Construction and Building Materials, 2008 (22): 1914-1921.

[42] Allahverdi A, Pilehvar S, Mahinroosta M. Influence of curing conditions on the mechanical and physical properties of chemically-activated phosphorous slag cement [J]. Powder Technology, 2016 (288): 132-139

[43] Antiohos S, Maganari K, Tsimas S. Evaluation of blends of high and low calcium fly ashes for use as supplementary cementing materials [J]. Cement and Concrete Composites, 2005 (27): 349-356.

[44] Kongoli F, Yazawa A. Liquidus Surface of FeO-Fe_2O_3-SiO_2-CaO slag containing Al_2O_3, MgO, and Cu_2O at intermediate oxygen partial pressures [J]. Metallurgical & Materials Transactions B, 2001 (32): 583-592.

[45] Aguiar H, Serra J, González P, et al. Structural study of sol-gel silicate glasses by IR and Raman spectroscopies [J]. Journal of Non-Crystalline Solids, 2009 (355): 475-480.

[46] Stoch L, Środa M. Infrared spectroscopy in the investigation of oxide glasses structure [J]. Journal of Molecular Structure, 1999 (511/512): 77-84.

[47] Huang C, Behrman E C. Structure and properties of calcium aluminosilicate glasses [J]. Journal of Non-Crystalline Solids, 1991 (128): 310-321.

[48] Zhao Z W, Chai L Y, Peng B, et al. Arsenic vitrification by copper slag based glass: mechanism and stability studies [J]. Journal of Non-Crystalline Solids, 2017 (466/467): 21-28.

[49] Chen X, Karpukhina N, Brauer D S, et al. High chloride content calcium silicate glasses [J]. Phys. Chem. Chem. Phys, 2017 (19): 7078-7085.

[50] Kucharczyk S, Zajac M, Stabler C, et al. Structure and reactivity of synthetic CaO-Al_2O_3-SiO_2 glasses [J]. Cement and Concrete Research, 2019, 120: 77-91.

[51] Cooney T F, Sharma S K. Structure of glasses in the systems Mg_2SiO_4 Fe_2SiO_4, Mn_2SiO_4 Fe_2SiO_4, Mg_2SiO_4 $CaMgSiO_4$, and Mn_2SiO_4 $CaMnSiO_4$ [J]. Journal of Non-Crystalline Solids, 1990 (122): 10-32.

[52] Langan B W, Weng K, Ward M A. Effect of silica fume and fly ash on heat of hydration of Portland cement [J]. Cement and Concrete Research, 2002 (32): 1045-1051.

[53] Antiohos S, Maganari K, Tsimas S. Evaluation of blends of high and low calcium fly ashes for use as supplementary cementing materials [J]. Cement and Concrete Composites, 2005 (27): 349-356.

[54] Chen X, Shi X, Zhou J, et al. Compressive behavior and microstructural properties of tailings polypropylene fibre-reinforced cemented paste backfill [J]. Construction and Building Materials, 2018, 190: 211-221.

[55] Chen X, Shi X, Zhou J, et al. Determination of mechanical, flowability, and microstructural properties of cemented tailings backfill containing rice straw [J]. Construction and Building Materials, 2020, 246: 118520.

[56] 王明江. 稻壳/稻草纤维水泥基材料的制备与性能 [D]. 哈尔滨: 哈尔滨工业大学, 2012.

[57] 廖昭印, 雷劲松, 陈梦婷, 等. 稻草纤维水泥基复合材料力学性能试验研究 [J]. 混凝土与水泥制品, 2017 (7): 47-50.

[58] 蹇守卫, 汪婷, 马保国, 等. 改性水稻秸秆对水泥基材料性能影响研究 [J]. 材料导报, 2014, 28 (3): 132-134.

[59] 谭曦, 苏有文. 稻草纤维混凝土物理力学性能试验研究 [J]. 混凝土与水泥制品, 2016 (5): 86-90.

[60] 中国建筑材料科学研究总院. GB 175—2007 通用硅酸盐水泥 [S]. 北京: 中国标准出版社, 2007.

[61] 张茂础, 盛谦, 崔臻, 等. 岩石材料抗拉强度与劈裂节理面形貌的加载速率效应研究 [J]. 岩土力学, 2020 (4): 1-11.

[62] 王亚. 基于巴西劈裂试验的茅口灰岩抗拉强度研究 [D]. 湘潭: 湖南科技大学, 2016.

[63] 李夕兵, 翁磊, 谢晓锋, 等. 动静载荷作用下含孔洞硬岩损伤演化的核磁共振特性试验研究 [J]. 岩石力学与工程学报, 2015, 34 (10): 1985-1993.

[64] 张元元. 钢-聚丙烯混杂纤维混凝土单轴受压本构关系与受拉性能研究 [D]. 武汉: 武汉大学, 2010.

[65] 夏英杰. 岩石脆性评价方法改进及其数值试验研究 [D]. 大连: 大连理工大学, 2017.

[66] 宋洪强, 左建平, 陈岩, 等. 基于岩石破坏全过程能量特征改进的能量跌落系数 [J]. 岩土力学, 2019, 40 (1): 91-98.

[67] 李庆辉, 陈勉, 金衍, 等. 页岩脆性的室内评价方法及改进 [J]. 岩石力学与工程学报, 2012 (8): 1681-1686.

[68] Yang K H, Lee K H. Tests on high-performance aerated concrete with a lower density [J]. Construction and Building Materials, 2015, 74: 109-117.

[69] Ercikdi B, Cihangir F, Kesimal A, et al. Utilization of industrial waste products as pozzolanic material in cemented paste backfill of high sulphide mill tailings [J]. Journal of Hazardous Materials, 2009, 168 (2/3): 848-856.

[70] Bing B, Cohen M D. Does gypsum formation during sulphate attack on concrete lead to expansion [J]. Cement and Concrete Research, 2000, 30 (1): 117-123.

[71] 郭科伟. 充填膏体制备及泵送自动监控系统 [D]. 邯郸: 河北工程大学, 2013.

[72] 王少锋, 孙立成, 周子龙, 等. 非爆破岩理论和技术发展与展望 [J]. 中国有色金属学报, 2022, 32 (12): 3883-3912.

[73] 谢先启. 精细爆破发展现状及展望 [J]. 中国工程科学, 2014, 16 (11): 14-19.

[74] 熊有为, 刘福春, 刘恩彦, 等. 地下非煤矿山非爆连续开采技术探索与实践 [J]. 中国钨业, 2021, 36 (4): 45-54.

[75] Warpinski N R, Norman R . Hydraulic fracturing in tight [J]. Journal of Petroleum

Technology, 1991, 43 (2): 146-209.
[76] 杨阳. 水力压裂裂隙起裂规律研究与现场应用 [D]. 北京: 中国矿业大学, 2022.
[77] 周哲. 组合射流冲击破碎煤岩成孔机理及工艺研究 [D]. 重庆: 重庆大学, 2017.
[78] 宋伟. 复杂环境下地铁施工二氧化碳破岩技术研究 [J]. 铁道勘察, 2020, 46 (4): 80-83, 87.
[79] 张魁, 杨长, 陈春雷, 等. 激光辅助 TBM 盘形滚刀压头侵岩缩尺试验研究 [J]. 岩土力学, 2022, 43 (1): 87-96.
[80] 王琼杰. 工业固废综合利用: 资源型城市生态转型的必由之路 [J]. 资源再生, 2020 (7): 25-27, 31.
[81] 谢和平, 苗鸿雁, 周宏伟. 我国矿业学科"十四五"发展战略研究 [J]. 中国科学基金, 2021, 35 (6): 856-863.
[82] 李剑秋, 李子军, 王佳才, 等. 磷石膏充填材料与技术发展现状及展望 [J]. 现代矿业, 2018, 34 (10): 1-4, 8.
[83] 钟荣丙. 科技创新引领经济发展: 70 年的演进与高质量路径 [J]. 科技成果管理与研究, 2020, 15 (1): 21-28.
[84] 周子琪. 基于 InSAR 技术的矿区地表沉降监测及时序插值预测应用研究 [D]. 南昌: 东华理工大学, 2022.
[85] 朱建军, 杨泽发, 李志伟. InSAR 矿区地表三维形变监测与预计研究进展 [J]. 测绘学报, 2019, 48 (2): 135-144.
[86] 方林, 吕灯, 徐郅杰. InSAR 技术在矿区地表变形监测中的应用 [J]. 能源与环保, 2022, 44 (2): 182-185.
[87] 钟晓春. 基于 InSAR 技术的矿区沉降监测研究进展 [J]. 测绘与空间地理信息, 2020, 43 (2): 178-181.
[88] 陈志达, 庞校光. 基于时序 InSAR 技术的矿区形变监测与分析 [J]. 地理空间信息, 2022, 20 (10): 5-10.
[89] 古德生, 周科平. 现代金属矿业的发展主题 [J]. 金属矿山, 2012 (7): 1-8.
[90] 毕林, 王晋淼. 数字矿山建设目标、任务与方法 [J]. 金属矿山, 2019 (6): 148-156.

冶金工业出版社推荐图书